D1717697

Sozialökonomische Schriften zur Agrarentwicklung

Herausgegeben von
Prof. Dr. Dr. Frithjof Kuhnen

Schriftleitung:
Dr. Sigmar Groeneveld

---

1 Kiermayr Kredit im Entwicklungsprozeß traditioneller Landwirtschaft in Westpakistan. 1971. 322 S. DM 19,50. ISBN 3-88156-009-2.

2 Kühn Absatzprobleme landwirtschaftlicher Produkte in Westpakistan. Ein Beitrag zur Binnenmarktforschung in Entwicklungsländern. 1971. 319 S. DM 19,50. ISBN 3-88156-010-6.

3 Albrecht Lebensverhältnisse ländlicher Familien in Westpakistan. Eine Typisierung ländlicher Haushalte als Grundlage für entwicklungspolitische Maßnahmen. 1971. 328 S. DM 19,50. ISBN 3-88156-011-4.

3 Albrecht Living Conditions of Rural Families in Pakistan. A Classification of Rural Households as a Basis for Development Policies. 1976. 265 S. DM 19,50. ISBN 3-88156-059-9.

4 Ajam Kapitalbildung in landwirtschaftlichen Betrieben Westpakistans. 1971. 293 S. DM 19,50. ISBN 3-88156-012-2.

5 Mohnhaupt Landbevölkerung und Fabrikarbeit in Westpakistan. Berufswechsel und Anpassung ländlicher Bevölkerungsgruppen an Fabrikarbeit. 1971. 283 S. DM 19,50. ISBN 3-88156-013-0.

6 Augustini Die Yao-Gesellschaft in Malawi. Traditionelles sozio-ökonomisches Verhalten und Innovationsmöglichkeiten. 1974. 364 S. DM 19,50. ISBN 3-88156-030-0.

7 Philipp Sozialwissenschaftliche Aspekte von landwirtschaftlichen Siedlungsprojekten in der Dritten Welt unter besonderer Berücksichtigung tunesischer Projekte. 1974. 747 S. DM 38,–. ISBN 3-88156-031-9.

8 Rafipoor Das »Extension and Development Corps« im Iran. 1974. 284 S. DM 19,50. ISBN 3-88156-032-7.

9 Wittmann Migrationstheorien. Diskussion neuerer Ansätze aus system- und verhaltenstheoretischer Sicht. 1975. 97 S. DM 8,–. ISBN 3-88156-033-5.

10 Hanisch Der Handlungsspielraum eines Landes der Peripherie im internationalen System. Das Beispiel Ghanas. 1975. 678 S. DM 39,–. ISBN 3-88156-034-3.

11 Tschakert Traditionales Weberhandwerk und sozialer Wandel in Äthiopien. 1975. 279 + XXII S. DM 19,50. ISBN 3-88156-035-1.

12 Tench Socio-economic Factors Influencing Agricultural Output. With Special Reference to Zambia. 1975. 309 p. DM 19,50. ISBN 3-88156-036-X.

13 Kiang Determinants of Migration from Rural Areas. A Case Study of Taiwan. 1975. 139 p. DM 9,50. ISBN 3-88156-044-0.

Verlag der **ssip**-Schriften Breitenbach
6600 Saarbrücken 3, Memeler Straße 50

Sozialökonomische Schriften zur Agrarentwicklung

Herausgegeben von
Prof. Dr. Dr. Frithjof Kuhnen

Schriftleitung:
Dr. Sigmar Groeneveld

14 Schmidt	Vermarktungssysteme für landwirtschaftliche Produkte in Pakistan. 1976. 335 S. DM 19,50. ISBN 3-88156-045-9.
15 Buntzel	Entwicklung kleinbäuerlicher Exportproduktion in Tansania. Zur Agrarpolitik des Ujamaa-Ansatzes. 1976. 496 S. DM 29,50. ISBN 3-88156-051-3.
16 Dreskornfeld	Agrarstrukturwandel und Agrarreform in Iran. 1976. 162 S. DM 15,–. ISBN 3-88156-060-2.
17 Schulz	Organizing Extension Services in Ethiopia – Before and After Revolution. 1976. 94 S. DM 9,–. ISBN 3-88156-061-0.
18 Aktas	Landwirtschaftliche Beratung in einem Bewässerungsprojekt der Südtürkei. 1976. 243 S. DM 19,50. ISBN 3-88156-062-9.
19 de Lasson	The Farmers' Association Approach to Rural Development. The Taiwan Case. 1976. 422 S. DM 23,–. ISBN 3-88156-063-7.
20 Janzen	Landwirtschaftliche Aktiengesellschaften in Iran. Eine Fallstudie zur jüngeren Entwicklung der iranischen Agrarreform. 1976. 172 S. DM 15,–. ISBN 3-88156-064-5.
21 Thomas	Probleme schneller Industrialisierung in Entwicklungsländern aus soziologischer Sicht. 1976. 123 S. DM 9,–. ISBN 3-88156-065-3.
22 Junker	Die Gemeinschaftsbetriebe in der kolumbianischen Landwirtschaft. 1976. 272 S. DM 19,50. ISBN 3-88156-066-1.
23/24 Philipp	Geschichte und Entwicklung der Oase al-Hasa (Saudi-Arabien): Band 1: Historischer Verlauf und traditionelles Bild. 1976. 362 S. DM 23,–. ISBN 3-88156-071-8. Band 2: Projekte und Probleme der Modernisierung. 1977. In Vorbereitung. ISBN 3-88156-072-6.
25 Bergmann & Eitel	Promotion of the Poorer Sections of the Indian Rural Population. 1976. 107 S. DM 9,–. ISBN 3-88156-075-0.
26 Mai	Düngemittelsubventionierung im Entwicklungsprozeß. 1977. 271 S. DM 28,–. ISBN 3-88156-079-3.
27 Schinzel	Absatzverhalten landwirtschaftlicher Produzenten: Pakistan. (In Vorbereitung)

Verlag der **ssip**-Schriften Breitenbach
6600 Saarbrücken 3, Memeler Straße 50

Occasional Papers Materialien

zur Reihe Sozialökonomische Schriften zur Agrarentwicklung

Herausgegeben von
Prof. Dr. Dr. Frithjof Kuhnen

Schriftleitung:
Dr. Sigmar Groeneveld

1 Khan	Central Place Theory as basis for the spatial reorganization of Pakistan's rural landscape. 1975. 33 p. DM 3,–. ISBN 3-88156-047-5.
2 Hanisch	Ghana and the cocoa world market. 1976. 57 p. DM 3,-. ISBN 3-88156-048-3.
3 Aksoy	Die Flurbereinigung in der Türkei. 1976. 45 S. DM 3,–. ISBN 3-88156-049-1.
4 Bergmann & Bergmann	Women's place and workload in Greek irrigation projects. 1976. 75 p. DM 3,–. ISBN 3-88156-050-5.
5 Manig	Steuern und Agrarentwicklung in Entwicklungsländern. 1976. 213 S. DM 7,–. ISBN 3-88156-052-1.
6 Mai	Methoden sozialökonomischer Feldforschung. Eine Einführung. 1976. 182 S. DM 7,–. ISBN 3-88156-053-X.
7 Bergmann	Structural changes and political activities of the peasantry. 1976. 124 p. DM 5,–. ISBN 3-88156-054-8.
8 Manig	Socio-economic conditions of peasant holdings in Ethiopia. Two case studies. 1976. 54 p. DM 3,–. ISBN 3-88156-067-X.
9 Groeneveld, Jungjohann & Mai	Training and research for rural development in Bangladesh. 1976. 36 p. DM 3,–. ISBN 3-88156-068-8.
10 Groeneveld & Mai	Framework of activities in village development in Bangladesh. A workshop paper. 1976. 36 p. DM 3,–. ISBN 3-88156-069-6.
11 Sharar	Konflikte in Entwicklungsprojekten. Ein praxisorientiertes Analysekonzept zur Konfliktminderung. 1976. 161 S. DM 7,–. ISBN 3-88156-070-X.
12 Gerken	Optimale Politik der Land-Stadt-Wanderung – Zur Theorie und Politik der intersektoralen Allokation der Arbeitskräfte in Entwicklungsländern. 1977. 42 S. DM 5,–. ISBN 3-88156-074-2.

Verlag der **ssip**-Schriften Breitenbach
6600 Saarbrücken 3, Memeler Straße 50

Aus dem
Institut für Ausländische Landwirtschaft
der Universität Göttingen

Hartwig Martius

Entwicklungskonforme Mechanisierung der Landwirtschaft in Entwicklungsländern: Bangladesh

Eine empirische Studie auf Betriebsebene

Nr. 28

Sozialökonomische Schriften zur Agrarentwicklung
Socio-economic Studies on Rural Development

Herausgegeben von / Edited by
Professor Dr. Dr. Frithjof Kuhnen

Verlag der **ssip**-Schriften Breitenbach
Saarbrücken 1977

ISSN 0342-071-X

Sozialökonomische Schriften
zur Agrarentwicklung

Herausgegeben von
Professor Dr. Dr. Frithjof Kuhnen

Schriftleitung:
Dr. Sigmar Groeneveld

ISBN 3-88156-085-8

Gesamtherstellung: **aku**-Fotodruck GmbH, 8600 Bamberg

Vorwort

Der dieser Arbeit zugrunde liegende einjährige Forschungsaufenthalt in Bangladesh ist nur durch die aktive Unterstützung zahlreicher bengalischer und ausländischer Institutionen zustande gekommen. Ganz besonders hervorzuheben ist dabei die 'Bangladesh Academy for Rural Development'(BARD) in Comilla, in deren 'laboratory area' die meisten Erhebungen durchgeführt wurden und deren Mitarbeiter dem Verfasser alle erdenkliche Unterstützung gewährten. Die große Gastfreundschaft und Hilfsbereitschaft, die in vielfältiger Weise der Studie zugute kamen, gelten allgemein. Dennoch sollen neben dem damaligen Direktor der BARD, Herrn Dr. Abdul Muyeed, insbesondere die Herren A. Aziz Khan, Md. Ahsannullah, Fazlul Bari, Mohibbur Rahman und M. Ameerul Huq genannt werden, die nicht nur bei technischen Problemen immer mit Rat und Tat zur Seite standen, sondern in zahlreichen Fachgesprächen einen großen Beitrag zur Arbeit leisteten.

Herrn Geoffrey D. Wood, University of Bath, der sich 1974/75 mit Unterstützung der Ford-Foundation in der BARD aufhielt, sei herzlich für Anregungen und Kritik gedankt.

Ein ganz besonderer Dank gilt der unermüdlichen Mitarbeit von Herrn Matin Khan und Herrn Asad Uddin Ahmed, die zusammen mit dem Verfasser die oft schwierigen Erhebungearbeiten durchführten. Ihnen ist es sicher zu einem großen Teil zu verdanken, daß die Interviews in einem Klima großer Hilfsbereitschaft, Gastfreundschaft und Kooperation verlaufen konnten.

Allen Interviewpartnern, deren Identität aus grundsätzlichen Erwägungen nicht preisgegeben wird, soll für ihre aktive und engagierte Mitarbeit sehr herzlich gedankt werden.

Besonderen Dank schulde ich meinem verehrten Lehrer Professor Dr. Dr. Frithjof Kuhnen für zahllose Anregungen und Kritik von der Konzeption bis zur Niederschrift der Studie.

Allen Kollegen am Institut für Ausländische Landwirtschaft zwischen 1973 und 1977 sei für zahlreiche Diskussionen und Denkanstöße gedankt. Insbesondere gilt dies für Herrn Dr. Rolf Hanisch und Herrn Dr. Diethard Mai. Das Manuskript wurde kritisch von Herrn Dr. D. Mai, Herrn Dr. Ernst-Günther Jentzsch und Herrn Dr. Sigmar Groeneveld durchgesehen. Darüber hinaus sei besonders Herrn Professor Dr. Manfred Köhne sowie Herrn Joachim von Braun aus dem Institut für Agrarökonomie für kritische Anregungen gedankt.

Hervorzuheben sind die unermüdliche Mitarbeit meiner Frau, Gudrun Martius-von Harder, die sich zusammen mit dem Verfasser zu eigenen Datenerhebungen in Bangladesh aufhielt und in vielfältiger Weise zum Gelingen der Arbeit beitrug und die in dankenswerter Weise durch Herrn Gero von Harder übernommenen Schreibarbeiten.

Ohne die Mithilfe der Deutschen Forschungsgemeinschaft (DFG) in Bonn - Bad Godesberg, die das Projekt mehr als zwei Jahre finanzierte und über die der Forschungsaufenthalt ermöglicht wurde, hätte diese Studie nicht erstellt werden können. Dank gilt auch der Gesellschaft für wissenschaftliche Datenverarbeitung m.b.H., Göttingen, in deren Rechenzentrum ein Teil der Auswertung erfolgte.

Göttingen, im Mai 1977

Inhaltsverzeichnis Seite

1	Funktion und Problematik der Mechanisierung der Landwirtschaft im Entwicklungsprozeß	1
1.1	Mechanisierung der Landwirtschaft in Industrie- und Agrarländern	4
1.1.1	Erfahrungen mit Mechanisierung in Industrieländern	4
1.1.2	Erfahrungen mit Mechanisierung in Agrarländern	6
1.2	Landwirtschaftliche Mechanisierung im Kontext entwicklungspolitischer Zielsetzungen	10
1.3	Probleme des Technologietransfers	14
1.4	Der angestrebte Beitrag der Arbeit	17
2	Gegenstand und Methoden der Untersuchung	20
2.1	Operationalisierung und Abgrenzung des Untersuchungsgegenstandes	21
2.1.1	Untersuchungsraum	21
2.1.2	Begriffsbestimmungen	23
2.1.3	Begrenzungen	27
2.2	Untersuchungsmethoden und Auswertung	30
2.2.1	Auswahl der Untersuchungseinheiten	30
2.2.2	Methoden der Datenbeschaffung	35
2.2.3	Methoden der Datenauswertung	38
	Exkurs: Bedeutung des ruralen Sektors im Entwicklungsprozeß von Bangladesh	39
3	Bisherige Mechanisierung und ihre Auswirkungen im Untersuchungsgebiet	54
3.1	Angebot und Nachfrage der Mechanisierung	54
3.1.1	Angebot der Zentralgenossenschaft (KTCCA)	54
3.1.2	Nachfrage der Landbewirtschafter	66
3.2	Auswirkungen der Mechanisierung	74
3.2.1	Beschäftigung	77
3.2.2	Anbauintensität	98
3.2.3	Zeitliche Anbauplanung	102
3.2.4	Verwendung chemischer und biologischer Inputs	107

Seite

3.2.5 Angebaute Kulturpflanzen 119

3.2.6 Produktionsvolumen 121

3.2.7 Marktintegration 130

3.3 Zusammenfassung 134

4 Möglichkeiten einer entwicklungskonformen Mechanisierung: Modellkalkulationen 138

4.1 Ausgangslage der Modellbetriebe 142

4.2 Alternative Betriebsplanungen 153

4.2.1 Bessere Ausnutzung der gegebenen Technologie 154

4.2.2 Selektive Mechanisierung 157

4.2.3 Selektive Mechanisierung mit Umstellungen in der pflanzlichen Produktion 163

4.2.4 Selektive Mechanisierung mit Umstellungen der pflanzlichen und tierischen Produktion 178

4.3 Voraussetzungen für eine Implementierung der Betriebsumstellungen 182

4.3.1 Sicherheit des Zuganges zum Mechanisierungsangebot 184

4.3.2 Sicherheit des Angebotes sonstiger Betriebsmittel 187

4.3.3 Zugang zu Beratung und Information 189

4.4 Zusammenfassung 190

5 Folgerungen für eine entwicklungskonforme Mechanisierungskonzeption in Ländern der Dritten Welt 192

5.1 Integrierte Technologie als Voraussetzung zur Förderung von Kleinbewirtschaftern 192

5.1.1 Bedarf an integrierter Technologie 196

5.1.2 Angebot integrierter Technologie 198

5.2 Potentielle Auswirkungen einer integrierten Technologie 204

5.2.1 Auswirkungen auf die Beschäftigung 205

5.2.2 Auswirkungen auf die agrarische Produktion 207

6 Zusammenfassung 208

Anhang Seite

		Seite
1	Mechanisierungskosten und -leistungen in der Pflanzenproduktion für unterschiedliche Mechanisierungsstufen	212
2	Betriebsergebnisse eines landwirtschaftlichen Musterbetriebes des Mechanisierungstyps IV	214
3	Grad der Ausnutzung des AK-Potentials in den vier Untersuchungsdörfern	216
4	Makroökonomische Aspekte der Einführung von selektiver Mechanisierung	219

Verzeichnis der Abbildungen und Tabellen

I. Abbildungen

Nr.	Titel	Seite
1	Bangladesh. Distrikte und Städte	34
2	Diversifikation der pflanzlichen Produktion (1971/72)	43
3	Art der Bodennutzung in Bangladesh nach Anbauperiode, Monat und topographische Lage	44
4	Anbauintensität in Bangladesh (1971/72)	45
5	Anteil der Betriebe und betriebliche Flächenanteile nach Betriebsgrößenklassen	53
6	Bewässerte Fläche in Comilla Kotwali Thana nach Art der Bewässerung	57
7	Schleppereinsatz in Dörfern in Comilla Kotwali Thana nach gesamt-bearbeiteter Fläche je Dorf	65
8	Schleppereinsatz durch die KTCCA, Comilla, nach Monaten und Art der Schlepperverwendung	68
9	Gesamtarbeitsaufwand für Reisanbau nach Anbauperiode und Monat	84
10	Fremdarbeitskräfte-Einsatz für landwirtschaftliche Betriebe nach Anbauperiode und Mechanisierungstyp	89
11	Gesamtarbeitsaufwand für Reisanbau in unterschiedlichen Anbauperioden nach Familien- und Fremdarbeitskräfte-Aufwand für einzelne Mechanisierungstypen im Laufe eines Jahres	92
12	Gesamtarbeitsaufwand für Reisanbau in 418 landwirtschaftlichen Betrieben in vier Dörfern in Comilla Kotwali Thana nach Art der Arbeiten und nach Monaten	94
13	Reisanbaufläche nach Mechanisierungstypen, Monaten und Anbauperioden	104

II. Tabellen

Nr.	Titel	Seite
1	Typologie der Mechanisierung	24
2	Erträge von verschiedenen Kulturen in Bangladesh und ausgewählten Ländern für 1973/74	47
3	Besitzverhältnisse in verschiedenen Betriebsgrößenklassen in den Untersuchungsdörfern, Comilla Kotwali Thana, 1975	51
4	Zahl und Bewässerungsleistung von Tiefbrunnen und Niederdruckpumpen, Comilla Kotwali Thana 1962/63 bis 1972/73	58
5	Beginn der Tiefbrunnenbewässerung für bewässerte Betriebe nach Monaten	60
6	Einsatz von Schleppern in der KTCCA-Schlepperstation in Comilla, 1.3.1974 - 28.2.1975	63
7	Bodenbearbeitungsleistung von Schleppern der Zentralgenossenschaft KTCCA, Comilla nach Fläche, Einsatzort und Auftraggeber	69
8	Anzahl von Zugtieren pro acre nach Betriebsgrößenklassen und Mechanisierungstyp	76
9	Zeitliche Beanspruchung bei den einzelnen Arbeitsgängen der Reisproduktion auf unterschiedlichen Mechanisierungsstufen in Comilla Kotwali Thana, Bangladesh	78
10	Durchschnittlich aufgewendete Arbeitstage für Reisanbau bei Tiefbrunnenbewässerung und Zugochseneinsatz (Mechanisierungstyp III), Comilla Kotwali Thana	82
11	Einsatz von Fremdarbeitskräften im Reisanbau nach Art der Arbeiten	
a	Amon 1973	86
b	Boro 1973/74	86
c	Aus 1974	87
12	Einsatz von Fremdarbeitskräften im Gemüseanbau je Betrieb und pro acre nach Mechanisierungstypen, Rabi 1973/74	91

Nr.	Titel	Seite
13	Gesamtarbeitsaufwand für Reisanbau nach Mechanisierungstypen	97
14	Gesamtanbauintensität und Anbauintensität für Reis in 160 Betrieben nach Betriebsgrößenklassen und Mechanisierungstypen	100
15	Anbauflächenverteilung für Reis in 160 Betrieben nach Mechanisierungstypen	103
16	Anbauflächenverteilung von hochertragreichen (HYV) und lokalen (LV) Reissorten in 160 Betrieben nach Mechanisierungstyp und Anbauperiode	107
17	Verbrauch chemischer Inputs für Amon 1973, Boro 1973/74 und Aus 1974 nach Mechanisierungstyp und Betriebsgrößenklasse	110
18	Durchschnittlich gezahlte Preise für Düngemittel im Verhältnis zu den staatlich festgelegten Preisen für 160 Betriebe nach Betriebsgrößenklasse und Mechanisierungstyp	113
19	Aufgewendete Kosten für Düngemittel in 160 Betrieben nach Mechanisierungstyp und Betriebsgrößenklasse	116
20	Flächenanteil im Rabi-Anbau nach Mechanisierungstypen und Betriebsgrößenklasse, Herbst/Winter 1973/74	120
21	Durchschnittliche Reiserträge nach Anbauperiode und Mechanisierungstyp in 160 Betrieben	122
22	Durchschnittliche jährliche Reiserträge in 160 Betrieben nach Betriebsgrößenklasse und Mechanisierungstyp	124
23	Jährliche, gesamt geerntete Reismenge pro Betrieb in 160 Betrieben nach Betriebsgrößenklasse und Mechanisierungstyp	126
24	Jährliche Verkaufserlöse für pflanzliche Produkte in 160 Betrieben nach Betriebsgrößenklasse und Mechanisierungstyp	127

Nr.	Titel	Seite
25	Durchschnittliche Verkaufserlöse pflanzlicher Produkte	129
26	Marktleistungen pro acre durch Gemüseproduktion in 84 Betrieben nach Betriebsgrößenklasse und Mechanisierungstyp, Herbst/Winter 1973/74	131
27	Grad der Marktintegration für Reis nach Betriebsgrößenklasse und Mechanisierungstyp für 160 Betriebe	133
28	Anbauintensität und Reisertrag nach Anbauperiode und Mechanisierungstyp in 160 Betrieben	147
29	Kosten für Produktionsmittel, Bodenbearbeitung, Bewässerung und Fremd-AK für Reis- und Kartoffelanbau in 160 Betrieben verschiedener Mechanisierungstypen	149
30	Pflanzliche Produktion (Reis und Kartoffeln) von 160 Betrieben verschiedener Mechanisierungstypen	150
31	Anteil der Reisernte über der Produktionsschwelle und relative Flächenleistungen in Betrieben verschiedener Mechanisierungstypen	151
32	Kalkulatorische Deckungsbeitragsberechnung für die Reisproduktion in 160 Betrieben verschiedener Mechanisierungstypen	152
33	Kalkulatorische Deckungsbeitragsberechnung für die Kartoffelproduktion in 84 Betrieben verschiedener Mechanisierungstypen	152
34	Kosten- und Ertragsauswirkungen für die Reisproduktion (in prozentualer Abweichung zum Ist-Zustand) durch bessere Ausnutzung bestehender Bewässerungsanlagen	156
35	Reisbewässerung in Bangladesh mit unterschiedlich kapitalintensiven Verfahren	161
36	Bewässerbare Fläche für vier Kulturen mit unterschiedlichem Wasseranspruch	165

Nr.	Titel	Seite
37	Bewässerungskosten für vier Kulturen mit unterschiedlichem Wasserbedarf	166
38	Kalkulatorische Deckungsbeitragsberechnungen für die Weizen-, Sorghum- und Sonnenblumenproduktion unter Bewässerung für den Winteranbau	168
39	Bodennutzung nach Diversifizierung der pflanzlichen Produktion in 160 Betrieben verschiedener Mechanisierungstypen	169
40	Kalkulatorische Deckungsbeitragsberechnungen für den Weizenanbau unter Bewässerung in Betrieben verschiedener Mechanisierungstypen	170
41	Kalkulatorische Deckungsbeitragsberechnungen für den Sonnenblumenanbau ohne und mit Bewässerung für Betriebe verschiedener Mechanisierungstypen	171
42	Deckungsbeitragsberechnungen der pflanzlichen Produktion durch Winterbewässerung und Anbaudiversifikation in Betrieben verschiedener Mechanisierungstypen	172
43 a	Direkte Beschäftigungsauswirkungen der pflanzlichen Produktion durch Winterbewässerung und Anbaudiversifikation in Betrieben verschiedener Mechanisierungstypen	176
43 b	Indirekte Beschäftigungsauswirkungen durch den Einsatz selektiver Mechanisierung für Winterbewässerung und Bodenbearbeitung zur Diversifikation des Anbaues in Betrieben verschiedener Mechanisierungstypen	177
43 c	Gesamt-Beschäftigungsauswirkungen selektiver Mechanisierung mit Umstellungen in der pflanzlichen Produktion in Betrieben verschiedener Mechanisierungstypen	177
44	Erfolgsanalyse unterschiedlicher Formen der Bodennutzung	181

Nr.		Titel	Seite
45		Kosten und Leistungen verschiedenartiger landwirtschaftlicher Arbeitsmaschinen und -geräte auf unterschiedlichen Mechanisierungsstufen	212
46		Technische Daten verschiedener Pflüge	213
47		Aufwand-, Ertrags- und Arbeitsbedarfsanalyse für zwei Jahre von einem landwirtschaftlichen Musterbetrieb mittlerer Betriebsgröße des Mechanisierungstyps IV	
	a	Berechnungen auf 1 acre Basis	214
	b	Berechnungen nach Anbauintensität	215
48		Geamt-AK-Potential in 497 Haushalten in vier Dörfern in Comilla Kotwali Thana, 1974/75	
	a	nach Familien- und Fremd-AK	216
	b	nach Arbeitstagen in Familien- und Fremd-AK	217
49		Einsatz von Arbeitskräften für die Reisproduktion und Grad der AK-Verwendung in vier Dörfern in Comilla Kotwali Thana nach Monaten, 1974/75	218
50		Benötigte Anzahl von Pumpen für einen zusätzlichen Weizenanbau und Kosten pro Pumpeinheit und Jahr nach Art der Bewässerung	221
51		Kapital-, Betriebs- und Arbeitskosten für zusätzliche Weizenbewässerung nach Art der Bewässerung	
	a	mit Marktpreisen	223
	b	mit Schattenpreisen	224
52		Kapital-, Arbeits- und Produktionskosten für Bodenbearbeitung mit Einachsschlepper und nach Art der Bewässerung für die Weizenproduktion	226

Abkürzungen

ACF	Agricultural Co-operative Federation
ADC	Agricultural Development Corporation
AK	Arbeitskraft (AKs = Arbeitskräfte)
ASAE	American Society of Agricultural Engineers
BADC	Bangladesh Agricultural Development
BARD	Bangladesh Academy for Rural Development, Comilla
BIDS	Bangladesh Institute of Development Studies, Dacca (früher: BIDE - Bangladesh Institute of Development Economics)
BMZ	Bundesministerium für wirtschaftliche Zusammenarbeit, Bonn
cusec	cubic feet per second (1 cusec ≙ 28,317 l/sec)
DSE	Deutsche Stiftung für Entwicklungsländer
dt	Dezitonne (= 100 kg)
FAO	Food and Agricultural Organisation of the United Nations
gal/h	gallones per hour (1 gal/h ≙ 272,8 cm^3/h)
ha	Hektar
HYV	High-yielding varieties - hochertragreiche Sorten
ILO	International Labour Office
IBRD	International Bank for Reconstruction and Development (Weltbank)
IRDP	Integrated Rural Development Programme
IRRI	International Rice Research Institute
kg	Kilogramm
KTCCA	Kotwali Thana Central Cooperative Association
LN	Landwirtschaftliche Nutzfläche
LV	Local varieties - lokale Sorten
md./mds.	Mound/mounds (1 md. = 40 seers ≙ 37,324 kg)
OECD	Organization for Economic Cooperation and Development
PARD	Pakistan Academy for Rural Development, Comilla (bis 1971)
PS	Pferdestärke
Rs	Rupie, Landeswährung vor der bengalischen Unabhängigkeit (1970: 1 Rs ≙ 0,21 US-Dollar)
SIDA	Swedish International Development Authority
SPSS	Statistical Package for the Social Sciences

TK	Taka, Landeswährung nach der bengalischen Unabhängigkeit (1 TK ≙ 0,13 US-Dollar bis Mitte 1975; danach: ≙ 0,08 US-Dollar; 1 US-Dollar ≙ 7,50 - 8,00 TK bis Mitte 1975, 1976: 14,50 ≙ 1 US-Dollar)
TM	Trockenmasse
UNCTAD	United Nations Conference on Trade and Development
UNDP	United Nations Development Programme
USAID	United States Association for International Development
WAPDA	Water and Power Development Authority

Erklärungen fremdsprachlicher Ausdrücke

Acre	angelsächsisches Flächenmaß (1 acre [ac] = 100 decimals ≙ 0,4047 ha)
Amon	Hauptreisanbauperiode von etwa August bis Dezember (für verpflanzten Reis; für nicht verpflanzten Reis etwa Mai bis Dezember)
Aus	Reisanbauperiode während des Monsuns von etwa März bis Juli
Bari	patrilokale Verwandtschaftsgruppe mit traditionellem Führer (Matbar); gleichzeitig die Gruppe der Wohnstätten von meist drei bis sieben patrilinear verwandter Familien, die um einen gemeinsamen Innenhof wohnen, der vor Blicken von außen geschützt ist
Bhadoi	Anbauperiode für Nicht-Reiskulturen zu Ende der Regenzeit
Boro	Winterreisanbau während der Trockenzeit von etwa Dezember bis März
Decimal	ein Hundertstel acre (1 decimal ≙ 40,47 m^2)
Don	manuelle Wasserhebevorrichtung zur Bewässerung von Reisfeldern (traditionell aus ausgehöhltem Baumstamm und Gegengewicht bestehend)
Duli	aus Bambus geflochtenes Behältnis für die Reislagerung
Gola	Bambusbehältnis für Reislagerung
Handweeder	mechanische Unkrauthacke (handgetriebenes Reis-Jätgerät, das durch die Reihen geschoben wird und dabei das Unkraut einmulcht)
Juri	großer Lagerkorb aus Bambus für die Reislagerung (meist mit Lehm und Kuhdung verkleistert)
Kotwali Thana	Thana ist die kleinste Verwaltungseinheit, vergleichbar etwa dem deutschen Landkreis; Kotwali Thana verweist darauf, daß in diesem Thana gleichzeitig die Distrikthauptstadt liegt, wie beispielsweise im Fall von Comilla Kotwali Thana; früher Polizeistation
Khudal	traditionelles, hackenähnliches Arbeitsgerät zum Wenden des Bodens und Aushebens von Gräben etc.
Ladder	von Zugochsen gezogene Bambusschleppe zum Einebnen und Vorbereiten eines Schlammbettes zum Reisverpflanzen (Bezeichnung des Vorganges ist 'laddering' oder 'puddling')
Low-Lift-Pump	Niederdruckpumpe zum Pumpen von Oberflächenwasser

Motka	Tongefäß für die Lagerung von Reis
Nirani	kleinere Jäthacke zum Abstechen von Unkraut
Paddy	ungeschälter Reis
Para	traditionelle, subdörfliche, aus mehreren Baris bestehende Einheit mit gemeinsamem traditionellen Führer (Saddar); ein bis drei Paras bilden ein Dorf
Pedaldrescher	mit dem Fuß angetriebenes Kleindreschgerät, mit dem Korn durch eine mit Haken versehene rotierende Walze ausgeschlagen wird
Pedalpumpe	mit dem Fuß zu bedienende Kleinbewässerungspumpe für die Grundwassernutzung
Pond	künstlicher Weiher, der je nach Größe einem oder mehreren Baris zugeordnet ist; der beim Aushub anfallende Ton und Lehm wird zum Errichten der Wurten (Hochwasserschutz) und zum Hausbau verwendet; das Pondwasser wird als Trinkwasser, zum Baden, zum Waschen und zur extensiven Fischhaltung genutzt
Purdah	traditionell praktizierte Abschirmung der Frau in der Gesellschaft, deren strenge Auslegung in Bangladesh eine Feldarbeit durch Frauen nicht zuläßt
Rabi	Winterkulturen; Anbau während der Wintersaison
Seer	Gewichteinheit des Indo-pakistanisch-bengalischen Subkontinents; ein seer entspricht etwa 0,93 kg und ist ein Vierzigstel eines mound (md.)
Swinging-basket	traditioneller, aus Bambus geflochtener Korb mit Seilen zu beiden Seiten; durch das Straffen der Seile wird durch zwei Personen Oberflächenwasser angehoben
Tubewell (deep)	Bohr- (Tief-) Brunnen zum Pumpen von Grundwasser

1 Funktion und Problematik der Mechanisierung der Landwirtschaft im Entwicklungsprozeß

Es ist zweckmäßig, beim technisch-wissenschaftlichen Fortschritt in der Landwirtschaft zwischen biologisch-chemischen und technischen Elementen zu differenzieren.

Der Einsatz biologischer und chemischer Inputs zielt direkt oder indirekt (durch Ertragserhöhung bzw. -sicherung) auf eine Erhöhung der Flächenproduktivität. Diese Inputs sind weitgehend flächenneutral zu verwenden, allgemein nicht umstritten und vergleichsweise einfach einzuführen, wenn bestimmte Voraussetzungen dafür erfüllt sind[1]. Dies und der Umstand, daß sich mit Verwendung dieser Produktionsmittel meßbare Ertragssteigerungen einstellten, die lediglich entsprechend den Klima- und Bodenbedingungen nach dem sich einstellenden Wirkungsgrad getestet und kombiniert zu werden brauchen, ließ die Verwendung zu einem vornehmlich technischen Problem werden und machte wohl den großen Erfolg der sogenannten 'seed-fertilizer-revolution' in der zweiten Hälfte der 60er Jahre aus. Wenn bei diesen Innovationen Kritik laut wurde, dann vornehmlich wegen der ungleichen Verteilung der zusätzlich erwirtschafteten Einnahmen, die den größeren Landbewirtschafter gegenüber dem kleineren begünstigte.

Mechanisch-technische Innovationen sind demgegenüber ungleich komplexer in ihren Auswirkungen. Zwar wird auch hier Erfolg nach ökonomischen Kriterien gemessen, doch zum einen handelt es sich um eine kaum übersehbare Anzahl von technischen Hilfsmitteln, die im Zuge einer Mechanisierung der Landwirtschaft zum Einsatz kommen und für die auf unterschiedlichen Technologiestufen sehr unterschiedliche Wirkungsgrade zu beobachten sind. Zum anderen zielen die erreichbaren Produktivitätssteigerungen vornehmlich auf eine Steigerung der Arbeitsproduktivität, die sich wegen der

1) Z.B. Verfügbarkeit und sachgemäße Anwendung, die vom Staat institutionell und gezielt gefördert werden können.

unterschiedlichen Bewertung der Produktionsfaktoren regionsspezifisch unterschiedlich auf die Betriebsbilanz auswirkt.

Die gemeinsame Verwendung biologischer und chemischer Produktionsmittel zusammen mit mechanisch-technischen Hilfsmitteln zur Entwicklung rationeller Arbeitsmethoden spielt in der Diskussion über eine 'Modernisierung' der Landwirtschaft eine wesentliche Rolle.

Es wird dabei von der Feststellung ausgegangen, daß der landwirtschaftliche Sektor in Entwicklungsländern im Vergleich zu Industrieländern unterentwickelt sei und folglich die Landwirtschaft modernisiert werden müsse. Dabei wird gefordert, daß "... farmers must have access to modern inputs - machinery, insecticides, fertilizers, and others - ..."[1]. Unabhängig vom Entwicklungsstand des jeweiligen Landes wird implizit eine Agrarentwicklung gefordert, die die Entwicklungslinien in den Industrieländern nachvollzieht, ohne auf spezifische unterschiedliche Bedingungen in der Ausgangslage dieser Entwicklungsländer zu verweisen und der Frage nachzugehen, ob und inwieweit es sinnvoll erscheint, die Landwirtschaft zu mechanisieren. Die Entwicklungsproblematik wird somit auf ein bloßes Kapital- und Innovationsproblem verkürzt. MELLOR[2] führt aus, daß der landwirtschaftliche Sektor den Hauptbeitrag zur Gesamtentwicklung leisten kann durch die Verwendung von Ressourcen mit relativ niedrigen Opportunitätskosten. Ein dynamischer Beitrag vornehmlich zur wirtschaftlichen Entwicklung hängt ab von "the modernization of agriculture through technological change"[3]. Der Beitrag, den eine landwirtschaftliche Mechanisierung in diesem 'Modernisierungsprozeß' zu leisten vermag, wird von MELLOR für verschiedene Phasen der landwirtschaftlichen Entwicklung unterschiedlich eingeschätzt:

---

1) SCHULTZ, T.W., Economic Growth and Agriculture. Bombay 1968, S. 39.
2) MELLOR, J.W., The Economics of Agricultural Development. Ithaca, N.Y. 1966, S. 223 ff.
3) Ebenda, S. 223.

Phase I: Traditionelle Landwirtschaft mit mehr oder weniger stagnierender Technologie, in der die Produktion in erster Linie durch verstärkte Verwendung traditioneller Inputs (Boden, Arbeit und Kapital) gesteigert wird. Eine Produktionssteigerung wird durch quasi symmetrischen Mehreinsatz der traditionellen Inputs erreicht mit absinkender oder günstigstenfalls gleichbleibender Produktivität. Dadurch, daß die Phase I charakterisiert ist durch das Festhalten an traditionellen Produktionsbedingungen, kann der isolierte Einsatz landwirtschaftlicher Maschinen und Geräte eines höheren Technologieniveaus nicht zu einer Einkommensverbesserung und Erhöhung der Flächenproduktivität beitragen[1].

Phase II: Technologisch-dynamische Landwirtschaft mit einer kapitalextensiven Technologie und verstärkter Innovation direkt ertragssteigernder Inputs: Produktionssteigerungen können sich auch auf andere Ressourcen als den Boden beziehen. Wird ihre Produktivität erhöht, müssen die eingesparten Produktionsfaktoren (z.B. Arbeit) aber wieder in den Produktionsprozeß eingegliedert werden (z.B. durch Erhöhung der Anbauintensität). Im wesentlichen aber gilt, daß "use of labor-saving agricultural machinery is largely precluded by unfavorable labor-capital cost relationships"[2].

Phase III: Technologisch-dynamische Landwirtschaft mit kapitalintensiver Technologie: Im Gegensatz zu Phase II wird stark kapitalintensiv gewirtschaftet, auch ohne daß die eingesparten Produktionsfaktoren (vornehmlich freigesetzte Arbeit) wieder in den Produktionsprozeß integriert werden. "The key characteristic of this phase is the substitution of capital in the form of large-scale machinery for labor."[3]

Auch MELLOR's dreiphasiges Entwicklungsmodell orientiert sich an den Entwicklungslinien des Agrarsektors in den Industrieländern. Er weist der Mechanisierung in den einzelnen Phasen aber sehr unterschiedliche Funktionen zu.

Übereinstimmend wird in der Literatur konstatiert, daß in der traditionellen Landbewirtschaftung keine raschen und starken Ertragssteigerungen erzielbar sind. Mit dem Hinweis auf die eingeschränkte menschliche Arbeitsleistung in tropischen und subtropischen Klimaten werden die relativ kleine bearbeitete Fläche je Landbewirtschafter und die vergleichsweise geringe Produktivität

---

1) Siehe dazu auch: MELLOR, J.W., a.a.O., Ithaca 1966, S. 216 f.
2) Ebenda, S. 225.
3) Ebenda, S. 226.

der Arbeitskräft (AK) begründet[1]. Aus der statistischen Zuordnung von erzielten Pflanzenerträgen zu der Zugkraftausstattung pro Flächeneinheit werden Forderungen nach einer Mindestzugkraftausstattung von etwa 0,5 bis 0,8 Pferdestärken (PS) je Hektar abgeleitet[2].

In diesem Zusammenhang erhebt sich die Frage, ob und, wenn ja, inwieweit die Mechanisierung, die sich in den Industrieländern im Laufe der Agrarentwicklung herausgebildet hat, ein Modell für die Übernahme in Entwicklungsländern darstellen kann.

1.1 Mechanisierung der Landwirtschaft in Industrie- und Entwicklungsländern

Als Basis für eine Beurteilung der unterschiedlichen Ausgangslage und Zielsetzung für eine Agrarmechanisierung in Industrie- und Agrarländern soll auf die Hauptmerkmale der Entwicklungssituation eingegangen werden, die sich für Industrieländer (westlicher und östlicher Prägung) und für vornehmlich agrarisch orientierte Länder ergeben haben.

1.1.1 Erfahrungen mit Mechanisierung in Industrieländern

In den heutigen Industrieländern verlief der noch andauernde Mechanisierungsprozeß der Landwirtschaft autonom und parallel zur fortschreitenden Industrialisierung. Bei der Messung der Mechanisierung eines landwirtschaftlichen Betriebes wurde der 'Mechanisierungsgrad' als der Grad (v.H.) der durch Mechanisierung erzielten Arbeitsersparnis verwendet[3].

---

1) Siehe dazu auch: BOSHOFF, W.H., Development of the Uganda Small Tractor. "World Crops", Vol. 24, No. 5, London 1972, p. 238 - 242.
2) Siehe dazu u.a.: HALL, C.W., Principles of Agricultural Mechanization. In: ESMAY, M.L. and C.W. HALL (eds.), Agricultural Mechanization in Developing Countries. Tokyo 1973, S. 10f.
3) WOERMANN, E. und R. KOCH, Messung des Mechanisierungsgrades landwirtschaftlicher Betriebe. "Agrarwirtschaft", Vol. 9, Hannover 1960, S. 225 - 234.

Es handelt sich also bei der Mechanisierung um die immer stärkere Substitution von Arbeit durch Kapital bei unverändert höchster Bodennutzungsintensität[1)].

Die durch die Industrialisierung geschaffenen Arbeitsplätze gingen in erster Linie der Landwirtschaft verloren, und Hauptziel der Mechanisierung war eine Kompensation der eingebüßten Arbeitsplätze durch eine vornehmlich auf Arbeitssubstitution ausgelegte Technologie (Beispiele: USA und Teile Mitteleuropas).

Die Landmaschinenindustrie in den Industrieländern schaffte insbesondere nach dem zweiten Weltkrieg die Voraussetzungen für eine rasche Erhöhung der Arbeitsproduktivität. So sank beispielsweise in der Bundesrepublik Deutschland die Zahl der Erwerbspersonen in der Landwirtschaft zwischen 1950 und 1962 um etwa ein Drittel und die Zahl der unselbständig Beschäftigten ging im gleichen Zeitraum um annähernd 60 v.H. zurück, während sich die Arbeitsproduktivität in dieser Zeit mehr als verdoppelte[2)]. Die fortschreitende Mechanisierung der Landwirtschaft ermöglichte also einen stark dynamischen Strukturwandel und konnte die großen Abwanderungsraten landwirtschaftlicher Beschäftigter in dieser Zeit ohne Einbußen des Produktionsniveaus in der Landwirtschaft abfangen.

Gegenwärtig steht in Industrieländern nicht mehr das gesamte Spektrum der arbeitssubstituierenden Technologie zur Verfügung, sondern quasi nur das Endprodukt einer Entwicklungsreihe mit der höchsten erzielten Arbeitssubstitution.

In den sozialistischen Ländern mit Zentralverwaltungswirtschaft war der Industrialisierungsprozeß mit einer zeitlichen Verzögerung zu dem der westlichen Industrieländer verschoben. Um die Industrialisierung möglichst schnell voranzubringen, griff man

---

1) Die Arbeitssubstitution verstärkte sich im Laufe der Entwicklung noch, die Bodennutzungsintensität jedoch nahm später ab. Siehe dazu: HERLEMAN, H.H. und H. STAMER, Produktionsgestaltung und Betriebsgröße in der Landwirtschaft unter dem Einfluß der wirtschaftlich-technischen Entwicklung. In: Kieler Studien, Bd. 44, Kiel 1958, S. 22ff.

2) KLEIN, E., Geschichte der deutschen Landwirtschaft im Industriezeitalter. Wiesbaden 1973, S. 179f.

auf Mechanisierungsvorbilder westlicher Industrieländer zurück, paßte sie den veränderten Anforderungen an und konnte durch die Festlegung der Produktionskapazität für arbeitssparende Landmaschinen die gewünschte Größenordnung der Abwanderung ländlicher Arbeitskräfte in die Industrie an der Entwicklung des Arbeitskräftebedarfs des Industriesektors ausrichten.

Im Gegensatz zur Agrarmechanisierung in marktwirtschaftlichen Systemen handelte es sich bei der Mechanisierung in sozialistischen Staaten - zumindest in der Theorie - um einen planbaren bzw. geplanten Mechanisierungsprozeß (Beispiel: UdSSR).

1.1.2 Erfahrungen mit Mechanisierung in Agrarländern

In der ersten Gruppe von Entwicklungsländern mußten Agrarmaschinen infolge eines geringen Industrialisierungsgrades zunächst importiert werden, wenn eine Mechanisierung der Landwirtschaft beabsichtigt war. Staatliche Subventionen zugunsten einer Mechanisierung erleichterten den Landmaschineneinsatz, und im Zuge einer steigenden Industrialisierung war eine verstärkte Importsubstitution für Landmaschinen zu beobachten. Die entstehenden Produktionsstätten für Landmaschinen orientierten ihr Angebot am kaufkräftigen Bedarf. So entstand ein immer stärker autonom ausgerichteter Mechanisierungsprozeß mit deutlicher Tendenz der Bedarfsdeckung bei größeren Landbewirtschaftern (Beispiele: indischer und pakistanischer Punjab).

Die zweite Gruppe von Entwicklungsländern schließlich weist nach wie vor einen sehr niedrigen Industrialisierungsgrad mit kaum kurzfristig zu mobilisierendem technischen 'know-how' für die Eigenherstellung von Landmaschinen auf.

Aufgrund der wirtschaftlich schwachen Ausgangslage findet praktisch keine Anpassung der ausschließlich importierten Agrarmaschinen und -geräte statt. Die für den Bedarf der Landwirtschaft von Industrieländern entwickelten Maschinen und Geräte kommen in der Regel unter anderen sozioökonomischen, klimatischen und bodenbedingten Verhältnissen zum Einsatz als dies in den Herstellungsländern der Fall ist.

Die Lebensdauer der importierten Maschinen und Geräte ist niedrig. Trotz oft überbetrieblicher Verwendung der Landmaschinen ist deren jährlicher Ausnutzungsgrad gering. Gründe dafür liegen u.a. im niedrigen Bildungs- und Ausbildungsniveau des Bedienungs- und Wartungspersonals und in der meist zeitraubenden Ersatzteilbeschaffung im Ausland. Entscheidungen über Art und Umfang der zu importierenden Landmaschinen sind politische Entscheidungen, an deren Zustandekommen die rurale Elite, ihre parlamentarischen Interessenvertreter und die städtisch ausgerichtete Bürokratie mitwirken. Dabei werden sie von ausländischen Experten, Beratern internationaler Organisationen und Vertretern exportierender Landmaschinenfirmen beeinflußt. Informationen über praktische Erfahrungen sind unvollständig und werden den entscheidungsbefugten Politikern und Bürokraten zudem nur selektiv zugänglich gemacht. Schlagwortartig läßt sich der Mechanisierungsprozeß vieler Entwicklungsländer als exogen bestimmt charakterisieren (Beispiel Bangladesh).

Es ist hier nicht der Ort, um im einzelnen auf die Ergebnisse der zahllosen Mechanisierungsstudien einzugehen[1]. Dennoch soll

---

1) Es gibt eine Fülle von Einzelbeiträgen, die Mechanisierungsauswirkungen unter stark eingeengter Fragestellung betrachten, so daß die Ergebnisse beschränkt übertragbar sind.

Als Beispiele für breiter angelegte Betrachtungsweisen der Mechanisierungsproblematik seien genannt:
- GEMILL, G. and C.K. EICHER, A Framework for Research on the Economics of Farm Mechanization in Developing Countries. African Rural Employment Paper No. 6, East Lansing, Mich. 1973.
- Indian Society of Agricultural Economics, Problems of Farm Mechanization. Seminar Series IX, Bombay 1972.
- ESMAY, M.L. and C.W. HALL (eds.), a.a.O., Tokyo 1973.
- YUDELMAN, M. et al., Technological Change in Agriculture and Employment in Developing Countries. OECD Employment Series No. 4, Paris 1971.
- ILO (ed.), Mechanization and Employment in Agriculture. Case Studies from Four Continents. Geneva 1973.
- SOUTHWORTH, H. (ed.), Farm Mechanization in East Asia. A/D/C, New York 1972.
- KLINE, C.K. et al., Agricultural Mechanization in Equatorial Africa. East Lansing, Mich. 1969.

eine summarische Auflistung der in der Literatur am häufigsten genannten Vor- und Nachteile der landwirtschaftlichen (Motor-) Mechanisierung und eine kurze Bewertung erfolgen.

Als wichtigste Vorteile einer motormechanischen Mechanisierung werden genannt:

- direkte Ertragssteigerungen durch
  - erhöhte Bearbeitungsgeschwindigkeit und dadurch erzielbare rechtzeitige Feldbestellung,
  - bessere und tiefgründigere Bodenbearbeitung,
  - Bearbeitungsmöglichkeiten ansonsten schwerer oder gar nicht bearbeitbarer Böden (incl. marginale Böden);
- indirekte Ertragssteigerungen durch
  - raschere und rechtzeitige Bodenbearbeitung und/oder Bewässerung in der Trockenzeit, Möglichkeit für Zwei- oder Mehrfachanbau,
  - Reduktion von Ernteverlusten,
  - Freiwerden von Futterfläche für nicht mehr benötigte Zugtiere;
- wirtschaftlichere Produktion
  - Qualitätsverbesserung und damit erhöhte Vermarktungsfähigkeit,
  - Steigerung der Arbeitsproduktivität und damit Anstieg des pro-Kopf-Einkommens;
- sonstige Auswirkungen
  - Reduktion schwerster körperlicher Anstrengungen,
  - organisatorische Entlastung durch weniger Arbeitskräfte und Arbeitstiere.

Als wichtigste Nachteile einer motormechanischen Mechanisierung sind zu nennen:

- hohe Kosten auf Betriebsebene durch
  - zu geringe Auslastung,
  - sehr kostenintensive Unterhaltung und Reparatur,
  - unangemessener Einsatz mit hoher Verschleiß- und Reparaturbelastung;
- hohe Kosten auf Landesebene durch
  - Einsatz knapper Devisen, deren alternative Verwendung in anderer Investition volkswirtschaftlich höheren Nutzen gehabt hätte,
  - entgangene Beschäftigungsmöglichkeiten durch arbeitssparende Maschinen;
- soziale Spannungen durch
  - Entlassungen von Landarbeitern und Freisetzungen von Pächtern durch arbeitssparende Wirkungen der Mechanisierung,

wachsende Einkommensdisparitäten zwischen Benutzern und Nicht-Benutzern von Mechanisierung.

Der Mechanisierungsbegriff ist viel zu wenig operationalisiert, als daß bei verschiedenen Studien vergleichbare Ergebnisse gewonnen werden könnten. Aus der Gegenüberstellung der Vor- und Nachteile wird schon deutlich, daß eine positive Auswirkung der Mechanisierung gleichzeitig unerwünschte soziale Folgen zeitigen kann. Dies ist beispielsweise gegeben, wenn einerseits die organisatorische Entlastung des Landbewirtschafters durch Mechanisierung ermöglicht wird, die aber gleichzeitig für den Pächter oder Landarbeiter zu einer Entlassung bzw. zu geringerer Beschäftigung führt.

Die mögliche Ausrichtung geplanter Mechanisierung oder die Bewertung bereits durchgeführter Mechanisierungsmaßnahmen wird maßgeblich beeinflußt von den jeweilig gegebenen Bedingungen in bezug auf:

- die Agrarverfassung,
- die Bevölkerungsdichte auf dem Lande mit den Auswirkungen auf die Verteilung des Bodens und die verfügbaren Bodenreserven,
- die Klima-, Vegetations- und Bodenverhältnisse,
- die Topographie, die innere und äußere Infrastruktur,
- die Kapital- und Devisenverfügbarkeit,
- den Grad der Industrialisierung und
- das Vorhandensein von technischem 'know how' auf verschiedenen Ebenen.

Darüber hinaus müßte für eine systematische Erfassung von Mechanisierungsfragen u.a. geklärt werden:

- welcher Arbeitsgang für welche Kultur mit welchem Ziel mechanisiert werden soll bzw. mechanisiert ist,
- welches Technologieniveau dabei verwirklicht werden soll und inwieweit durch diese Umstellung das Mechanisierungsniveau angehoben wird,
- welche anderen Umstellungen neben Mechanisierung noch geplant sind (Einsatz biologischer, chemischer Technologie; Organisationsumstellungen etc.) und inwieweit diese zusätzlichen Umstellungen die Mechanisierungsauswirkungen beeinflussen.

Für Asien wird geschätzt, daß knapp 5 v.H. der Fläche mit Schleppern bearbeitet werden[1]. Dennoch trügt dieser Durchschnittswert insofern, als starke regionale Differenzierungen zu beobachten sind. So sind in Indien beispielsweise die Bundesstaaten Punjab und Haryana überproportional an der Mechanisierung beteiligt, was z.B. dazu führte, daß für 1973 schon 6 v.H. der gesamten Weizenfläche im (indischen) Punjab durch Mähdrescher abgeerntet wurden[2].

Besonders problematisch erscheint die unterschiedliche Ausgangslage für die Mechanisierung aufgrund des heterogenen Charakters des Landwirtschaftssektors. So weisen YUDELMAN et al.[3] auf die dualistische Entwicklung bei der Mechanisierung hin, durch die Großbetriebe infolge des an Großflächen angepaßten Maschinen- und Geräteangebots zu großflächiger Bearbeitung übergehen (incl. Betriebsflächenexpansion zu Lasten kleiner Landbewirtschafter) und der weitaus größere Teil der landwirtschaftlichen Betriebe in diesem ungleichen Wettlauf am Rande des Existenzminimums belassen wird.

1.2 Landwirtschaftliche Mechanisierung im Kontext entwicklungspolitischer Zielsetzungen

Noch in den 50er Jahren sah man in der raschen Beseitigung des Kapitalmangels den Hauptansatzpunkt für eine schnelle Überwindung von (wirtschaftlicher und damit später auch sozialer) Rückständigkeit in Entwicklungsländern. In den sechziger Jahren rückte das Devisenproblem in den Mittelpunkt der Diskussion. Erst die siebziger Jahre brachten mit einer verstärkten Konzen-

---

1) STOUT, B.A. and C.M. DOWNING, Agricultural Mechanization Policy. Expert Meeting of the Effects of Farm Mechanization on Production and Employment. FAO-Agri. Series Development. February 2 - 7, Rome 1975, p. 5.
Schätzungen für alle Entwicklungsländer belaufen sich auf etwa 2 v.H.
2) AGGARWAL, P.C. and M.S. MISHRA, The Combine Harvestor and its Impact on Labour: A Study in Ludhiana. "Indian Journal of Industrial Relations", Vol. 9, New Delhi 1973, p. 294.
3) YUDELMAN, M. et al., a.a.O., Paris 1971, p. 52ff.

tration auf die Beschäftigungsproblematik eine Abkehr von der Vorstellung, daß das Problem der Unterentwicklung vornehmlich wirtschaftliche Ursachen habe. Neben der Beschäftigungsdiskussion scheint nunmehr das Verteilungsproblem an Bedeutung zu gewinnen.

Dieser veränderten Perspektive liegt die Erfahrung zugrunde, daß sich trotz hoher Investitionen das Entwicklungsgefälle zwischen Industrie- und Entwicklungsländern eher noch vergrößert hat. Durch den Import kapitalintensiver Produktionsmittel werden Abhängigkeiten verstärkt und gleichzeitig werden durch arbeitssubstituierende Wirkungen dieser Produktionsmittel die steigenden Arbeitskräfteüberschüsse infolge hohen Bevölkerungswachstums nicht absorbiert, wodurch soziale Probleme im Inland verschärft werden[1].

In der neueren Literatur[2] gehört wirtschaftliches Wachstum nach wie vor zum vordringlichsten Entwicklungsziel, wenngleich nicht mehr mit der Vorstellung, damit gleichzeitig die sozialen und politischen Probleme eines Landes lösen zu können, "wenn nur das Wachstum genügend groß und rasch sei"[3]. Als weitere allgemeine Entwicklungsziele werden genannt[4]: die Erhöhung produktiver Beschäftigung, eine gerechtere Einkommensverteilung mit ihren Nachfrage- und Wachstumseffekten, Partizipation - einerseits als Teilhabe an den materiellen und kulturellen Gütern einer Gesellschaft und andererseits als politische Mitwirkung an

---

1) Mit der Folge, daß nach Schätzungen des Internationalen Arbeitsamtes (ILO) offene Arbeitslosigkeit in Entwicklungsländern durchschnittlich 10 v.H., die verschiedenen Formen versteckter Arbeitslosigkeit durchschnittlich 20 v.H. des Arbeitskräftepotentials betreffen. Siehe dazu: MATZKE, O., Die Beschäftigung als Kernproblem einer sozialen und wirtschaftlich koordinierten Entwicklung. In: PRIEBE, H. (Hrsg.), Das Eigenpotential im Entwicklungsprozeß. Berlin 1972, S. 44 (Schriften des Vereins für Socialpolitik, NF Bd. 69).
2) Siehe dazu beispielsweise eine Zusammenfassung in: NOHLEN, D. und F. NUSCHELER (Hrsg.), Handbuch der Dritten Welt. Theorien und Indikatoren der Unterentwicklung und Entwicklung. Bd. 1, Hamburg 1974.
3) Ebenda, S. 25f.
4) Ebenda, S. 28ff.

Entscheidungen - und schließlich die politische und wirtschaftliche Unabhängigkeit zum Abbau der Fremdbestimmung und Außenorientierung im Wirtschafts- und Sozialbereich.

In Abhängigkeit von ihrer jeweiligen Ausprägung hat eine Mechanisierung der Landwirtschaft in unterschiedlicher Weise Auswirkungen auf diese Entwicklungsziele. Hinzu kommt, daß diese allgemein gültigen Entwicklungsziele in den verschiedenen Gruppen der Entwicklungsländer[1] eine sehr unterschiedliche Gewichtung erfahren. Eine Produktionssteigerung ist besonders vordringlich in den Ländern, die über geringe Bodenreserven verfügen und auf dem in Nutzung befindlichen Land wegen einer hohen Bevölkerungsdichte augenblicklich keine Deckung des Nahrungsmittelbedarfs erreichen können.

Gerade in dichtbesiedelten Entwicklungsländern mit nur beschränkt verfügbaren Alternativarbeitsplätzen außerhalb des landwirtschaftlichen Sektors wird eine durch eine landwirtschaftliche Mechanisierung angestrebte Produktionssteigerung keinesfalls mit einer rückläufigen Beschäftigungsrate in der Landwirtschaft erkauft werden dürfen[2]. In einem solchen Entwicklungsland mit

---

1) Die wachsende Differenzierung der wirtschaftlichen und sozialen Bedingungen in der Dritten Welt veranlaßte den wissenschaftlichen Beirat des Bundesministeriums für Wirtschaftliche Zusammenarbeit (BMZ) Entwicklungsländer in fünf Gruppen einzuteilen:
   I Gruppe der kleinen, außenorientierten und welthandelsorientierten Länder,
   II Gruppe der Länder mit wichtigen Rohstoffvorkommen,
   III Gruppe der Länder mit durchschnittlicher Entwicklungsgeschwindigkeit,
   IV Gruppe der am wenigsten entwickelten Länder mit geringen Außenkontakten,
   V Der indische Subkontinent mit ähnlich unbefriedigenden Entwicklungen wie Gruppe IV und zusätzlicher Bevölkerungsproblematik.
   In: BMZ (Hrsg.), Entwicklungspolitik, Materialien Nr. 52, Bonn 1975, S. 7.
2) Als ein Beispiel von vielen sei der PEARSON-Bericht erwähnt, der auf die überragende Funktion des landwirtschaftlichen Sektors verweist, den dieser bei der Beschäftigung der wachsenden Zahl von Erwerbstätigen zu erfüllen hat. Notwendige laufende Vergrößerung der Beschäftigungsmöglichkeiten, ohne das Lohnniveau zu drücken, setzt Methoden zur Steigerung landwirtschaftlicher Produktivität voraus, durch die ein Maximum an Arbeitskräften eingesetzt und zugleich Kapital gespart wird. In: Kommission für Internationale Entwicklung (Hrsg.), Der Pearson-Bericht. Bestandsaufnahme und Vorschläge zur Entwicklungspolitik. Wien 1969, S. 83 f.

hoher Bevölkerungsdichte[1] kann überdies eine große Kapital- und insbesondere Devisenknappheit konstatiert werden, durch die eine Mechanisierung so kapitalextensiv wie möglich gestaltet werden müßte. Die geforderte geringe Devisenbelastung läßt sich noch relativ leicht in Übereinstimmung bringen mit der Forderung nach autozentrierter Entwicklung, die auf einen Abbau von Fremdbestimmung und Außenorientierung der Wirtschaft abzielt.

Die möglichst sparsame Verwendung von importierter kapitalintensiver Technologie ist als ein erster Schritt zur Schuldenentlastung und damit zu größerer wirtschaftlicher und politischer Unabhängigkeit zu sehen. Andererseits schaffen aber Nahrungsmittelimporte noch größere Abhängigkeit. Die Einfuhr von zur Produktionssteigerung geeigneter Maschinen und Geräte wäre in diesem Fall als Hilfe zur Selbsthilfe zu verstehen. Sicher wird sich die oben geforderte Partizipation in Ländern mit großen Bevölkerungs- und Entwicklungsproblemen[2] am schwierigsten verwirklichen lassen. Auch die geforderte gleichmäßigere Einkommensverteilung wird nur über Produktionssteigerung und gleichzeitig möglichst hohen Beschäftigungsgrad erreichbar sein. Da die drei als gültig angesehenen Entwicklungsziele Produktionssteigerung, Erhöhung des Beschäftigungsgrades und sparsame Verwendung von Kapital aber zu einem gewissen Grad im Widerspruch zueinander stehen und sich somit Zielkonflikte ergeben, sind politische Bewertungen der angestrebten Prioritäten erforderlich. Allerdings scheinen sich die Probleme in vielen Ländern zuzuspitzen, so daß keine Zeit verbleibt, um solche wichtigen Entwicklungsziele nacheinander in Angriff nehmen zu können. In der entwicklungspolitischen Praxis wird es deshalb wohl immer auf einen Kompromiß aus diesen Einzelzielen hinauslaufen.

Der Begriff der 'selektiven Mechanisierung' trägt diesem Umstand Rechnung und beschreibt eine Mechanisierung, die sich den sozioökonomischen Bedingungen eines Landes anpaßt, kapitalintensive

---

1) Entwicklungsland der Gruppe V, vergl. Fußnote 1), S. 12.
2) Entwicklungsländer der Gruppe IV und V, vergl. Fußnote 1), S. 12.

Technologie so sparsam wie möglich verwendet und dort einsetzt, wo damit gezielt Engpässe (z.B. an Zugkraft, Arbeitskraft und Wasserverfügbarkeit) überwunden werden können zur Steigerung der Gesamtproduktion möglichst unter Ausweitung der Beschäftigung[1]. Sicherlich aber ist Mechanisierung allein nicht in der Lage, diese Entwicklungsziele erreichen zu helfen, sondern daneben sind andere Umstellungen im landwirtschaftlichen Betrieb vorzunehmen. Als wesentliche Veränderung ist dabei an eine Verlagerung der pflanzlichen Produktion während der Trokkenzeit auf weniger stark bewässerungsbedürfte Kulturen gedacht (vergl. Kap. 4.2.3).

1.3 Probleme des Technologietransfers[2]

Wirtschaftliche Entwicklung ist nur möglich, wenn eine an die spezifischen Bedingtheiten und damit Faktorproportionen eines definierten Gebietes angepaßte Kombination von Faktoren erfolgt[3]. Bislang aber ist das Spektrum der angebotenen Technologie beschränkt, weil eine große Lücke zwischen dem traditionellen, meist wenig produktiven Inlandtechnologieangebot und dem kapitalintensiven, an Faktorproportionen und Größenordnung von Industrieländern angepaßten, importierbaren Technologieangebot besteht[4].

Als vordringliche Forderung wird deshalb jetzt häufig eine

---

1) Siehe dazu u.a.: BONDURANT, B.L., Selective Mechanization and Labor Balance in Agricultural Development. ASAE-Paper No. 72-532, St. Joseph, Mich. 1972; CLAYTON, E.S., A Note on Farm Mechanization and Employment in Developing Countries. "International Labour Review", Vol. 110, Geneva 1974, p. 57 - 62; STOUT, B.A. and C.M. DOWNING, Counterpull. "Ceres", Vol. 8, Rome 1975, p. 43 - 46.

2) Technologie wird hier verstanden im älteren, weiteren Bedeutungsinhalt, der die enge Verflechtung der Technik mit anderen gesellschaftlichen Faktoren unterstreicht. Es werden also weniger die technischen Probleme diskutiert als vielmehr die wirtschaftlichen und sozialen Auswirkungen von Technologie. Siehe dazu: Brockhaus Enzyklopädie, Bd. 18 (17. Aufl.), Wiesbaden 1973, S. 526.

3) Vergl. dazu: ONYEMELUKWE, C.C., Economic Underdevelopment. An Inside View. London 1974, p. 26.

4) Ebenda, S. 6f.

'faktorangemessene', eher Arbeit schaffende als freisetzende Technologie gefordert, deren Entwicklung (der hohen Kosten wegen) in den Industrieländern erfolgen und für deren einfachen und kostenlosen Transfer (ohne Patentgebühren beispielsweise) gesorgt werden soll[1]. Als anzustrebende Endphase dieser Entwicklung sieht GALTUNG eine technologische Selbstversorgung und Selbstbestimmung in der Dritten Welt[2]. Seiner Meinung nach gibt es keinen Ersatz für den Anreiz, der durch die Eigenherstellung von Geräten geweckt wird, wobei auch das Risiko des erneuten Erfindens (Wieder-Erfindens) einer Reihe von Gegenständen auf diesem Wege eingeschlossen sein muß.

Aber zwischen diesen politischen Absichtserklärungen und den Möglichkeiten der Durchsetzbarkeit angepaßter Technologien klafft bislang noch eine weite Lücke.

Angefangen von der an westliche Verfahrensweisen angepaßten Ausbildung von Fachkräften aus der Dritten Welt mit den damit übernommenen Werthaltungen, entspricht eine 'mittlere' (intermediate) Technologie häufig nicht dem Prestigebedürfnis der Entscheidungsträger in Entwicklungsländern, die sich gegen vermeintlich minderwertige und veraltete Verfahren wenden[3][4].

Solange die Wahl der Technologie dem Einzelbetrieb zufällt, und damit betriebswirtschaftliche und nicht gesamtwirtschaftliche Überlegungen den Ausschlag geben, und der finanzielle Nutzen des Individualbetriebes stärker zum Tragen kommt als gesamtökonomischer und sozialpolitischer Nutzen, wird eine angepaßte Technologie kaum durchsetzbar sein. Dies gilt solange, wie einzelwirt-

---

1) Resolutionen TD/C. 96 der UNCTAD III.
2) GALTUNG, J., The Technology that Can Alienate. "Development Forum", Centre for Economic and Social Information of the UN, Vol. 4, No. 6, Geneva 1976, p. 8.
3) EPPLER, E., Technologie für die Dritte Welt. Auszüge aus einem Referat vom 18.1.1971 in Köln. In: Kübel Stiftung (Hrsg.), Angepaßte Technologie. Ein Diskussionsbeitrag. Bensheim 1974, S. 38.
4) ONYEMELUKWE, C.C., a.a.O., London 1974, p. 26.

schaftliche und gesamtwirtschaftliche Interessen nicht zusammenfallen. Unter diesen Voraussetzungen nämlich wird ein Betriebsleiter sich eher für eine kapitalintensive Mechanisierung mit geringem Arbeitskräftebedarf entscheiden, wenn sie für ihn rentabler ist als die Beschäftigung vieler Arbeitsloser und Unterbeschäftigter auf einer arbeitsintensiven Technologiestufe[1].

Prinzipiell besteht jedoch keine Meinungsverschiedenheit über die Notwendigkeit des Transfers angepaßter - vorwiegend arbeitsintensiver - Technologien. Gleichzeitig aber wird vor einem möglichen 'technological gap' gewarnt[2], weil wohl befürchtet werden muß, daß dadurch das Entwicklungsgefälle zwischen armen und reichen Ländern noch vergrößert würde.

Soll es zum Einsatz kapitalintensiver Verfahren kommen, müssen dafür staatliche Voraussetzungen der Import-, Steuer- und Subventionspolitik erfüllt werden, um einzel- und gesamtwirtschaftlichen Nutzen zur Deckung zu bringen, aber von diesem Schritt ist man in vielen Entwicklungsländern weit entfernt. Schaut man sich an einem Beispiel die <u>hohen Kosten und Schwierigkeiten bei</u> der Durchsetzung einer Innovation - <u>einer Neuentwicklung von situationskonformer Technologie</u> - einmal an, so verwundert dies nicht[3]. Importierte oder in Lizenz nachgebaute Maschinen sind demnach auf kurze Sicht billiger und meist auch qualitativ besser als die neuentwickelten Maschinen und Geräte[4].

Auch den Versuchen des sogenannten '<u>up-grading</u>' traditioneller Gerätschaften und des '<u>down-grading</u>' kapitalintensiver westlicher Maschinen und Geräte waren unterschiedliche Erfolge be-

---

1) Siehe dazu auch: Kübel Stiftung (Hrsg.), Technologietransfer, a.a.O., Bensheim 1974, S. 11.
2) KEBSCHULL, D. und W. KÜNNE, Probleme einer neuen Wirtschaftsordnung. In: BMZ (Hrsg.), a.a.O., Bonn 1975, S. 38f.
3) AURORA, G.S. and W. MOREHOUSE, The Dilemma of Technological Choice in India. The Case of the Small Tractor. "Minerva", Vol. 12, London 1974, p. 433 - 458.
4) Der Grund dafür liegt darin, daß hohe Stückzahlen die Preise senken und durch große Serien ausgereiftere Maschinen entstehen, die kurzfristig eingesetzt werden können.

schieden[1].

So wirken sich Verbesserungen von Handarbeitsgeräten arbeitserleichternd, aber nicht flächenproduktivitätserhöhend aus. Der Absatz solcher relativ billigen und einfachen Geräten stößt aber schon auf erhebliche Schwierigkeiten[2]. Für die Verbreitung angepaßter Geräte auf der Stufe der tierischen Zugkraft haben sich gute Ergebnisse nur unter bestimmten Voraussetzungen eingestellt[3]. Hohe Vertriebskosten und die doch relativ geringen Einsparungen und die bislang sehr niedrigen Stückzahlen haben demgegenüber zu einem völligen Mißerfolg des 'down-grading' von Schleppern geführt[4].

1.4 Der angestrebte Beitrag der Arbeit

In der Mechanisierung der Landwirtschaft ist neben dem Einsatz bodensparender biologischer und chemischer Produktionsmittel ein gangbarer Weg gesehen worden, um die niedrige Produktivität anzuheben, die regional zu Nahrungsmitteldefiziten führte.

Durch die staatlich geförderten Mechanisierungsprogramme wurde neben der Individualmechanisierung der Mittel- und insbesondere der Großbetriebe - auch durch staatliche oder genossenschaftliche Maschinenvermietungsstationen eine breiter angelegte Mechanisierungsstrategie verfolgt. Dieser gesamtwirtschaftlichen Konzeption kam die hohe Aufgeschlossenheit für Mechanisierungsmaßnahmen bei Landbewirtschaftern entgegen, die allgemein beobachtet werden kann. Sie dokumentiert sich insbesondere im hohen Ansehen, das der Schlepper genießt, der damit weltweit zum Symbol für moderne Landbewirtschaftung wurde[5].

---

1) TSCHIERSCH, J.E., Angepaßte Formen der Mechanisierung bäuerlicher Betriebe in Entwicklungsländern. (Forschungsstelle für Internationale Agrarentwicklung) Heidelberg 1975, S. 34 ff.
2) Ebenda, S. 39ff.
3) Ebenda, S. 42ff.
4) Ebenda, S. 57ff.
5) Vergl. dazu beispielsweise: LELE, U., The Design of Rural Development. Lessons from Africa. Baltimore 1975, S. 33.

Das hohe Bevölkerungswachstum der meisten Entwicklungsländer und die geringen alternativen Beschäftigungsmöglichkeiten außerhalb des landwirtschaftlichen Sektors[1] zwingen jedoch dazu, neben den produktionstechnischen Aspekten die möglichen Beschäftigungsauswirkungen von Mechanisierungsmaßnahmen zu beachten. Für die Masse der Arbeitskräfte nämlich dient der landwirtschaftliche Sektor alsein Auffangbecken für Arbeitskräfteüberschuß, in dem ausreichende Impulse wirtschaftlicher Entwicklung abgewartet werden müssen[2] und dem daher für eine gewisse Zeit eine "Schwammfunktion" zufällt, um die (noch) nicht benötigten Arbeitskräfte aufzunehmen.

So warnen denn auch zahlreiche Kritiker vor einer zu frühen kapitalintensiven Mechanisierung mit ihren möglichen negativen beschäftigungs-, sozial- und finanzpolitischen Auswirkungen[3]. Sie stützen sich dabei auf eine Anzahl negativ verlaufener Mechanisierungsvorhaben.

Für viele jedoch bedeutet die Agrarmechanisierung einen 'counterpull' zur Land-Stadt Migration[4], und sie verweisen darauf, daß sich negative Beschäftigungseffekte oder Tendenzen zu steigender

---

1) Welche Größenordnung das Beschäftigungsproblem auch innerhalb des landwirtschaftlichen Sektors angenommen hat, wird deutlich, wenn man sich beispielsweise FAO-Berechnungen vergegenwärtigt, nach denen die erwerbsfähige Bevölkerung im Agrarsektor der Entwicklungsländer von 671 Millionen im Jahre 1970 auf 728 Mio. im Jahre 1980 zunehmen soll, während im gleichen Zeitraum der Anteil landwirtschaftlicher Erwerbstätiger von der gesamten Erwerbsbevölkerung von 66 v.H. auf 59 v.H. abnehmen soll. Auf dem indischen Subkontinent etwa mit seiner hohen Besiedlungsdichte führt diese Entwicklung zu einer dramatischen Zuspitzung der Beschäftigungslage auf dem Lande. - In: FAO (ed.), The State of Food and Agriculture 1973, Rome 1973, p. 138.
2) Strukturelle Transformationen können erst möglich werden, wenn die wirtschaftlichen Impulse stark genug sind; vergl. dazu: SHAW, R. d' A., Jobs and Agricultural Development. Overseas Development Council Monograph No. 3, Washington 1970, p. 2f.
3) Vergl. dazu Kap. 1.1.2
4) Siehe dazu u.a.: STOUT, B.A. and C.M. DOWNING, Counterpull ... a.a.O., Rome 1975, S. 43 - 46.

inegalitärer Einkommensverteilung in der Landwirtschaft bei Erfüllung gewisser Voraussetzungen und Bedingungen, unter denen Mechanisierung erfolgen könnte, vermeiden lassen.

Die Beurteilung landwirtschaftlicher Mechanisierungsvorhaben wird zusätzlich durch den Umstand erschwert, daß sich je nach Betrachtungsebene unterschiedliche Ergebnisse zwischen den Auswirkungen auf Betriebs- und Landesebene ergeben können. So können bei der auf Produktionserhöhung zielenden Einführung von Technologie durch Subventionen verzerrte Preisrelationen bisweilen zu einzelbetrieblichem Nutzen führen, der aber gleichzeitig durch negative Beschäftigungsauswirkungen erkauft wird.

Hier nun will die vorliegende Untersuchung einsetzen und einen Beitrag leisten zu der Fragestellung, wie der Prozeß der landwirtschaftlichen Mechanisierung ausgestaltet sein müßte, damit seine negativen Folgen minimiert werden können und die positiven möglichst stark zum Tragen kommen.

Es handelt sich bei der vorliegenden Arbeit um eine empirische Studie, die in Bangladesh durchgeführt wurde, einem der dichtestbesiedelten Agrarländer der Erde mit geringen Landreserven, großer Notwendigkeit zur Produktionssteigerung von Nahrungsmittelgütern und einem hohen Anteil landwirtschaftlicher Arbeiter und marginaler Landbewirtschafter, für die dringend größere, produktive Beschäftigungsmöglichkeiten geschaffen werden müssen.

Für eine "sinnvolle Mechanisierung", angepaßt an die sozioökonomischen Bedingungen des Einsatzortes, sollen für eine mögliche Mechanisierungsstrategie folgende Aspekte berücksichtigt werden:

- Art und Größe der einzusetzenden Maschinen und Geräte,
- Umfang der angemessenen Mechanisierung,
- Organisationsform des Einsatzes von Maschinen und Geräten,
- die wichtigsten flankierenden Inputs, die neben der Mechanisierung eingesetzt werden müßten.

Auf verschiedenen Mechanisierungsstufen werden daher die Auswirkungen überbetrieblich angebotener Maschinen und Geräte untersucht in bezug auf:

- die Anbauintensität,
- den Ertrag,
- die Wahl der angebauten Kulturen,
- die Änderungen in der Betriebsorganisation und
- die Beschäftigungsauswirkungen.

Des weiteren sollen die organisationstechnischen und sonstigen Rahmenbedingungen für den überbetrieblichen Maschineneinsatz als einem Instrument für eine Teilmechanisierung zur Verwirklichung einer ertragssteigernden und beschäftigungsschaffenden selektiven Mechanisierung[1] diskutiert werden. Durch Einführung von Modellkalkulationen sollen die Auswirkungen von graduellen Veränderungen verschiedener Soll-Zustände untersucht und deren Durchsetzbarkeit erörtert werden.

Abschließend soll geklärt werden, welche Auswirkungen die beschriebene Mechanisierung auf verschiedene Mechanisierungsstufen mit ihren flankierenden Maßnahmen auf den interdependenten Gesamtbetriebsablauf hat und welche Auswirkungen sich auf nationaler Ebene ergeben.

2 Gegenstand und Methoden der Untersuchung

In Kap. 2.1 erfolgt eine Operationalisierung und Abgrenzung des Untersuchungsgegenstandes. Nach Darstellung des Ablaufes der Untersuchungen wird das Untersuchungsgebiet kurz charakterisiert, weil dies wichtig ist für das Problemverständnis der anschließenden Ausführungen[2]. In den Begriffsbestimmungen wird insbe-

---

1) Vergl. dazu Kap. 1.1.2.
2) Nähere Ausführungen zu den sozio-ökonomischen Grundproblemen des Landes und eine allgemeine Charakterisierung des Untersuchungsgebietes als Teil Bangladeshs findet sich im Exkurs am Ende von Kap. 2.

sondere die der empirischen Untersuchung zugrunde liegende Typologie der Mechanisierung und eine Charakterisierung der landwirtschaftlichen Mechanisierung im Untersuchungsgebiet vorgenommen. Die Auswahl der Untersuchungsdörfer und -betriebe und die Methoden der Datenbeschaffung und -auswertung werden in Kap. 2.2 dargestellt.

2.1 Operationalisierung und Abgrenzung des Untersuchungsgegenstandes

2.1.1 Untersuchungsraum[1]

Die empirischen Erhebungen für diese Untersuchungen wurden von August 1974 bis Juli 1975 im Distrikt Comilla, Comilla Kotwali Thana[2] im östlichen Landesteil von Bangladesh durchgeführt. Darüber hinaus erfolgten Einzelfallstudien über verschiedene staatliche und kirchliche Maschinenverleihstationen in anderen Teilen des Landes.

In Comilla Kotwali Thana konzentrierten sich die Befragungen auf vier Dörfer, die in einer Entfernung von fünf bis dreizehn Kilometer von der Distrikthauptstadt Comilla gelegen sind[3]. Die Zeit- und Kostenbestimmungen verschiedener Feldoperationen erfolgten das ganze Jahr über in verschiedenen Teilen des Thanas.

Comilla Kotwali Thana hat eine Ausdehnung von 277,13 qkm, und der dazugehörige Distrikt ist nach dem Distrikt Dacca mit der Landeshauptstadt der dichtestbesiedelte des Landes, indem 4,5 Personen auf jeden acre landwirtschaftliche Nutzfläche (LN)

---

1) Die Darstellung des 'Untersuchungsraumes' soll sich im folgenden nicht nur auf geographische Angaben beschränken, sondern darüber hinaus den Bezug zu den demographisch und klimatisch determinierten landwirtschaftlichen Produktionsbedingungen im Untersuchungsgebiet herstellen.
2) Thana entspricht etwa einem Landkreis.
3) Genauere Dorfbeschreibung siehe: MARTIUS-v.HARDER, G., Die Frau im ländlichen Bangladesh. Saarbrücken 1977.

entfallen[1]. Die hohe Besiedlungsdichte zieht kleine Betriebsgrößen, die praktizierte Realteilung sehr kleine Schlaggrößen nach sich.

Das stark durch den Monsun geprägte Klima führt ähnlich wie in anderen Landesteilen in Comilla zu jährlichen Durchschnittsniederschlägen von 2525 mm[2], von denen 2230 mm auf die sechs Monsunmonate von März bis Oktober entfallen, während zwischen November bis Mitte Januar in der Regel überhaupt kein Niederschlag fällt.

Die Hauptanbauperiode für das Grundnahrungsmittel Reis ist die 'Amon-Saison', für die die Reisverpflanzung etwa im August erfolgt, nachdem die monsunbedingten Überschwemmungen zurückgegangen sind. Der Verpflanztermin ist stark von Dauer und Intensität des Monsuns abhängig und je nach Überschwemmungsgrad der einzelnen Feldstücke variabel. Somit wird die der Reisverpflanzung vorgelagerte Bodenbearbeitung zunächst auf den höher gelegenen Feldern oder Teilen von Feldstücken erledigt und zuletzt auf den am tiefsten gelegenen Feldern durchgeführt. Gehen die Überflutungen sehr langsam zurück, gibt es große Verzögerungen, in deren Verlauf die Jungpflanzen in den Saatbeeten so alt werden, daß Ertragseinbußen hingenommen werden müssen, oder - wie es in Extremjahren vorkommt - nicht mehr zum Verpflanzen geeignet sind. Die Amon-Ernte liegt zwischen Anfang Dezember und Anfang Januar.

Die geschilderte starke Klimaabhängigkeit gilt verstärkt für die 'Aus-Saison' während des Monsuns. Da im Untersuchungsgebiet dem Hauptexportprodukt Jute eine nur marginale Bedeutung zukommt, kann in dieser Zeit nichts außer Reis angebaut werden. Die tiefe Überschwemmung weiter Landesteile läßt regional nur die Verwendung von Treibreis (floating rice) zu, der jedoch

---

1) Grunderhebung: MARTIUS, H. und G. MARTIUS-v.HARDER, Comilla 1974; Basis: vier Dörfer mit 497 Haushalten.
2) Durchschnittswerte von 1934 bis 1969 der Wetterstation Comilla.

im Untersuchungsgebiet eine untergeordnete Rolle spielt. Das hohe Anbaurisiko durch die nicht kontrollierbaren Wasserbedingungen ermöglicht weitgehend nur den Anbau lokaler Sorten und führt zu einer geringen Verwendung von ertragsteigernden Inputs.

Demgegenüber ist der Anbau in der trockenen (Winter-) 'Boro-Saison' nur unter Bewässerung möglich und bietet durch die Kontrollierbarkeit der Wasserversorgung im intersaisonalen Vergleich die sichersten Produktionsbedingungen. Die weitgehende Verwendung hochertragreicher Reissorten (HYV) und der relativ hohe Düngerverbrauch stellen die Grundlage für hohe Flächenerträge und führen auf den bewässerbaren Flächen zu einer weitgehenden Kompensation des risikovollen Sommeranbaues. In der Trockenzeit werden eine Anzahl verschiedener Gemüsearten angebaut, die zusammen mit Früchten die ansonsten stark auf Reis konzentrierte pflanzliche Produktion ergänzen (Bewässerung vornehmlich traditionell in Handarbeit). Da infolge der Landknappheit kein Futter angebaut werden kann, ist die tierische Produktion im Vergleich zur pflanzlichen von untergeordneter Bedeutung.

2.1.2 Begriffsbestimmungen

Nach der in Tab. 1 vorgestellten Typologie soll Mechanisierung in Grund- und Kombinationstechnologie unterschieden werden. Als Grundtechnologie werden die (nicht-motormechanischen und motormechanischen) Kraftquellen bezeichnet, die als Energiequellen für das Betreiben der Kombinationstechnologie unentbehrlich sind.

Zur motormechanischen und nicht-motormechanischen Grundtechnologie gehört das vollständige Spektrum des Energieangebotes. Als Mechanisierung wird nun die Verbindung der Grundenergie mit unterschiedlichen Kombinationswerkzeugen oder -geräten bezeichnet. Die motormechanische und nicht-motormechanische Kombinationstechnologie kann nun unterteilt werden in:
- nicht-mechanische[1] Kombinationsgeräte (Beispiel für nicht-

1) Mechanisch im Zusammenhang mit Kraftübertragung auf sich bewegende Teile.

mechanisches Gerät kombiniert mit menschlicher Muskelkraft wäre die Verwendung einer Hacke),
- mechanische Kombinationsgeräte (z.B. die Kombination menschlicher Muskelkraft mit einem 'Sugar-cane-crusher') und
- motormechanische Kombinationsgeräte (beispielsweise die Verwendung menschlicher Muskelkraft in Verbindung mit einer tragbaren Motorrückenspritze).

Tab. 1 Typologie der Mechanisierung

Art der Mechanisierung			Bewertung der Mechanisierung[a]					
Grundtechnologie		Kombinationstechnologie	AK-Einsatz			Kapitalbedarf		Gerätebeschaffung und -unterhaltung
	Kraftquelle	Kombinationswerkzeug/-gerät	vermehrt	unverändert	vermindert	in Devisen	in Landeswährung	
I nicht motormechanisch	A Muskelkraft 1) menschliche	a) nicht mechanisch	höher qualifizierte AK niedriger qualifizierte AK	höher qualifizierte AK niedriger qualifizierte AK	höher qualifizierte AK niedriger qualifizierte AK	niedrig mittel hoch	niedrig mittel hoch	endogen/ autonom exogen
		b) mechanisch						
		c) motormechanisch						
	2) tierische	a) nicht mechanisch						
		b) mechanisch						
		c) motormechanisch						
	B Wasser	b) mechanisch						
		c) motormechanisch						
	C Wind	b) mechanisch						
		c) motormechanisch						
II motormechanisch	A Elektromotor	b) mechanisch						
	B Verbrennungsmotor	a) nicht mechanisch						
		b) mechanisch						

a) Inwieweit eine Mechanisierung "entwicklungskonform" ist, ergibt eine abschließende Bewertung (für ein Land/eine Region), in der unter Zugrundelegung der jeweiligen Entwicklungsziele neben Fragen des Kapitalbedarfes und der Gerätebeschaffung und -unterhaltung, die Frage der Beschäftigungsauswirkungen eine wichtige Rolle spielt.

Quelle: eigene Zusammenstellung

Der Mechanisierungsbegriff wird für diese Untersuchung sehr weit gefaßt und schließt nicht nur den Ersatz von menschlicher und vor allem tierischer (Zug-)Kraft ein. Auch die Technisierungsstufe, in der tierische Zugkraft Verwendung findet, soll mit unter Mechanisierung verstanden werden und ebenfalls die Verwendung traditioneller und nicht-traditioneller Gerätschaften in Kombination mit tierischer und menschlicher Kraft. Insbesondere auch neue, nicht-traditionelle Gerätschaften, die sich im Vergleich zu traditionellen durch Effizienzüberlegenheit auszeichnen, werden in die Betrachtung entwicklungskonformer Mechanisierung mit eingeschlossen.

Der Kapital- und Devisenbedarf für Maschinen und Geräte hat makroökonomisch einen hohen Stellenwert und entscheidet über deren Kosten und Einsatzbereitschaft. Aber auch auf Betriebsebene sind die Art der Beschaffung von Maschinen und Geräten bzw. Ersatzteilen wichtige Größen zur Bemessung entstehender Kosten für den Einsatz und die Unterhaltung. Zu diesem Zwecke wird u.a. der Frage nachgegangen, inwieweit Geräte in einer definierten Region oder zumindest im Lande selbst hergestellt werden können (= autonom), oder ob die Einfuhr und/oder die Ersatzteilbeschaffung lediglich aus dem Ausland möglich ist (= exogen)[1].

Nach dem Grad der Mechanisierung auf der Basis der empirischen Erhebungen kann nach der verwendeten Grundtechnologie eine Einteilung der Betriebe in vier verschiedene Mechanisierungstypen erfolgen:

I Traditionell mechanisiert mit Zugtieren (Ochsen); als wichtigste Kombinationsgeräte werden Holzpflug und Bambusschleppe (ladder) bei der Bodenbearbeitung eingesetzt; bewässert wird, wenn überhaupt, traditionell in Handarbeit;

II Schlepper - mechanisiert; neben (oder anstelle) der traditionellen Mechanisierung mit Zugtieren werden überbetrieblich angebotene Schlepper für einen Teil der LN oder auch für die gesamte Bodenbearbeitung eingesetzt; soweit bewässert wird, werden die traditionellen 'swinging baskets' in Handarbeit eingesetzt;

III Bodenbearbeitung traditionell durch Zugochsen; Tiefbrunnenbewässerung im Winter durch Dieselpumpen;

IV Schleppermechanisiert auf einem Teil der LN, Bewässerung motormechanisch in der Boro-Saison.

Die Einteilung aller Betriebe in diese vier Mechanisierungstypen wurde nach Abschluß der Grunderhebungen durchgeführt und bezieht sich auf den Stand der Betriebsmechanisierung für die

---

1) Autonom und exogen im Sinne der Wortverwendung bei: NOHLEN, D. und F. NUSCHELER (Hrsg.), a.a.O. Hamburg 1974, S. 23ff.

Bewässerung im Referenzzeitraum von einem Jahr für die Amon-Periode 1973, die Boro-Periode 1973/74 und die Aus-Periode 1974 und für die Mechanisierung der Bodenbearbeitung für Boro 1973/74, Aus 1974 und Amon 1974. Die Verschiebung des Referenzzeitraumes war notwendig, weil die Schlepperstation erst ab Februar 1974 wieder voll arbeitsfähig war, nachdem der Zentralgenossenschaft (KTCCA) vierzehn neue Schlepper zur Verfügung standen.

Die Gruppierung der Betriebe in vier Mechanisierungstypen erfolgte ohne eine Möglichkeit der Differenzierung nach dem Grad der Verwendung von kapitalintensiver Technologie in den einzelnen Betrieben. Nur in Ausnahmefällen ist eine vollständige Abdeckung der jeweiligen LN in den Betrieben durch Tiefbrunnenbewässerung bzw. Bodenbearbeitung durch Schlepper gegeben. Demzufolge ist die Ausstattung mit traditioneller Mechanisierung (sowohl Grund- wie Kombinationstechnologie) in allen Betrieben wenig voneinander abweichend, zumal die Sicherheit des Zuganges zu kapitalintensiver Mechanisierung nicht gegeben ist, so daß die traditionelle Grundmechanisierung auch in den Betrieben des Mechanisierungstypes II und IV nicht abgeschafft wird.

In Vereinfachung des Tatbestandes wird im Text bei Erwähnung der Mechanisierungstypen lediglich von

- Mechanisierungstyp I - unbewässert / Ochsen (= traditionell);
- Mechanisierungstyp II - unbewässert / Schlepper ;
- Mechanisierungstyp III - Tiefbrunnen / Ochsen ;
- Mechanisierungstyp IV - Tiefbrunnen / Schlepper ;

gesprochen werden.

Die zeitlichen Bemessungen der Feld-, Ernte- und Nachernteearbeiten erfolgen in Arbeitstagen (man-days) pro acre. Für einen Arbeitstag sind sieben Stunden täglicher Arbeit zugrunde gelegt, weil zahlreiche Messungen ergaben, daß Landarbeiter zwar in der Regel vom Tagesanbruch bis zur Dunkelheit auf den Feldern anzutreffen sind, jedoch nach Abzug aller größeren Arbeitsunterbrechungen (mehr als 10 Minuten) meist nicht mehr als sieben Stunden reine Arbeitszeit verbleiben. Für Arbeiten mit Zugtieren stellen Sieben-Stunden-Tage schon die maximal mögliche tägliche Arbeitsauslastung dar, weil die Tiere infolge Krankheiten und Unternährung zu schwach für einen intensiveren Arbeitseinsatz sind.

Als volle Arbeitskraft (= 100) sind Männer[1] im Alter von 18 bis 55 Jahre gerechnet worden. Angehörige der Altersgruppe von 10 bis 18 sind mit 75 v.H. der vollen Arbeitskraft und Jungen zwischen 8 und 10 Jahren mit 50 v.H. der vollen Arbeitskraft veranschlagt worden. Dieser AK-Schlüssel ist jedoch lediglich für die Feldarbeiten benutzt worden, an denen Jugendliche beteiligt waren und im Rahmen der Messungen erfaßt wurden. Für die in Anhang 3 dargestellte Abschätzung des dörflichen AK-Potentials für Familien- und Fremdarbeitskräfte sind Jugendliche unter 15 Jahren nicht mit berücksichtigt worden.

Die Bruttoanbaufläche bezeichnet den Umfang der tatsächlich bearbeiteten Anbaufläche (in acres) pro Jahr und muß von der Anbauintensität unterschieden werden, die als Maßstab für die Häufigkeit der jährlichen Nutzung der Anbaufläche (in v.H.) gilt.

2.1.3 Begrenzungen

Meist wird Mechanisierung in der Landwirtschaft lediglich in ihrer unterstützenden Funktion im Betrieb zur Erzielung besserer Betriebsergebnisse gesehen. Wie bereits unter Kap. 1.2 ausgeführt wurde, sind jedoch häufig Zielkonflikte bei Mechanisierungsmaßnahmen auszumachen, die durch Inkompatibilität auf verschiedenen Bewertungsebenen (nämlich der betriebswirtschaftlichen und der gesamtwirtschaftlichen) zustande kommen.

Aus diesem Grunde werden makroökonomische Aspekte gleichrangig - wenn auch nicht gleichgewichtig - mit in die Betrachtung einbezogen. Zeitliche und räumliche Beschränkungen jedoch machen eine Konzentration auf die Auswirkungen bestehender Mechanisierungstypen und die Formulierung entwicklungspolitisch sinnvoller Mechanisierungsformen auf der Betriebsebene notwendig, wenn-

---

1) Infolge der Purdahrestriktionen sind Frauen an Feldarbeiten nicht beteiligt.

gleich die makroökonomischen Entscheidungskriterien bei der Wahl des Mechanisierungsspektrums auf Betriebsebene in die Modellkalkulation mit eingehen. Die auf Einzelbetriebsebene durchgeführten Kalkulationen werden in einem abschließenden Kapitel in ihren gesamtwirtschaftlichen Konsequenzen dargestellt (Anhang 4) durch die die unterschiedlichen, auf Einzelbetrieben formulierten Individualmechanisierungsvorhaben mit ihren jeweils zusätzlich notwendigen, flankierenden Maßnahmen nach ihrem ökonomischen Nutzen abgeschätzt werden können.

Nach Betriebsgrößenstruktur und Bodennutzungssystem lassen sich die Ergebnisse nur bedingt auf alle Landesteile in Bangladesh übertragen. Das Vorherrschen von Klein- und Kleinstbetrieben mit beschränkter Marktintegration zieht für das Untersuchungsgebiet eine Konzentration der pflanzlichen Produktion auf Grundnahrungsmittel (vornehmlich Reis) nach sich. So spielt hier der Anbau von Jute und Tee gar keine und von Gemüse nur eine marginale Rolle. Bei der Vermarktung kommt Gemüse eine gewisse Bedeutung zu, während gewürz- und obstliefernde Pflanzen vornehmlich für den Eigenbedarf angebaut werden. Auch die für das Untersuchungsgebiet potentiell geltende dreimalige Bodennutzung pro Jahr erfährt in einigen Landesteilen klimatisch bzw. bodenbedingt Einschränkungen. Hinzu kommen noch die auf der Mikroebene determinierenden Faktoren, wie etwa Art und Umfang der Überflutungsgefährdung eines Feldstückes.

Die in den Modellkalkulationen zugrunde gelegten Zeitmessungen des Arbeitsumfanges aller im Zusammenhang mit der Reisproduktion notwendigen Feld-, Ernte- und Nach-Ernte-Arbeiten konnten nicht für andere Anbaukulturen durchgeführt werden. Dafür sind einerseits organisationstechnische Schwierigkeiten verantwortlich und andererseits der bislang sehr beschränkte Anbau einiger Kulturen, für deren Arbeitsanforderungen deshalb in den Modellkalkulationen wenig differenzierte Pauschalwerte angesetzt werden mußten.

Die ursprünglich geplante Bewertung der physischen Schwere der einzelnen Arbeiten erwies sich als nicht praktikabel. Die herrschende Beschäftigungslage mit hoher offener und versteckter Arbeitslosigkeit auf dem Lande läßt keine Differenzierung bei der Entlohnung entstehen. Schon die Einführung neuer, effizienterer und/oder arbeitserleichternder Geräte dürfte auf große Schwierigkeiten stoßen, weil vom Landarbeiter erwartet wird, daß er die für die Arbeitserledigung notwendigen Geräte zur Arbeit selbst mitbringt[1].

Die Aussagefähigkeit der erhobenen Daten unterliegt Grenzen, weil es sich bei der Mehrzahl der Landbewirtschafter um Analphabeten handelt und weil durch den hohen Grad der Selbstversorgung der Vermarktung und somit Messung von Erntemengen eine relativ geringe Bedeutung zukommt. Die im Zuge der Arbeitsbemessungen durchgeführten Messungen von Erntemengen und Feldgrößen, die teilweise auch in den Untersuchungsbetrieben stattfanden, lassen bei den von den Landbewirtschaftern selbst angegebenen Feldgrößen keine systematischen Fehlerangaben erkennen, denn Abweichungen ergaben sich sowohl nach oben als nach unten. Die angegebenen Ernteerträge jedoch sind in der Regel zu niedrig gewesen. Die Abweichungen waren teilweise erheblich (bis zu 20 v.H.), jedoch gelten diese Verzerrungen allgemein, so daß keine Verschiebungen zwischen den Betriebsergebnissen verschiedener Landbewirtschafter und Betrieben verschiedener Mechanisierungstypen zu befürchten sind. Als Gründe für zu niedrige Ertragsangaben sind neben dem allgemeinen Unvermögen einer genauen Taxierung[2] die Furcht vor steuerlicher Höherveranlagung[3] und vor einer Erhöhung der Bemessung von Zwangsabgaben zu kontrollierten Preisen von Reis an staatliche Aufkaufstellen (rice-procurement) zu nennen.

---

1) Für die Bodenbearbeitung wird ein Hacken-ähnliches Gerät (Khudal) und für die Erntearbeiten eine Sichel verwendet; letztere wird als Universalinstrument in verschiedenartigster Weise eingesetzt.
2) Keine eigene Waage, keine Möglichkeit unterschiedlichen Feuchtigkeitsgehalt zu berücksichtigen etc.
3) Auch wenn die Steuer augenblicklich kaum eine Rolle spielt.

2.2 Untersuchungsmethoden und Auswertung

2.2.1 Auswahl der Untersuchungseinheiten

Wenn sich Formen von kapitalintensiver Mechanisierung auf Beschäftigung, Bodennutzungsintensität, Art der Bodennutzung, Kulturmaßnahmen etc. auswirken, dann sicherlich am stärksten ausgeprägt in Lokalitäten mit einem erhöhten Grad der Flächenabdeckung durch motormechanische Bewässerung und motormechanisch durchgeführter Bodenbearbeitung. Aus diesem Grunde wurden solche Mechanisierungskonzentrationen in Comilla Kotwali Thana gesucht.

Dorfweise aufgeschlüsselt lagen Daten aber nur für die Verwendung von Motorpumpen vor. In der für die mechanisierte Bodenbearbeitung und damit die Vermietung von Schleppern zuständigen Schlepperstation der Zentralgenossenschaft (KTCCA) mußten deshalb die schlepperweise vorhandenen Fahrten- (Logbuch-) eintragungen und andere KTCCA-Quellen als Basis für die Erstellung einer dorf- und rangweisen Aufstellung des Schleppereinsatzes verwendet werden. Damit war es möglich, diejenigen Dörfer zu lokalisieren, in denen sowohl Bewässerungspumpen als auch Schlepper eingesetzt wurden. Auf der Basis des Schleppereinsatzes in sieben Monaten[1] (März bis Oktober 1974) wurde so eine Rangliste der Dörfer nach dem Grad der Verwendung kapitalintensiver Mechanisierung erstellt[2].

Nach dieser Rangliste wurden für die Auswahl der eigentlichen Untersuchungsdörfer in den ersten 11 Dörfern informelle Inter-

---

1) Erst im Februar 1974 trafen 14 neue Schlepper in der Station ein, und erst ab dieser Zeit war eine verstärkte Bodenbearbeitung möglich. Die älteren Schlepper konnten nämlich infolge notwendiger Reparaturen vornehmlich nur für Transportarbeiten eingesetzt werden. Im März 1975 wurden für die restlichen fünf Monate die Daten ausgewertet, so daß Daten über die Art der Schlepperverwendung für ein Jahr vorliegen.

2) Ohne Berücksichtigung der Größe der jeweiligen Dörfer. Überbetriebliche Mechanisierung kam im Refernzzeitraum in insgesamt 152 Dörfern des Comilla Kotwali Thana zum Einsatz.

views mit traditionellen Dorfvorsitzenden, den Vorsitzenden und Managern der Dorfgenossenschaften und mit Landbewirtschaftern durchgeführt. Ziel dieser Gespräche war es:

- diejenigen Dörfer auszuschließen, die stark von der Stadt Comilla beeinflußt sind[1],
- nach dem Grad der gezeigten Kooperationsbereitschaft die Dörfer auszuwählen, in denen die größte Unterstützung für die Befragungen erwartet werden konnte[2] und
- solche Dörfer zu wählen, in denen genügend Fälle für die Spezialerhebungen vorhanden waren und gleichzeitig die Zahl der Untersuchungsdörfer möglichst klein blieb[3].

Auf diese Weise wurden <u>vier Dörfer mit insgesamt 497 Haushalten</u> ausgewählt. Mit Hilfe eines kurzen Fragebogens wurde in allen Haushalten[4] eine <u>Grunderhebung</u> durchgeführt[5]. Dabei wurden die Haushaltsvorstände befragt nach:

- der Anzahl der Familienmitglieder nach Geschlecht und Verwandtschaftsgrad zum Haushaltsvorstand;
- den wirtschaftlichen Verhältnissen nach Art und Umfang des Zu- und Verkaufes von Grundnahrungsmitteln[6];
- den wirtschaftlichen Aktivitäten der Familienmitglieder nach Art und Höhe des Familieneinkommens;

---

1) Als Kriterium für ein weniger beeinflußtes Dorf wurde gewertet, wenn mehr als 90 v.H. der Haushalte direkt (oder indirekt) von der Landwirtschaft lebten.
2) Comilla Kotwali Thana grenzt an Indien, und in einigen Dörfern waren Bewohner zur Erhebungszeit stark in Schmuggelaktivitäten verwickelt. Auch wenn einflußreiche Dorfbewohner beispielsweise an Unregelmäßigkeiten bei der Verteilung von Inputs beteiligt waren, stießen Befragungen in diesen Dörfern auf wenig Unterstützung. Diese dorfspezifischen Bedingungen waren in ihren Auswirkungen jedoch lokal beschränkt und hatten keinen Einfluß auf Ergebnisse in anderen Dörfern.
3) Um eine möglichst große zwischenbetriebliche Vergleichbarkeit durch möglichst starke Reduzierung denkbarer unterschiedlicher Variablen in unterschiedlichen Dörfern zu gewährleisten.
4) Haushalt als Wohn- und Eßgemeinschaft mit gemeinsamem Herd (Chula).
5) Zusammen mit G. MARTIUS-v.HARDER, a.a.O., Saarbrücken 1977.
6) Hier und im folgenden: Amon 1973 bis Aus 1974, insgesamt ein Jahr.

- der Größe der LN in verschiedenen Anbauperioden;
- der Art der Bodennutzung,
- der bewässerten Fläche und der Verwendung von Schleppern in den verschiedenen Anbauperioden.

Nach Auswertung der Grunderhebungsdaten wurde eine disproportional geschichtete Stichprobe[1] gezogen nach zwei Merkmalen:

- nach dem Mechanisierungstyp in
  - unbewässerte Betriebe mit Ochsen für die Bodenbearbeitung (traditionell mechanisiert),
  - unbewässerte Betriebe mit Schleppern für die Bodenbearbeitung,
  - Tiefbrunnen-bewässerte Betriebe mit Ochsen für die Bodenbearbeitung und
  - Tiefbrunnen-bewässerte Betriebe mit Schleppern für die Bodenbearbeitung;
- nach der Betriebsgröße in
  - Kleinbetriebe mit weniger als 1,0 acre LN und
  - Betriebe mit 1,0 und mehr acre LN.

Nach diesen Merkmalsausprägungen wurden in allen Gruppen disproportional zur Grundgesamtheit die Befragungsbetriebe nach Zufallsauswahl bestimmt.

Das Problem der Ausfälle wurde so gelöst, daß die infrage kommenden Ersatzbetriebe als solche gekennzeichnet in die Auswahlliste aufgenommen wurden und bei Verweigerungen oder - was häu-

1) Ursprünglich waren die wirtschaftlichen Bedingungen des Gesamthaushaltes mit berücksichtigt worden nach:
- Überschuß-Haushalten mit vermarktbaren Überschüssen,
- Subsistenz-Haushalten auf mehr oder weniger Selbstversorgerniveau und nach
- Defizit-Haushalten, in denen die ortsübliche Versorgung mit Nahrungsmitteln nicht erreicht wurde (z.B. durch Einschränkungen der täglichen Mahlzeiten).

Durch diese Merkmalsausprägungen sollten auch die außerlandwirtschaftlichen Einkünfte mit berücksichtigt werden (daher Haushalt und nicht Betrieb). Dieses Schichtungskriterium mußte jedoch später fallengelassen werden, weil eine Reihe von Stichproben zu klein wurden und durch Verweigerung oder Nicht-Verwertbarkeit von Interviews keine gesicherte Aussage mehr möglich war. Siehe dazu: MAYNTZ, R., HOLM, K. und P. HÜBNER, Einführung in die Methoden der empirischen Soziologie. 3. Aufl., Opladen 1972, S. 76 ff.

figer vorkam - bei Verwerfung des Interviews nachrückten[1]. Für jede der vier Mechanisierungstypen wurden auf diese Weise 40 landwirtschaftliche Betriebe für die Spezialerhebung ausgewählt. Alle Betriebe sind Familienbetriebe, in denen die jeweiligen Familienvorstände interviewt wurden.

Von den in der Grundgesamtheit erfaßten 497 Haushalten waren 79 Haushalte landlos. In den verbleibenden 418 landbewirtschaftenden Haushalten entfielen von der Grundgesamtheit auf die vier Mechanisierungstypen[2]:

- 51 v.H. auf unbewässerte Betriebe mit Ochsen für die Bodenbearbeitung (traditionell mechanisiert, Mechanisierungstyp I),
- 11 v.H. auf unbewässerte Betriebe mit Schlepper für die Bodenbearbeitung (Mechanisierungstyp II),
- 20 v.H. auf Tiefbrunnen-bewässerte Betriebe mit Ochsen für die Bodenbearbeitung (Mechanisierungstyp III) und
- 18 v.H. auf Tiefbrunnen-bewässerte Betriebe mit Schlepper für die Bodenbearbeitung (Mechanisierungstyp IV).

Außerdem ergab sich, daß die durchschnittliche Betriebsgröße der traditionell mechanisierten Betriebe (Mechanisierungstyp I) etwa 40 - 50 v.H. unter der der durchschnittlichen Betriebsgröße der Betriebe der drei anderen Mechanisierungstypen lag.

Durch das verwendete Auswahlverfahren (nach der Konzentration der Verwendung von kapitalintensiver Mechanisierung) ist die oben dargestellte Zuordnung der Landbewirtschafter nach den verschiedenen Mechanisierungstypen gegenüber den wirklichen Mechanisierungsbedingungen stark verzerrt und repräsentiert somit nicht die Verhältnisse des Thana. Aus den Erfahrungen bei der Testung der Fragebögen kann jedoch abgeleitet werden, daß keine Wechselwirkungen zwischen Betrieben verschiedener Mechanisierungstypen auftreten. Dies bedeutet, daß für die traditionell

---

1) Jeder Fragebogen wurde zusammen mit dem Dolmetscher nach Ende des Interviews nach Konsistenz der Antworten, Verläßlichkeit der Auskünfte, etc. bewertet. Wenn Widersprüche im anschließenden Gespräch mit dem Befragten nicht geklärt werden konnten, wurde der entsprechende Fragebogen verworfen; vergl. Kap. 2.2.2.

2) Vergl. Anhang 3.

Abb.1 Bangladesh

Distrikte und Städte

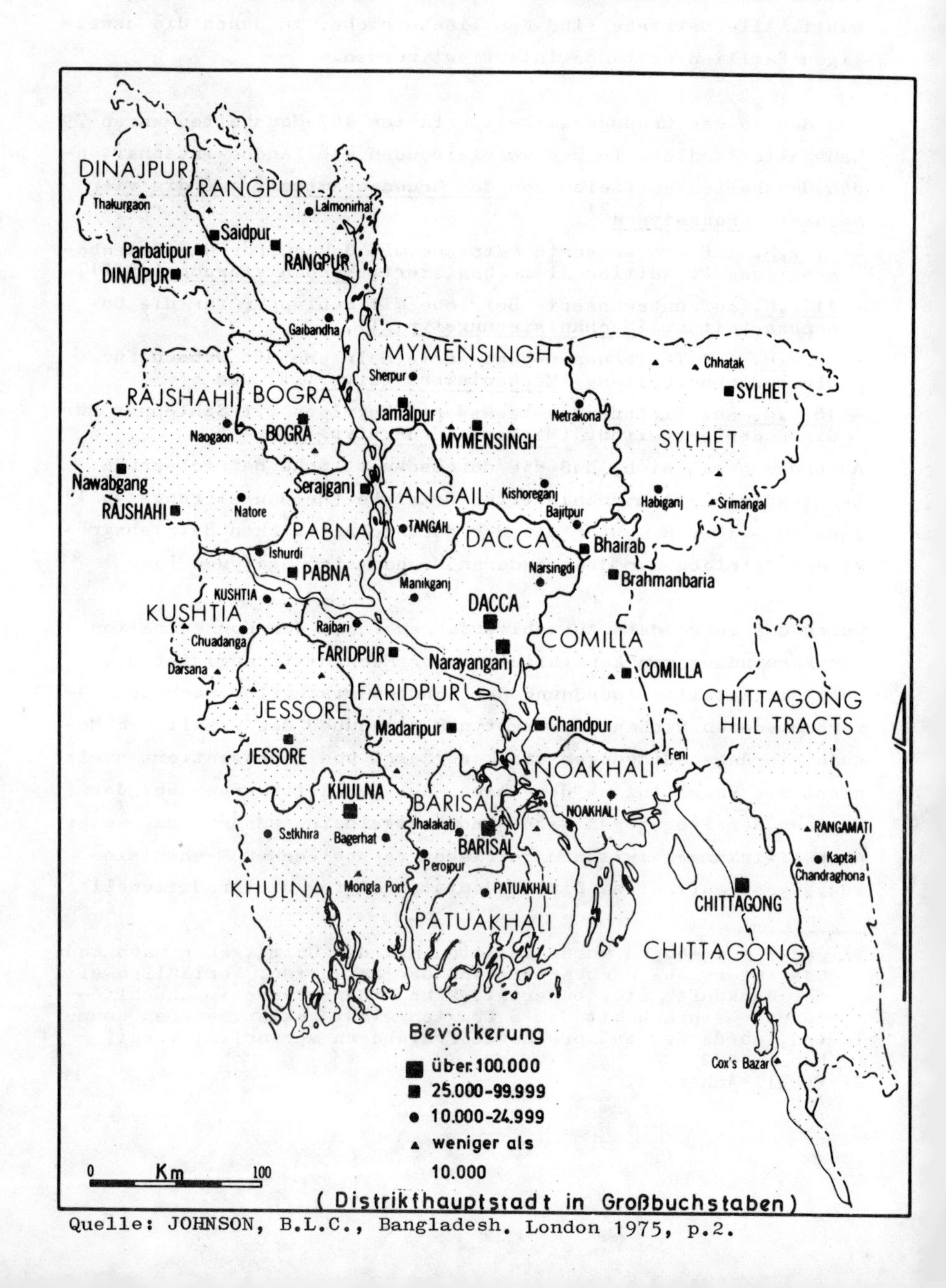

Quelle: JOHNSON, B.L.C., Bangladesh. London 1975, p.2.

mechanisierten Betriebe in Dörfern ohne Bewässerungspumpen und ohne Schlepperverwendung ähnliche Ergebnisse erwartet werden können wie in Dörfern, in denen kapitalintensive Mechanisierung eingesetzt wird[1].

2.2.2 Methoden der Datenbeschaffung

Das dieser Untersuchung zugrunde liegende Datenmaterial basiert größtenteils auf eigenen Erhebungen, die während eines einjährigen Feldaufenthaltes in Bangladesh durchgeführt wurden. Während die Auswahlphase vornehmlich durch Gruppendiskussionen mit Landbewirtschaftern, Diskussionen mit Fachvertretern und Auswertung von sekundärstatistischem Material[2] gekennzeichnet war, ist bei der Grund- und Spezialerhebung vornehmlich mit Einzelbefragungen von Landbewirtschaftern mit standardisierten Fragebögen gearbeitet worden. Neben den Befragungen, die alle in den Untersuchungsdörfern erfolgten, sind Zeit- und Kostenmessungen für unterschiedliche Feldarbeiten auf verschiedenen Technologiestufen auch in anderen Landesteilen durchgeführt worden[3]. Gleiches gilt für die zahlreichen Fallstudien von Mechanisierungsprojekten und verschiedenen landwirtschaftlichen Förderinstitutionen in verschiedenen Landesteilen, die anhand einer Check-Liste erfolgten.

Kern der Erhebungen bildeten zwei standardisierte Fragebögen. Der Hauptfragebogen für die Spezialerhebung über Art, Umfang und Auswirkungen der Mechanisierung im Untersuchungsgebiet, diente

---

1) Um die Anzahl der Untersuchungsdörfer niedrig zu halten, stammen alle untersuchten traditionell mechanisierten Betriebe aus Dörfern, in denen kapitalintensive Mechanisierung eingesetzt wird.

2) Neben den einheimischen Fachvertretern insbesondere der Bangladesh Academy for Rural Development (BARD), der Bangladesh Agricultural Development Cooperation (BADC), der Agricultural Co-operative Federation (ACF), dem Bangladesh Institute of Development Economics und verschiedenen anderen mehr oder weniger spezialisierten landwirtschaftlichen Förder- oder Verwaltungsinstitutionen sind als ausländische Fachvertreter insbesondere Angehörige der Ford Foundation, der US-AID und der FAO zu nennen; der größte Teil des verwendeten statistischen Materials entstammt ebenfalls den oben genannten Stellen.

3) In den Distrikten Sylhet und Chittagong.

der Erfassung des Ist-Zustandes der Mechanisierung. Eine Rohfassung wurde aufgrund der theoretischen Überlegungen bereits vor Beginn des Feldaufenthaltes erstellt, mußte jedoch in zahlreichen Tests immer wieder überarbeitet werden. Da sich der Bearbeiter lediglich Grundkenntnisse der bengalischen Sprache aneignen konnte, wurde der Fragebogen von je einem Mitarbeiter ins Bengalische übertragen und rückübersetzt, um somit Mißverständnisse so weit wie möglich ausschalten zu können.

Ein mit Felderhebungen vertrauter Mitarbeiter der BARD führte alle Befragungen zusammen mit dem Bearbeiter durch. Der getestete Fragebogen in bengalischer Sprache diente als Grundlage, und die jeweilige Antwort wurde ins Englische übersetzt und vom Bearbeiter in einen englischsprachigen Fragebogen übertragen. Auf diese Weise wurde versucht, mögliche Fehler bei der Informationsübermittlung aus einer dem Bearbeiter nur unzureichend bekannten Sprache möglichst gering zu halten. Entstehende Unklarheiten konnten durch entsprechende Rückfragen sofort diskutiert werden. Durch Verwendung von Kontrollfragen konnte die Beantwortung dauernd auf Konsistenz hin überprüft werden. Zusätzlich wurde im Anschluß an jedes Interview zusammen mit dem Bearbeiter eine subjektive Bewertung der Verläßlichkeit der Information vorgenommen, wobei die Fragebögen, die eine mittlere oder gar schlechte Bewertung erhielten, verworfen wurden, und dann ein Ersatzbetrieb von der Befragungsliste nachrückte.

Durch die im Untersuchungsgebiet als Teil der 'laboratory area' der BARD häufig durchgeführten Befragungen, waren die Landbewirtschafter mit der Befragungssituation vertraut. Nachdem durch häufige Besuche im Dorf ein Vertrauensverhältnis zwischen den Landbewirtschaftern und dem Bearbeiter und dessen bengalischen Mitarbeitern aufgebaut war, gab es nur in einem Fall eine Verweigerung eines Interviews. Im Gegensatz zu den Erhebern der BARD oder anderen landwirtschaftlichen Organisationen ergab sich zwischen den Befragten und dem ausländischen, und damit als neutral eingestuften Bearbeiter ein Vertrauensverhältnis, das auch Klagen über ungerechte Behandlung bei der Verteilung von Inputs durch Beamte, staatliche Händler oder andere Landbewirtschafter oder allgemein über korrupte Praktiken ermöglichte. Die Klageführenden erhofften sich davon Verbesserungen, ohne dabei die Gefahr einer Benachteiligung für sich selbst eingehen zu müssen.

Ein zweiter Fragebogen diente der zeitlichen und kostenmäßigen Erfassung aller im Untersuchungsgebiet vorkommender Feldarbeiten (vornehmlich für den Anbau und die Verarbeitung von Reis) bei Verwendung unterschiedlicher Mechanisierung. Für alle vorkommenden Mechanisierungsstufen wurden die entsprechenden Feld- und Nacherntearbeiten von einem zweiten Mitarbeiter nach anfänglicher Einarbeitung weitgehend selbständig über zehn Monate festgehalten. In einem dafür vorbereiteten Fragebogen waren die zu beobachtenden Arbeiten genau zu beschreiben und der gesamte Zeitaufwand zu messen. Dieser Erhebungsschritt sollte möglichst unbemerkt durchgeführt werden, und erst nach Abschluß der entsprechenden Feldarbeit wurde Kontakt mit den Landbewirtschaftern hergestellt. Die bearbeiteten Feldstücke wurden dann vermessen, etwaige Mengen, beispielsweise bei Erntearbeiten, gewogen, etc., so daß eine Zuordnung der Zeitmessungen möglich wurde. Durch bis zu 35-malige Wiederholungen dieser Meßvorgänge konnten praxisnahe Durchschnittswerte ermittelt werden. Die Schwankungsbreite der ermittelten Werte war teilweise erheblich, so daß erst eine hohe Anzahl von Messungen aussagefähige Durchschnittsbildungen gestattete[1].

Die in landwirtschaftlichen Versuchsstationen durchgeführten Messungen ergaben durchweg niedrigere Zeitaufwendungen als die Eigenmessungen, wie sich bei Vergleichen zeigte[2].

---

1) Die Hauptgründe für die Schwankungen sind in der verschiedenartigen Leistungsfähigkeit und teilweise auch -bereitschaft der Arbeitskräfte, der sehr verschiedenartigen konstitutionellen Verfassung der verwendeten Arbeitstiere und in unterschiedlich determinierenden Klima-, Boden- und Wasserverhältnissen zu sehen.

2) Die gegenüber den Messungen im Feld geringeren Zeitaufwendungen sind versuchsbedingt durch kurzfristigere Arbeitsunterbrechungen, Verwendungen leistungsfähigerer Zugtiere etc.; die Vergleichsangaben stammen aus dem Agricultural College, Dacca, siehe Anhang 1.

Die Zustimmung für die Messungen von Erntemengen zu bekommen, war häufig schwierig, weil die Landbewirtschafter Nachteile befürchteten[1], wenn diese Daten verbreitet werden könnten. Noch größere Schwierigkeiten jedoch standen der Bemessung der verwendeten Betriebsmittel (besonders für Dieselkraftstoff) für Schlepper und Bewässerungspumpen entgegen. Wegen des unüberwindlichen Widerstandes der Beteiligten mußte auf diese Bemessungen verzichtet und stattdessen mit Erfahrungswerten gearbeitet werden, da die Buchführungsunterlagen aus naheliegenden Gründen keine Bewertungsgrundlage bilden konnten.

2.2.3 Methoden der Datenauswertung

Die standardisierten Fragebögen wurden nach der Verkodung weitgehend manuell ausgewertet, so daß Häufigkeitstabellen erstellt werden konnten. Diese einfachen Häufigkeitsverteilungen besitzen jedoch nicht bloß deskriptiven, sondern auch erklärenden Wert. Zusätzlich wurde für insgesamt 100 Variable eine eigentliche Variablenanalyse zur Aufdeckung kausal interpretierbarer Zusammenhänge mit Hilfe der EDV und dem SPSS-Programm durchgeführt. Das Statistical Package for the Social Sciences (SPSS)[2] bot sich deshalb an, weil es besonders für die Auswertung sozial-ökonomischer Erhebungen entwickelt wurde. Signifikante Werte sind als solche gekennzeichnet, wobei

- ein (+) eine Irrtums-Wahrscheinlichkeit von 0,05,
- zwei (++) eine Irrtums-Wahrscheinlichkeit von 0,01 und
- drei (+++) eine Irrtums-Wahrscheinlichkeit von 0,001

anzeigen.

Die Erhebungen über Zeit- und Kostenaufwendungen für Feld-, Ernte- und Nachernte-Arbeiten auf verschiedenen Mechanisierungsniveaus wurden tabellarisch ausgewertet. Diese Erhebungen dienten als Kalkulationsgrundlage für die Modellrechnungen, durch

---

1) Vergl. Kap. 2.1.3.
2) Siehe dazu: NIE, N., HULL, H.C., JENKINS, G. et al., Statistical Package for the Social Sciences. Second Edition, New York 1975.

die verschiedene Typen der Bodenbearbeitungs- und Bewässerungsmechanisierung auf Betriebsebene in bezug auf Kosten-, Ertrags- und Beschäftigungsauswirkungen untersucht und miteinander verglichen werden konnten.

Exkurs: Bedeutung des ruralen Sektors im Entwicklungsprozeß von Bangladesh

Darstellung sozio-ökonomischer Grundprobleme Bangladeshs und allgemeine Charakterisierung des Untersuchungsgebietes Comilla Kotwali Thana

Bevölkerung und Beschäftigung: Die bengalische Bevölkerung im Staatsgebiet des heutigen Bangladesh betrug noch um die Jahrhundertwende knapp 29 Mio. Menschen[1] und wird nach letzten Schätzungen (1976) mit etwa 82 Mio. beziffert[2]. Bei einer Gesamtfläche von knapp 143 000 qkm entspricht das einer durchschnittlichen Bevölkerungsdichte von 574 Menschen pro qkm.

Neben den Bevölkerungsverschiebungen nach der Bildung des Teilstaates Ostpakistan (1947) bzw. im Zusammenhang mit der Gründung von Bangladesh (1971) ist die sehr hohe Bevölkerungszunahme insbesondere auf die verbesserte medizinische Versorgung mit geringerer Kindersterblichkeit und höherer Lebenserwartung zurückzuführen und beträgt gegenwärtig mehr als 3 v.H. pro Jahr[3].

Auch wenn die Maßnahmen zur Beschränkung des Bevölkerungswachstums erste Erfolge haben sollten und damit die Bevölkerungszunahme unter 3,0 v.H. pro Jahr gesenkt werden könnte, wird bis zum Jahre 2000 dennoch etwa eine Verdoppelung der gegenwärtigen Bevölkerung eingetreten sein. Bei einer jährlichen Bevölkerungszunahme von etwa 1,8 Mio. Menschen nimmt auch die Zahl der im

---

1) SOCOM Research Bureau, Statistical Abstract of Bangladesh. 2nd Edition, Calcutta 1975, App. 1, Tab. 1i, p. 1.
2) Blick durch die Wirtschaft. Frankfurt/M., 15.12.1976.
3) Steigerung der Geburtenrate im 19. Jahrhundert und drastische Senkung der Sterberate im 20. Jh. mit einer Nettoreproduktionsrate von 0,82 v.H. pro Jahr (1901 - 11) auf 3,15 (1962 - 65); siehe dazu: ROBINSON, E.A.G., Economic Prospects of Bangladesh. Overseas Development Institute, London 1973, p. 47.

erwerbsfähigen Alter Stehenden jährlich um etwa 0,6 Mio. zu[1]. Gegenwärtig sind ca. 35 v.H. der Bevölkerung erwerbstätig, und zwar zu etwa 85 v.H. im landwirtschaftlichen Bereich. Berücksichtigt man gleichzeitig, daß die offene Arbeitslosigkeit auf etwa 30 v.H. geschätzt wird[2], so werden jährlich etwa 1 Mio. Arbeitsplätze benötigt, wenn neben der Absorption der neu hinzukommenden Erwerbspersonen pro Jahr zusätzlich 0,4 Mio. Stellen geschaffen werden sollen, um die Arbeitslosenquote abzubauen[3]. Da die Schaffung neuer Arbeitsplätze in der Industrie infolge des dafür notwendigen relativ hohen Kapital- bzw. Investitionsbedarfs beschränkt ist, wird der landwirtschaftliche Sektor einen steigenden Anteil von Arbeitskräften aufnehmen müssen. Wenn die Zahl der Arbeitslosen absolut sinken soll, dann können bei beschränktem Investitionsvolumen für die Arbeitsplatzbeschaffung in Industrie und Landwirtschaft nur relativ arbeitsintensive und wenig Kapital erfordernde Arbeitsplätze infrage kommen.

Wirtschaftsstruktur unter besonderer Berücksichtigung des landwirtschaftlichen Sektors: Die bengalische Volkswirtschaft wird dominiert vom landwirtschaftlichen Sektor, der etwa 56 v. H. zum Bruttosozialprodukt beiträgt. Zum Aufbau einer Industrie fehlen weitgehend die Voraussetzungen, denn mit Ausnahme von Erdgas- und einigen gegenwärtig für die Nutzung nicht rentablen Kohle- und Kalkvorkommen besitzt Bangladesh keinerlei Rohstoffe.

Somit gibt es eine sehr enge Verbindung zwischen der land- und forstwirtschaftlichen Produktion und anderen Sektoren der Volkswirtschaft. Neben der holzverarbeitenden Industrie (Zündholz- und Papierfabriken) sind insbesondere die Jute-, Textil- und Zuckerfabriken sowie die zahlreichen Getreidemühlen- und Tee-

---

1) ROBINSON, E.A.G., a.a.O., London 1973, p. 47f.
2) Statistisches Bundesamt (Hrsg.), Allgemeine Statistik des Auslandes, Länderkurzbericht. Bangladesh. Stuttgart 1975, S. 9; hierbei sind noch nicht einmal die ernsthaften Probleme durch eine sehr stark verbreitete versteckte Arbeitslosigkeit berücksichtigt.
3) ROBINSON, E.A.G., a.a.O., London 1973, p. 47f.

aufbereitungsanlagen zu nennen, die landwirtschaftliche Produkte verarbeiten[1].

Für die landwirtschaftliche Produktion werden bereits 65 v.H. der Gesamtfläche genutzt, so daß kaum noch Landreserven vorhanden sind. Die hohe Besiedlungsdichte führt dazu, daß durchschnittlich auf jeden qkm landwirtschaftlicher Nutzfläche (LN) 982 Menschen entfallen und somit die durchschnittlichen Betriebsflächen sehr klein sind[2]. Die Betriebsgrößenverteilung ist jedoch trotz der niedrigen Flächenausstattung je Betrieb sehr ungleich. Obwohl lediglich 8 v.H. der landwirtschaftlichen Betriebe über mehr als 7,5 acres LN verfügen, vereinigen sie damit jedoch mehr als 30 v.H. der gesamt vorhandenen LN auf sich[3]. Etwa die Hälfte der landwirtschaftlichen Betriebe ist kleiner als 2,0 acres, 12 v.H. der Landbewirtschafter sind quasi landlos (weniger als 0,5 acre LN) und etwa 15 v.H. völlig landlos[4].

Hauptanbauprodukt und gleichzeitig Grundnahrungsmittel ist Reis mit einem Anteil an der gesamten LN von knapp 80 v.H.. Die Binnenproduktion an Reis liegt jedoch je nach den witterungsbedingten Produktionsbedingungen mehr oder weniger stark unter dem Bedarf an Nahrungsgetreide. Die Versorgungslücke stieg von 200 000 (1955/56) auf 1,5 Mio. t im Jahre 1969/70 an und erreichte 1974/75 sogar 3 Mio. t. Die günstigen Witterungsbedingungen im Wirtschaftsjahr 1975/76 brachten zwar mit rund 13 Mio. t Reis eine Rekordernte, aber dennoch nahm der darüber hinaus notwendige Import von Nahrungsgetreide in der Einfuhrliste den ersten Platz ein und übertraf damit wertmäßig

---

1) Eine umfangreiche Darstellung findet sich beispielsweise in: Statistisches Bundesamt (Hrsg.), a.a.O., Stuttgart 1975, S. 12ff; Deutsche Botschaft Dacca (Bangladesh), Wirtschaftsjahresbericht 1973/74, Dacca 1974, S. 15ff.
2) Durchschnittlich 3,1 acres LN; siehe Ministry of Agriculture (ed.), Bangladesh Agriculture in Statistics. Dacca 1974, p. 49.
3) Ebenda, S. 49. Angaben ohne Teegärten.
4) Statistisches Bundesamt, a.a.O., Stuttgart 1975, S. 10.

die gesamten Exporterlöse dieses Jahres[1].

Knapp 6 v.H. der verfügbaren LN werden für den Anbau von Jute genutzt. 1975/76 waren Jute und Juteprodukte wertmäßig zu 82 v.H. an den Gesamtexporten beteiligt - in weitem Abstand gefolgt von Leder- und Teeausfuhren, die zu je 7 bzw. 6 v.H. an der wertmäßigen Ausfuhr des Landes teilhatten. Umfang und Qualität der Juteerzeugung bestimmen somit weitgehend die Exporterlöse des Landes und schaffen die für Monokulturen charakteristischen Abhängigkeiten vom Weltmarkt. Der Anteil Bangladeshs am Welthandel mit Rohjute war von 93 v.H. im Jahre 1959 auf 89 v.H. (1969) zurückgegangen und ist stark abhängig von der relativen Wettbewerbsfähigkeit anderer Jute- oder Kenafanbieter[2] wie (Festland -) China, Indien und Thailand[3]. Zusätzlich wird er belastet von der Konkurrenz durch Kunstfaser als Jutesubstitut.

Die Anbaufläche ist in den letzten Jahren rückläufig, ohne daß verbesserte Anbaumethoden durch Erhöhung der Flächenerträge den entstandenen Produktionsausfall hätten kompensieren können. Der Juteanbau ist durch Reisanbau (Aus-Anbauperiode) substituiert worden, weil sich die Jute/Reis-Preisrelation immer weiter zuungunsten von Jute verschoben hat[4].

Die pflanzliche Produktion ist sehr wenig diversifiziert, wie Abb. 2 deutlich macht.

Die klimatischen Bedingungen in verschiedenen Landesteilen

---

1) Entwicklungspolitik, Spiegel der Presse. Nr. 45, Bonn 14.12.76, S. 1402f.(Neue Zürcher Zeitung vom 9.12.1976).
2) Kenaf als Substitut für Jute.
3) Siehe dazu: ROBINSON, E.A.G., a.a.O., London 1973, p. 28.
4) Die Jute/Reis-Preisrelation lag im Jahre 1900 bei etwa 3 : 1, war 1938 etwa 2 : 1 und im September 1973 etwa bei 0,5 : 1; siehe DUMONT, R., Problems and Prospects for Rural Development in Bangladesh. Working Paper for Discussion. Second Tentative Report. The Ford Foundation, Dacca 1973, p. 47.

Abb. 2 Diversifikation der pflanzlichen Produktion (1971/72)

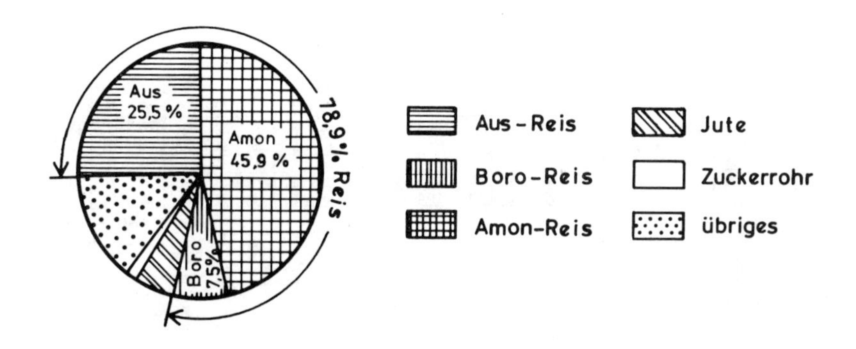

Quelle: Ministry of Agriculture, a.a.O., Dacca 1973, p.48

weichen nicht wesentlich voneinander ab. Der Grad der Überschwemmungsgefährdung durch die zahlreichen Flüsse und die jeweiligen Be- und Entwässerungsmöglichkeiten lassen jedoch eine Fülle verschiedener Arten der Bodennutzung entstehen. Deshalb kann die Bodennutzung in vielen Anbaugebieten durch die Hauptanbauperioden Amon, Boro und Aus nur wenig zutreffend charakterisiert werden[1], wie Abb. 3 deutlich machen soll. Die regionale Differenzierung der weitgehend durch den Reisanbau bestimmten Anbauintensität wird durch die Abb. 4 verdeutlicht.

Die oben angesprochenen Anbaurisiken durch zu große Trockenheit bei ausbleibendem oder verspätet einsetzendem Monsun oder die möglichen Überschwemmungen bei starken Monsun-Niederschlägen und die Überflutungen im Zusammenhang mit Wirbelstürmen in

1) Die Anbauverhältnisse im Untersuchungsgebiet sind in Kap. 2.1.1 dargestellt.

Abb. 3 Art der Bodennutzung in Bangladesh nach Anbauperiode, Monat und topographischer Lage

Month		Mar	Apr	May	Jun	Jul	Aug	Sep	Oct	Nov	Dec	Jan	Feb	Mar	Apr	May	Jun	Jul	Aug
Rainfall mm.	max	161	348	536	874	780	800	711	518	99	51	114	94	161	348	536	874	780	800
	median	36	94	295	439	396	358	302	137	2	0	1	6	36	94	295	439	396	358
	min	0	51	0	91	78	114	0	51	0	0	0	0	0	51	0	91	78	114
Average temperature °C	max	31	33	32	31	31	31	30	31	28	26	25	27	31	33	32	31	31	31
	min	18	22	23	25	26	25	24	23	17	13	12	14	18	22	23	25	26	25

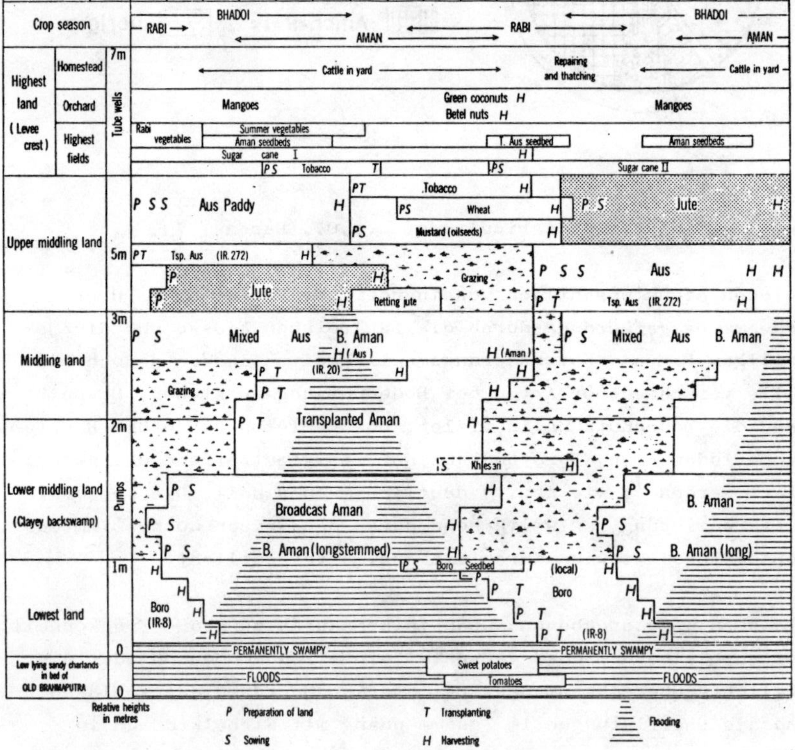

Crop season
BHADOI
RABI
AMAN
RABI
BHADOI
AMAN

Highest land (Levee crest)
Homestead
Cattle in yard
Repairing and thatching
Cattle in yard
Orchard
Mangoes
Green coconuts H
Betel nuts H
Mangoes
Highest fields
Rabi vegetables
Summer vegetables
Aman seedbeds
T. Aus seedbed
Aman seedbeds
Sugar cane I
H
PS Tobacco T
PS
Sugar cane II
Tube wells
7m

Upper middling land
PT Tobacco H
P S S Aus Paddy H
PS Wheat H
PS Mustard (oilseeds) H
P S Jute H
5m
PT Tsp. Aus (IR 272) H
Grazing
P S S Aus H H
P Jute H
P
Retting jute
P T Tsp. Aus (IR 272) H

3m
Middling land
P S Mixed Aus B. Aman
H (Aus)
H (Aman)
P S Mixed Aus B. Aman
P T (IR 20) H
H
Grazing
P T
H
P T Transplanted Aman H

2m
Lower middling land (Clayey backswamp)
Pumps
S Khesari H
P S
H
P S
B. Aman
Broadcast Aman
P S
H
P S
P S
B. Aman (longstemmed)
P S B. Aman (long)

1m
Lowest land
H
PS Boro Seedbed T (local)
H
H
P T Boro
H
Boro (IR-8)
H
P T
H
H
P T (IR-8)
H
0
PERMANENTLY SWAMPY
PERMANENTLY SWAMPY

Low lying sandy charlands in bed of OLD BRAHMAPUTRA
Sweet potatoes
FLOODS
Tomatoes
FLOODS
0

Relative heights in metres
P Preparation of land
S Sowing
T Transplanting
H Harvesting
Flooding

Quelle: JOHNSON, B.L.C., a.a.O., London 1975, p. 33

Abb. 4 Anbauintensität in Bangladesh (1971/72)

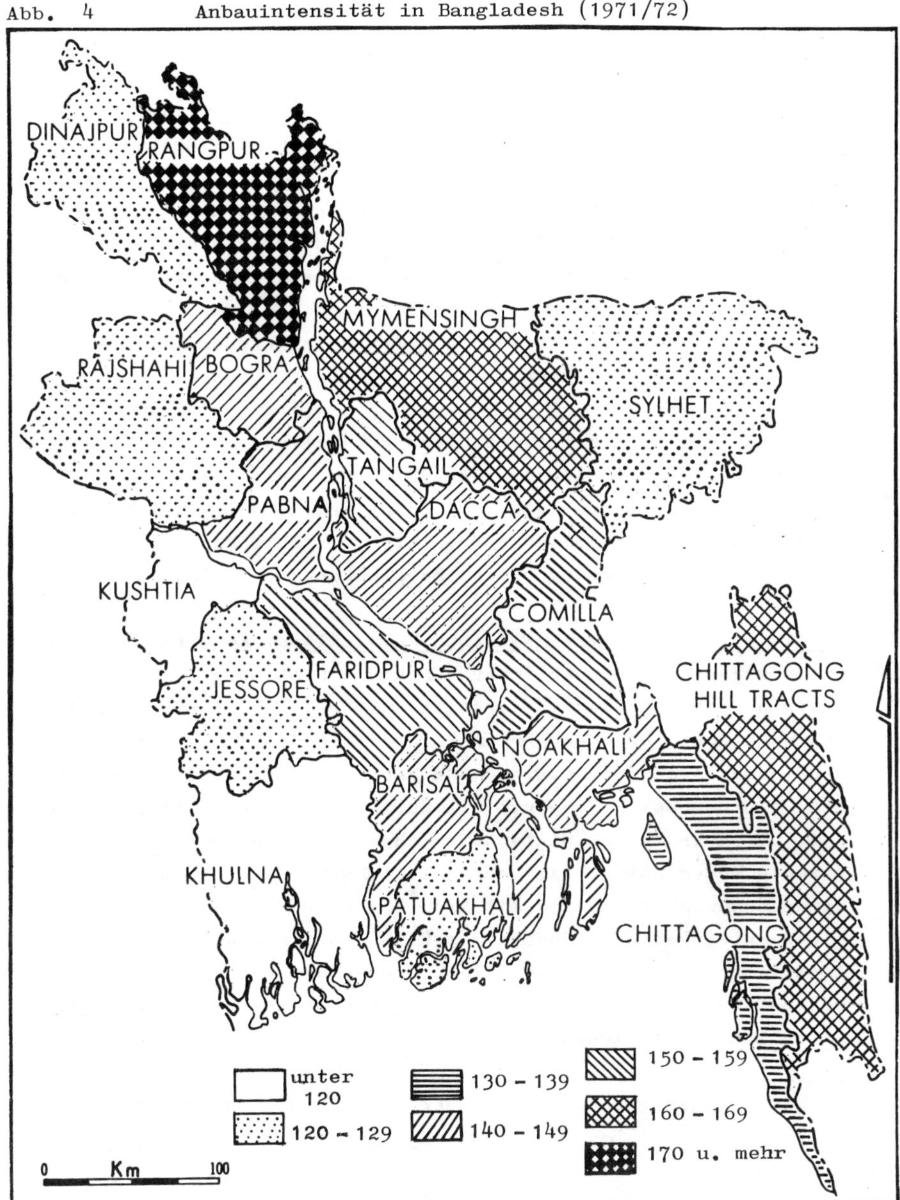

Quelle: eigene Zusammenstellung aus: Ministry of Agriculture (ed.), a.a.O., Dacca 1974, p. 47

der Trockenzeit sind verantwortlich für die sehr hohen Ernteschwankungen, durch die die pflanzliche Produktion in Bangladesh charakterisiert ist. Abgesehen von diesen Ertragsschwankungen aber ist das allgemeine Produktionsniveau im internationalen Vergleich sehr niedrig, wie Tab. 2 verdeutlicht.

Wie der Vergleich über die Höhe des Verbrauches an Stickstoffdünger zeigt, können die Gründe für die niedrigen Flächenerträge nicht nur mit den hydrologisch-klimatischen Besonderheiten des Landes erklärt werden, sondern lassen sich daneben auf die bislang sehr geringe Verwendung ertragssteigernder, moderner Anbaumethoden zurückführen.

Der Viehwirtschaft kommt neben der pflanzlichen Produktion eine nur untergeordnete Bedeutung zu. Sie trug beispielsweis 1969/70 zu nur 7 v.H. zum Bruttosozialprodukt bei, so daß weithin ein großer Mangel an tierischen Produkten besteht, der eine sehr niedrige Proteinversorgung der Bevölkerung nach sich zieht.

Engpässe in der wirtschaftlichen Entwicklung: Kurzfristige Engpässe ergeben sich noch immer durch die Loslösung von (West-) Pakistan (1971). Die größtenteils aus West-Pakistan stammenden und nach dort zurückgekehrten Fachkräfte (das Industrie-Management, aber auch Facharbeiter und Verwaltungsfachleute) hinterließen eine Lücke, die erst allmählich durch Bengalen zu füllen ist. Der Abbruch der wirtschaftlichen Beziehungen zu Pakistan brachte zudem notwendige Umorientierungen für die Schaffung neuer Handelsbeziehungen mit sich[1]. Beide Gründe und zusätzliche kriegsbedingte Engpässe z.B. in der Infrakstruktur, Elektrizitätsversorgung, Kommunikation oder dem verfügbaren Lagerungs- und Schiffsraum zogen eine geringe Auslastung der industriellen Produktionskapazität nach sich[2].

---

1) Lieferungen aus anderen Ländern und neue Absatzmärkte beispielsweise für Tee, Papier und Jute.
2) Bis heute teilweise weniger als die Hälfte der möglichen Kapazitätsauslastung.

Tab. 2 Erträge von verschiedenen Kulturpflanzen in Bangladesh und ausgewählten Ländern für 1973/74 (in dt/ha)

Kulturpflanzen/ N-Verbrauch	Bangladesh	Indien	Thailand	Süd-Korea	Taiwan[a]	Japan	Mexico	Italien
1	2	3	4	5	6	7	8	9
Reis	17,39	16,40	17,03	48,23	34,20	58,38	24,71	52,09
Amon	11,90[b]							
Aus	9,10[b]							
Boro	21,40[b]							
Weizen	8,97	11,58	-	13,64	21,50	27,95	35,53	26,12
Jute	13,67	12,67	-	-	22,10	15,00	-	-
Hülsenfrüchte	7,51	4,22	10,94	6,06	12,80	14,01	6,87	12,22
Zuckerrohr	437,47	506,29	524,00	-	890,00	634,39	647,73	-
Verbrauch von Stickstoffdüngern[c]	13,40	11,10	50,00	172,30	190,31	155,00	19,30	54,90

a) Daten von 1971; danach sind Daten aus Taiwan nicht mehr im FAO Production Yearbook aufgenommen;
b) Daten aus: Ministry of Agriculture (ed.), Bangladesh Agriculture in Statistics. Dacca 1974, S.3, wonach der angegebene Durchschnittsertrag bei 12,10 dt/ha liegt, während die FAO-Angaben bei 17,39 dt/ha liegen;
c) in kg Reinnährstoff pro ha der LN; die Angaben wurden errechnet aus den vorliegenden FAO-Daten über 'arable land and land under permanent crops' und der Gesamtmenge an Stickstoff, die in einem Wirtschaftsjahr (1973/74) verbraucht wurde.

Quellen: FAO Production Yearbook 1974. Vol.28,1. Rome 1975; FAO Production Yearbook 1971. Vol.25. Rome 1972 (angaben für Taiwan); Ministry of Agriculture (ed.), Bangladesh Agriculture in Statistics. Dacca 1974 (Angaben für Reisanbauperioden in Bangladesh)

Langfristig sind dagegen insbesondere Engpässe zu erwarten, die sich aus der Diskrepanz zwischen Bevölkerungs- und Wirtschaftswachstum ergeben. Können die Zuwachsraten für die Bevölkerung nicht drastisch gesenkt werden[1], wird es lediglich zu einer geringen Pro-Kopf-Steigerung des Bruttosozialproduktes kommen können. So hat sich wegen der dominierenden Rolle des relativ rückständigen landwirtschaftlichen Sektors im Durchschnitt der Jahre 1949-52 bis 1967-70 lediglich eine Zunahme des Bruttosozialproduktes um 3,3 v.H. erzielen lassen[2].

Die Steigerungen in der Landwirtschaft beliefen sich für den gleichen Zeitraum durchschnittlich auf nur 2,3 v.H. und lagen damit unter der Bevölkerungszuwachsrate[3]. Aber erst durch erhebliche Produktionssteigerungen im landwirtschaftlichen Sektor kann die Landwirtschaft als dominierender Wirtschaftssektor ihre Rolle als potentieller Wachstumsmotor erfüllen, indem über höheres pro-Kopf-Einkommen erhöhte Kaufkraft für die Befriedigung der hohen, durch großen Nachholbedarf bedingten Nachfrage im Produktions- und Konsumgüterbereich bereit gestellt werden kann.

Der stark dependente Charakter der bengalischen Wirtschaft gilt in zweifacher Hinsicht und stellt einen weiteren wichtigen Entwicklungsengpaß dar. Zum einen ist Bangladesh durch sein chronisches Handelsbilanzdefizit zu einem hohen Anteil auf Fremdfinanzierung angewiesen. Das gilt selbst für das Budget 1976/77, das sich zu 54 v.H. auf Fremdfinanzierung stützen muß[4]. Eine Lockerung der Importabhängigkeit ist aber schlecht vorstellbar, denn es müssen vornehmlich lebensnotwendige Konsumgüter wie Nahrungsgetreide, Textilien, Zucker, Kerosin und Baustoffe im-

1) Die Realisierungsmöglichkeit einer solchen Maßnahme muß als gering veranschlagt werden, wenn man die weltweiten Erfahrungen auf diesem Gebiet berücksichtigt.
2) ROBINSON, E.A.G., a.a.O., London 1973, p. 18.
3) Ebenda, p. 18.
4) BMZ (Hrsg.), Entwicklungspolitik, Spiegel der Presse, Nr.45, Bonn 14.12.1976, S. 1403, (Neue Zürcher Zeitung vom 9.12.1976).

portiert werden. Den angestrebten Importsubstitutionen sind somit enge Grenzen gesetzt, wenn die wirtschaftliche Entwicklung dadurch nicht behindert werden soll. Zum anderen stößt eine stärkere Exportorientierung für die wichtigsten Exportgüter wie Jute und Juteprodukte, Leder und Tee auf eine relativ unelastische Nachfrage am Weltmarkt.

Die sich aus den geographischen und klimatischen Besonderheiten des Landes ergebende schlechte Infrastruktur behindert nicht nur nachhaltig den wirtschaftlichen Aufbau, sondern erschwert auch die reibungslose Verteilung der für moderne Anbaumethoden benötigten landwirtschaftlichen Inputs. Noch nachhaltiger entwicklungshemmend dürften sich aber der unzureichende Ausbau des Vermarktungssystems und die bislang kaum vorhandenen Lagerungsmöglichkeiten für Agrarprodukte auswirken. Schon relativ gute Ernteergebnisse wie die im Wirtschaftsjahr 1975/76 überforderten die Vermarktungs- und insbesondere Lagermöglichkeiten derart, daß sich keine Mindestpreise am Markt halten ließen. Der Preisverfall wiederum nimmt insbesondere den größeren Landbewirtschaftern den Anreiz zu einer Produktionserhöhung. Neben der Notwendigkeit der Verbesserung bestehender Beschaffungs- und Vermarktungssysteme ist in dem weitgehenden Fehlen funktionierender Agrarinstitutionen ein Hauptengpaß für eine ländliche Entwicklung zu sehen. Die bestehenden Institutionen sind bislang nicht in der Lage, aufeinander abgestimmte Fördermaßnahmen zu implementieren, eine geregelte und ökonomisch zu rechtfertigende Verteilung der Förderungsmittel sicherzustellen, einen effizienten Einsatz der für die Bewässerung und Bodenbearbeitung eingesetzten technischen Hilfsmittel zu gewährleisten und notwendige, längerfristige Infrastrukturvorhaben zu organisieren.

Entwicklungsplanung: Im Rahmen des 1973 erschienenen Fünfjahresplanes (1973 - 1978)[1] und der einzelnen Jahrespläne sind die Entwicklungsplaner bemüht, die oben angesprochenen Entwick-

1) Government of the People's Republic of Bangladesh, Planning Commission, The First Five Year Plan 1973 - 78. Dacca 1973.

lungsengpässe zu überwinden. Im Vordergrund stehen dabei die Maßnahmen zur Rückkehr der Selbstversorgung mit Nahrungsmitteln durch eine schwerpunktmäßige Förderung des landwirtschaftlichen Sektors und eine Verbesserung der Ernährung der Bevölkerung (besonders durch Verringerung des Proteinmangels). Da Landreserven praktisch nicht mehr vorhanden sind, sollen die notwendigen Produktionssteigerungen in der pflanzlichen Produktion durch intensivere Bebauung erzielt werden. Neben den Flächenproduktivitätssteigerungen durch moderne Anbautechnologien wie die Verwendung ertragreicherer neuer Sorten, Erhöhung der Düngergaben und Intensivierung des Pflanzenschutzes, ist das Schwergewicht auf Bewässerungsprogramme gelegt, durch die die Anbauintensität pro Jahr durch eine zusätzliche Ernte erhöht werden soll. Hinzu kommen Maßnahmen der Verbesserung der landwirtschaftlichen Infrastruktur, Direktsubventionen für Bewässerung, Düngung, Pflanzenschutz und mechanisierter Bodenbearbeitung und Verbesserung der Beschaffungs- und Vermarktungssysteme.

Das Untersuchungsgebiet als Teil Bangladeshs[1]: Von den etwa 65 000 Dörfern des Landes sind nur etwa 2 000 an das Straßennetz angeschlossen und nur etwa 200 Dörfer sind elektrifiziert[2]. Diese stark generalisierende Angabe gibt einen Eindruck davon, wie wenig die Infrastruktur ausgebaut ist. Davon macht auch das Untersuchungsgebiet keine Ausnahme, in dem während des Monsuns nur ein kleiner Teil der Dörfer mit geländegängigen Fahrzeugen oder mit Schleppern zu erreichen ist[3]. Von den vier Untersuchungsdörfern waren jedoch zwei ganzjährig mit dem Fahrzeug erreichbar[4].

Die Größe der Untersuchungsdörfer ist sehr unterschiedlich. Wäh-

---

1) Eine ausführliche Dorfbeschreibung findet sich in der demnächst erscheinenden Studie von G. MARTIUS-v.HARDER, a.a.O.
2) Deutsche Botschaft (Hrsg.), Wirtschaftsjahresbericht 1973/74, a.a.O., Dacca 1974, S. 9.
3) Für den überwiegenden Teil der Dörfer stellen Boote während des Monsuns das einzige Verkehrsmittel dar.
4) Dies ist untypisch, hängt jedoch mit der Auswahl der Untersuchungsdörfer zusammen (siehe dazu Kap. 2.2.1).

rend das kleinste Dorf D. über einen Para[1] mit 57 Familien und 381 Einwohnern verfügt, sind die Dörfer L. und M. in jeweils zwei Paras und das größte Dorf S. mit 1844 Einwohnern und 275 Familien in drei Paras untergliedert. Alle Dörfer grenzen in einem Umkreis von ein- bis eineinhalb Kilometern an fünf bis sechs Nachbardörfern an.

In Kap. 2.1.1 wurde bereits darauf verwiesen, daß der Distrikt Comilla zu den am dichtesten besiedelten des Landes gehört. Diese hohe Besiedlungsdichte führt mit 1,7 acre zu einer kleineren durchschnittlichen Betriebsgröße als im Landesdurchschnitt. Die nachfolgende Tabelle gibt die Besitzverhältnisse und die Betriebsgrößenverteilung in den Untersuchungsdörfern wider.

Tab. 3 Besitzverhältnisse in verschiedenen Betriebsgrößenklassen in den Untersuchungsdörfern, Comilla Kotwali Thana, 1975

Art des Landbesitzes	Bewirtschaftete Fläche (acres)	Anzahl der Betriebe in den Dörfern:				insgesamt	
		D.	L.	M.	S.	abs.	in v.H.
1	2	3	4	5	6	7	8
Landlose	-	2	17	5	42	66	13
Verpächter	-	8	2	1	2	13	3
Landbewirtschafter	unter 0,5	3	10	13	58	84	17
	0,5 - unter 1,0	9	7	8	51	75	15
	1,0 - unter 1,5	13	14	12	32	71	14
	1,5 - unter 2,0	5	7	12	19	43	9
	2,0 - unter 3,0	12	13	14	27	66	13
	3,0 - unter 4,0	3	7	5	20	35	7
	4,0 und mehr	2	5	13	24	44	9
insgesamt		57	82	83	275	497	100

Quelle: eigene Erhebungen (Grunderhebung), zusammen mit G.MARTIUS - v.HARDER, a.a.O.

1) Para: traditionelle, subdörfliche Einheit mit gemeinsamem, traditionalem Führer (Saddar); besteht aus mehreren Baris; ein bis fünf Paras bilden ein Dorf; Bari: patrilokale Verwandtschaftsgruppe; drei bis sieben Familien wohnen um einen gemeinsamen Innenhof.

Eine Unterteilung der Haushalte in den Untersuchungsdörfern (Grunderhebung) nach den Besitzverhältnissen weist 16 v.H. der Haushalte als landlos aus. Von diesen verfügen 3 v.H. über Land, bewirtschaften es jedoch nicht selbst (Verpächter). Ein etwa gleich niedriger Anteil von Pächtern ohne Landeigentum findet sich in der Gruppe der Landbewirtschafter, während der Anteil der Betriebe mit Zupacht relativ groß ist (22 v.H.). Die Schwankungen des Landlosenanteils in den verschiedenen Dörfern sind groß (zwischen 3,5 und 20,7 v.H.) und können nicht erklärt werden. Obwohl SOLAIMAN[1] in fünf anderen Dörfern zu einem ähnlich hohen durchschnittlichen Anteil gekommen ist, muß vor einer Verallgemeinerung dieser Angaben gewarnt werden.

Die verfügbaren Daten bestätigen, daß der Anteil Landloser ansteigt. Ein besonders schwerwiegendes Problem stellt das Verpfänden von Land an Geldverleiher dar. Mit abnehmender Betriebsgröße wächst die Gefahr, durch aktuelle Versorgungskrisen oder andere Gründe Geld gegen Land als Sicherheit leihen zu müssen, da institutionelle Kredite kaum zu bekommen sind. Die hohen Bodenpreise steigern andererseits das Interesse von dörflichen Geldverleihern, sich gegen in der Regel weit unter dem Marktpreis für Boden liegende Summen Land zur Nutzung übereignen zu lassen, da die Möglichkeit der Rückzahlung für den Schuldner ohnehin sehr gering ist. In den Untersuchungsbetrieben waren insgesamt etwa 5 v.H. der Fläche an Geldverleiher verpfändet, und die Entwicklung der letzten Jahre scheint die Tendenz zu einer Konzentration des Landbesitzes auf größere Landbewirtschafter zu bestätigen.

Zusammen mit den quasi landlosen Haushalten mit weniger als 0,5 acre Betriebsfläche, verfügen ein Drittel der Betriebe über sehr wenig oder gar kein Land. Unter Zugrundelegung der durchschnittlichen Flächenproduktivität[2] sind für die Deckung des

---

1) SOLAIMAN, M., Landholding and Co-operatives in Five Comilla Villages. BARD, Comilla 1974, p. 7.
2) Durchschnittserträge pro Flächeneinheit und durchschnittliche Anbauintensität pro Jahr.

Subsistenzbedarfes einer Durchschnittsfamilie[1] mindestens 1,2 acre LN zugrunde zu legen. Tab. 3 macht somit deutlich, daß etwa die Hälfte der Haushalte den Subsistenzbedarf nicht durch die landwirtschaftliche Eigenproduktion decken können, sondern auf zusätzliche Verdienstmöglichkeiten angewiesen sind (meist als Landarbeiter). Lediglich 19 v.H. der Betriebe verfügten über mehr als 3,0 acres Betriebsfläche. Deren Anteil an der insgesamt verfügbaren Fläche jedoch ist überproportional und liegt bei fast 49 v.H. (Abb. 5). Demgegenüber entfallen über 20 v.H. der Betriebe auf die Betriebsgrößenklasse bis zu 0,5 acre Betriebsfläche und verfügen zusammen über nur 3,2 v.H. der Gesamtfläche. Insgesamt 38 v.H. der Betriebe verfügen über weniger als 1,0 acre Betriebsfläche und vereinigen knapp 10 v.H. der gesamtverfügbaren Fläche auf sich.

Abb. 5 Anteil der Betriebe und betriebliche Flächenanteile nach Betriebsgrößenklassen

(in v.H.)

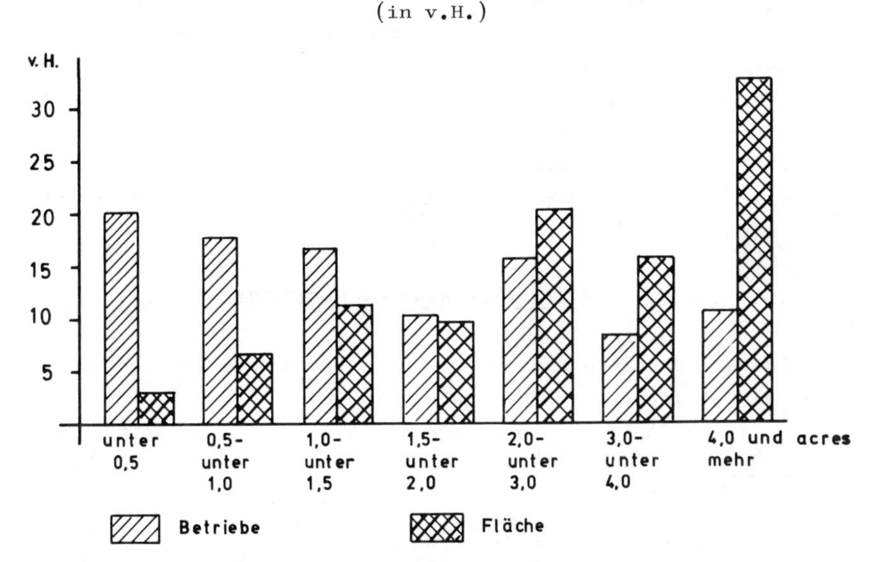

Quelle: eigene Erhebungen (Grunderhebung in vier Dörfern und 497 Haushalten).

1) 6,9 Personen (4,3 Erwachsene und 2,6 Kinder)

3 Bisherige Mechanisierung und ihre Auswirkungen im Untersuchungsgebiet

3.1 Angebot und Nachfrage der Mechanisierung

In Kap. 3.1.1 wird nach kurzer Erwähnung der allgemeinen Mechanisierungskonzeption der damaligen Pakistan Academy for Rural Development die Entwicklung des Mechanisierungsprojektes für Bewässerung und Bodenbearbeitung dargestellt. Breiten Raum nimmt dabei die Darstellung der Probleme des Angebotes von Bewässerungswasser durch Tiefbrunnen bzw. Niederdruckpumpen und von Schleppern für die Bodenbearbeitung ein. Der Grund für die besondere Betonung der Schwierigkeiten des Angebotes liegt darin, daß die KTCCA die das Angebot determinierenden Schwierigkeiten auf verschiedenen Ebenen bis heute nicht hat lösen können. Daher kann die Nachfrage nach Mechanisierung durch Landbewirtschafter (Kap. 3.1.2) nur vor diesem Hintergrund verstanden werden. Andererseits gibt es interdependente Wirkungen zwischen Angebot und Nachfrage, so daß die Rahmenbedingungen des Mechanisierungsangebotes auch durch die dörflichen Nachfrager beeinflußt werden. Dies gilt beispielsweise für die Veränderung der Vermietungsbedingungen für Schlepper, die im Laufe der letzten Jahre durch einflußreiche Landbewirtschafter durchgesetzt wurden.

3.1.1 Angebot der Zentralgenossenschaft (KTCCA)

Im Rahmen der im Jahre 1959 gegründeten Bangladesh Academy for Rural Development (BARD)[1] wurde im Jahre 1962 die Comilla Kotwali Thana Central Cooperative Association, Ltd. (KTCCA) gegrün-

---

1) Zunächst Pakistan Academy for Village Development, dann umbenannt in Pakistan Academy for Rural Development und seit 1971 Bangladesh Academy for Rural Development. Für ausführliche Information über den 'Comilla Approach' siehe u.a. RAPER, A.F., Rural Development in Action. The Comprehensive Experiment at Comilla, East Pakistan. Ithaca and London 1970; KUHNEN, F., The Comilla Approach to Rural Development (Case Study), DSE, International Seminar on Extension and other Services supporting the small farmers in Asia. Berlin 31.10. - 21.11.1972.

det. Diese Zentralgenossenschaft bietet den dörflichen Primärgenossenschaften Unterstützungen zur Verbesserung der landwirtschaftlichen Produktionsbedingungen, indem Bewässerungspumpen für die Winterbewässerung[1], Schlepper für die Bodenbearbeitung und eine Reihe kleinerer landwirtschaftlicher Geräte (Rückenspritzen zur Schädlingsbekämpfung, einfache Unkrautjätgeräte für Reis, muskelgetriebene Pedaldrescher und Windfegen, etc.) an die Primärgenossenschaften ausgeliehen werden. Bedienung (für Pumpen und Schlepper), Wartung und Reparatur werden ebenfalls von der Zentralgenossenschaft übernommen.

Noch Anfang 1961 diskutierte man die Möglichkeit zur Gründung von Zwangs-Genossenschaften als Basis für die Einführung von Landmaschinen auf nationaler Ebene. Jedoch wurde dieser Plan schließlich fallen gelassen, und statt dessen eine Ausweitung der Genossenschaften nach dem Comilla-Typ auf andere Landesteile beschlossen[2]. Das Anfang 1962 von der Zentralregierung für den Comilla Thana beschlossene Fünf-Jahres-Mechanisierungsprojekt macht jedoch deutlich, daß auch in den Comilla-Genossenschaften der Verwendung von Landmaschinen eine sehr hohe Priorität eingeräumt wurde. Schon Anfang 1960 hatte man erkannt, daß mit Hilfe von Bewässerungspumpen und Schleppern der Prozeß einer produktionsorientierten Gruppenbildung im Dorf stark vereinfacht werden konnte. Für das Ausleihen der bei den Landbewirtschaftern sehr beliebten Schlepper[3] war es nämlich nach dem Verleihmodus notwendig, daß mindestens acht bis zehn acres zusammenhängende Fläche mit der entsprechenden Anzahl von beteiligten Landbewirtschaftern (10 und mehr) vorhanden sein mußte, ehe ein Schlepper für die Bodenbearbeitung ins Dorf kam. Diese mehr zufällig und nur kurzfristig entstandenen "Gruppen" wurden Vorläufer für die Formation größerer Gruppen und später

---

1) Zusammen mit BADC und ACF; letztere gehört zur KTCCA und bietet Trainingsmöglichkeiten und Überwachung der dörflichen Primärgenossenschaften im Comilla Thana.
2) RAPER, A.F., a.a.O., Ithaca, N.Y. 1970, p. 53ff.
3) Hierbei spielt neben der Faszination durch die Technik bei den neu eingeführten Schleppern deren hohe Subventionierung eine wohl wesentliche Rolle.

für die Dorf-Genossenschaften[1]. Entsprechendes gilt für die Benutzer von Bewässerungswasser, die die Kerngruppe der neugegründeten Genossenschaften bildeten[2].

Die Gesamtkosten für das Fünf-Jahres-Mechanisierungsprojekt beliefen sich auf etwa 3,1 Mio. Rs (US-Dollar 810 000 von der Ford-Foundation) und wurden insbesondere für Bewässerungspumpen und Schlepper verwendet. Die Bewässerung erfolgte vornehmlich durch die Errichtung von Bohr- bzw. Tiefbrunnen (deep tubewells) und daneben durch Niederdruckpumpe (low-lift-pumps), mit deren Hilfe Oberflächenwasser in die Bewässerungskanäle gepumpt werden konnte (siehe Abb. 6).

Von 1962/63 bis 1972/73 ergab sich für die Bewässerung im Comilla Kotwali Thana folgendes Bild:

1) Siehe dazu u.a. KHAN, A., Introduction of Tractors in a Subsistence Farm Economy. A Study of Tractor Introduction on a Co-operative Basis in Comilla Kotwali Thana, East Pakistan. PARD, Comilla 1962, p. 23f.
2) RAPER, A.F., a.a.O., Ithaca, N.Y. 1970, p. 320.

Abb. 6 Bewässerte Fläche in Comilla Kotwali Thana nach Art der Bewässerung von 1962/63 bis 1972/73
(in acres)

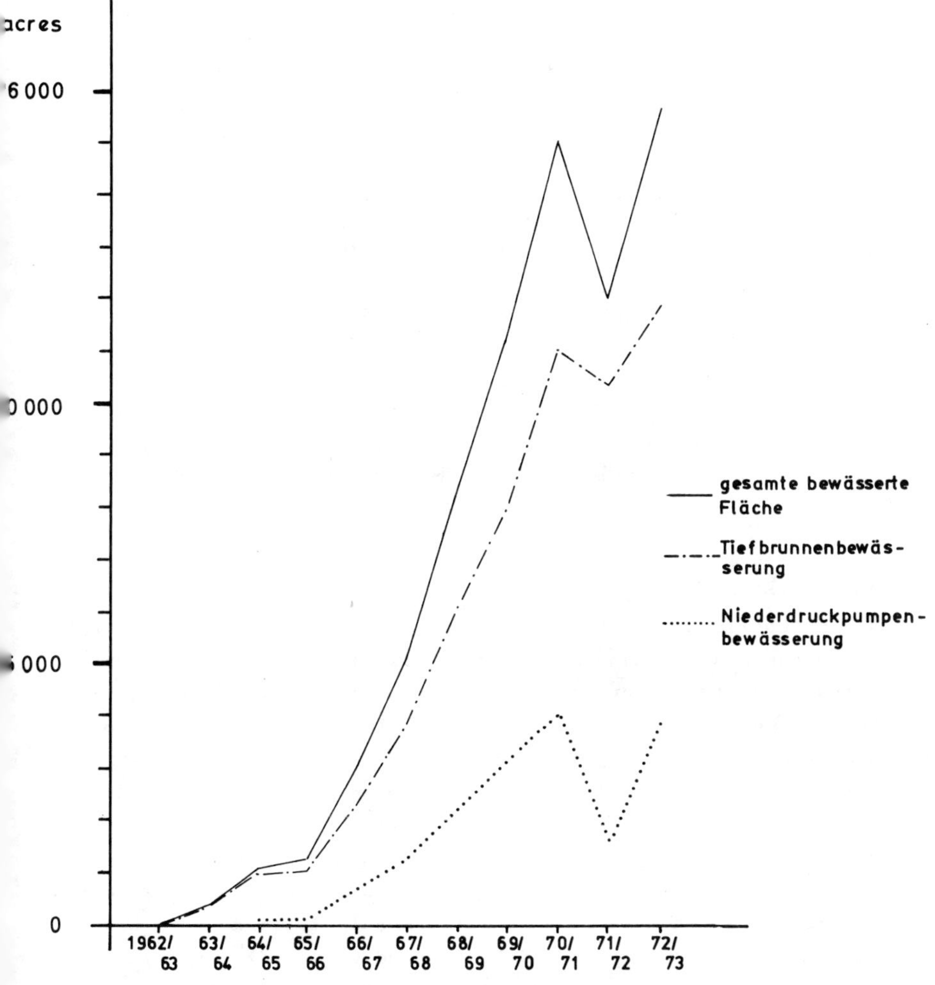

Quelle: OBAIDULLAH,A.K.M., A New Rural Co-operative System for Comilla Thana. 11th Annual Report, 1970 - 71. BARD, Comilla 1973; SOLAIMAN,M., 14th Annual Report, 1972 - 73. BARD, Comilla 1974

Tab. 4 **Zahl und Bewässerungsleistung von Tiefbrunnen und Niederdruckpumpen (in acres), Comilla Kotwali Thana 1962/63 bis 1972/73**

Jahr	Tiefbrunnen		Niederdruckpumpen	
	Anzahl	Bewässerte Fläche pro Tiefbrunnen (in acres)	Anzahl	Bewässerte Fläche pro Niederdruck-pumpe (in acres)
1	2	3	4	5
1962/63	2	18,0	-	-
1963/64	12	35,3	-	-
1964/65	34	29,6	3	42,9
1965/66	25	45,1	4	44,6
1966/67	46	51,1	17	42,7
1967/68	91	42,8	37	34,9
1968/69	126	49,2	67	34,7
1969/70	168	47,6	110	29,6
1970/71	194	57,1	93	44,2
1971/72	213	49,1	84	19,3
1972/73	210	57,2	93	40,3

Quelle: RAPER,A.F., a.a.O.,Ithaca 1970, S.149; OBAIDULLAH, A.K.M., a.a.O., Comilla 1973; SOLAIMAN,M., a.a.O., Comilla 1974

In der Folge des Separationskrieges von 1971 sind die verschiedenen landwirtschaftlichen Förderungsinstitutionen in ihrem Wirkungsgrad stark eingeschränkt gewesen. Dies gilt auch für die Datenbeschaffung über den Umfang der Bewässerungsmöglichkeiten für den Comilla Kotwali Thana. Da regelmäßige Dorfbesuche von den Angehörigen der Agricultural Cooperative Federation (ACF) bis 1974/75 noch nicht wieder aufgenommen worden waren, ist eine Überwachung der Primärgenossenschaften bis zu dieser Zeit nicht möglich gewesen. Die statistischen Angaben konnten somit nur auf der Basis von Eigenangaben durch Angehörige der Primärgenossenschaften zusammengestellt werden. Sie sind sehr lückenhaft und wohl wenig verläßlich. So sind nach Aufzeichnungen der KTCCA (Watersection) für die Bewässerungsperiode 1974/75 von den insgesamt im Thana vorhandenen 240 Tiefbrunnen 203[1] eingesetzt worden, während in der ACF für lediglich 135 Tiefbrunnen Aufzeichnungen vorhanden sind[2] und in der BADC gar nur über 94 Brunnen[3]. Die Angaben über Pumpleistungen, Bewässerungsfläche je Pumpe, tägliche Einsatzzeiten und die Höhe des Verbrauches an Diesel bzw. Elektrizität für die wenigen Elektromotoren sind von unzureichender Genauigkeit, sehr lückenhaft und tragen wohl mit dazu bei, daß die Angaben über die Flächenleistungen je Pumpe im statistischen Durchschnitt über die Jahre sehr starken Schwankungen unterliegen (siehe Tab. 4).

Ein ernstzunehmender Engpaß ist nach wie vor in einer unzureichenden Wartung und Reparatur der Pumpen zu sehen. Häufige Ausfälle während der Bewässerungszeit und verzögerter Einsatz der Pumpen ziehen Ertragseinbußen nach sich. Die Verzögerungen ergeben sich durch zu spät oder gar nicht erteilte Genehmigungen zur Bewässerung durch die ACF. Wenn nämlich die Rückzahlung ausstehender Verbindlichkeiten durch die Genossenschaften zu spät erfolgt, wird durch die ACF die Erlaubnis zum Betrieb der Pumpen mitunter über Wochen verzögert oder ganz verweigert.

Für die Untersuchungsbetriebe mit Tiefbrunnenbewässerung (Betriebe der Mechanisierungstypen III und IV) verzögerte sich der Beginn der Bewässerung für Boro 1973/74 für insgesamt 41 v.H. der Betriebe bis März oder später (siehe Tab. 5).

Durch den späten Bewässerungsbeginn verkürzte sich die durchschnittliche Bewässerungsdauer für die Tiefbrunnenbenutzer auf 7,8 Wochen[4]. Neben der Verzögerung des Bewässerungsbeginns

---

1) 17 Tiefbrunnen waren reparaturbedürftig, und für 20 wurde die Betriebserlaubnis durch die ACF infolge ausstehender Kredite verweigert.
2) Von diesen gibt es lediglich für 92 Brunnen Angaben über die bewässerte Fläche.
3) In der BADC (Bangladesh Agricultural Development Cooperation) gibt es von den 94 Tiefbrunnen nur von 81 Angaben über die Bewässerungsfläche.
4) Bewässerungsdauer lag für Niederdruckpumpenbenutzer bei durchschnittlich 8,7 und 8,8 Wochen für die traditionelle (manuelle) Bewässerung, deren Bewässerungsschwerpunkt ohnehin sehr viel früher liegt.

Tab. 5 Beginn der Tiefbrunnenbewässerung für bewässerte Betriebe nach Monaten
(in v.H. der Betriebe mit Bewässerung)
Boro 1973/74; n = 80

Monat		Anzahl der Betriebe in v.H.
Dezember	1973	2,9
Januar	1974	25,0
Februar	1974	30,9
März	1974	32,4
April	1974	8,8
gesamt		100,0

Quelle: eigene Erhebungen

ergaben sich Schwierigkeiten während der Bewässerung durch Verknappung von Dieselöl bzw. Unterbrechungen der elektrischen Versorgung, allgemeine technische Schwierigkeiten, Unterbrechung der Bewässerung durch den Diebstahl der Pumpe, Reduzierung der Betriebsdauer wegen zu hoher Betriebskosten oder ungenügender Wasserverfügbarkeit durch Schwierigkeiten mit dem Filter. Etwa ein Viertel der Nutzer von Bewässerungswasser klagte über Schwierigkeiten während der Bewässerungszeit, von denen etwa die Hälfte bis zu 14 Bewässerungstage während der Boro-Anbauperiode verloren.

Die Bewässerung wird hoch subventioniert[1]. Dennoch werden die Bewässerungsmöglichkeiten nicht optimal genutzt, indem häufig nur wenige Stunden pro Tag bewässert wird[2]. Der Hauptgrund

1) Subventionsanteil 89 v.H. nach: SHIELDS, J.T., a.a.O., Rome 1975, p. 43.
2) Durchschnittlich 6,6 Std. Bewässerungszeit pro Tag; Basis 48 Tiefbrunnenpumpen nach Aufzeichnungen von BADC und KTCCA.

dafür ist darin zu sehen, daß die Bewässerungsgebühren pro Flächeneinheit erhoben werden und sich dadurch eher kleinere Bewässerungsgruppen bilden, in denen die organisatorischen Schwierigkeiten geringer sind als bei maximaler Ausnutzung der Bewässerungsleistung.

Die für 1972/73 insgesamt angegebene bewässerte Fläche von 15 728,2 acres (Tiefbrunnen und Niederdruckpumpen zusammen) deckt 41,4 v.H. der gesamten LN des Thana ab[1]. Der Vergleich mit dem Anteil der bewässerten Fläche an der gesamten LN im Landesdurchschnitt (etwa 7 v.H.) macht deutlich, in welch großem Ausmaß Comilla eine Förderung auf diesem Gebiet erfahren hat.

Auch der Umfang der mit Hilfe von Schleppern (35 bis 47 PS) durchgeführten Bodenbearbeitung liegt im Comilla Kotwali Thana weit über dem Landesdurchschnitt. Während 1960 mit zwei Schleppern erst 201 acres bearbeitet wurden, wuchs die Schlepperzahl 1961 auf vier Schlepper mit 516 und im Jahre 1966 mit 20 Schleppern auf 1538 acres bearbeitete Fläche. 1967 schließlich waren in der Schlepperstation der KTCCA 35 Schlepper vorhanden und 1968 insgesamt 28 Schlepper mit einer bearbeiteten Gesamtfläche von 4840 acres[2].

Neben der Bodenbearbeitung können Schlepper auch für den Transport eingesetzt werden[3]. Bei der vorherrschenden, sehr schlechten Infrastruktur können Schlepper mit Einachshängern am ehesten einen Teil der Dörfer erreichen und auf diese Weise mit die Voraussetzung für eine Verbesserung des Beschaffungs- und Vermarktungssystem schaffen[4]. Mitte der 60er Jahre betrug

---

1) 38 000 acres Gesamtanbaufläche des Thana; siehe BEGUM, U.A., Statistical Digest 1968-69. PARD, Comilla 1970, p. 53.
2) RAPER, A.F., a.a.O., Ithaca, N.Y. 1970, p. 65, 77f, 150.
3) Schlepper werden daneben noch zum Dreschen eingesetzt, indem sie über das Erntegut fahren, bis das Korn ausfällt; diese Verwendung spielt jedoch eine untergeordnete Rolle.
4) Siehe dazu: LUYKX, N.G., Terminal Report on "Introduction of Mechanized Farming in Comilla on a Co-operative Basis" 1961 - 1966. PARD, Comilla 1967, p. 13, 16.

der zeitliche Anteil der Bodenbearbeitung am Schlepperverleih 30 v.H.[1]. Engpässe bei der Ersatzteilbeschaffung ließen ab 1971 den Anteil der Bodenbearbeitung zugunsten einer Ausweitung des Schleppereinsatzes für Transportzwecke zurückgehen, weil viele Schlepper im Feld nicht mehr einzusetzen waren. Vor dem Eintreffen der 15 neuen Schlepper in der KTCCA im Februar 1974 entfielen wenigstens drei Viertel der Schlepperausleihzeit auf den Transport, in der Regel jedoch um 90 v.H. der Gesamtausleihzeit[2] pro Monat.

Ab März 1974 waren insgesamt 33 Traktoren in der Schlepperstation vorhanden, von denen neun Schlepper reparaturbedürftig waren und einer (der 15 neu gelieferten) an die Akademie (Kotbari) abgegeben wurde. Fünf der neun älteren, noch funktionierenden Schlepper (alle Baujahr 1967) wurden zwischen März und August 1974 reparaturbedürftig. Da ab Februar 1974 genügend neue Schlepper verfügbar waren, wurden im Januar 1975 acht alte Schlepper verkauft (ohne Reparatur), so daß der KTCCA ab 1975 neben den 14 neuen noch vier alte funktionsfähige und sechs nicht reparierte Schlepper zur Verfügung standen.

Wie Tab. 6 ausweist, entfielen lediglich 12 v.H. der Gesamt-Schlepperstunden auf die neun alten Schlepper, die ausschließlich für den Transport eingesetzt wurden. <u>1974/75 entfiel insgesamt 62 v.H. der Schlepperverleihzeit auf die Bodenbearbeitung und nur 38 v.H. auf den Transport</u>.

Pro Jahr ergaben sich durchschnittlich für jeden neuen Schlepper 788 Einsatzstunden, von denen je Schlepper durchschnittlich 555 Stunden auf die Bodenbearbeitung entfielen.

Da der <u>ursprüngliche Verleihmodus für Schlepper</u>, nach dem nur größere, zusammenhängende Flächen von mehr als acht acres bear-

1) LUYKX, N.G., a.a.O., Comilla 1967, p. 13.
2) WARREN, J., mündliche Informationen auf der Basis von Aufzeichnungen in der KTCCA (Moving Section), Comilla 1974.

Tab. 6 Einsatz von Schleppern in der KTCCA-Schlepperstation in Comilla, 1.3.1974 - 28.2.1975 (Angaben in acres bzw. Schlepperstunden)

Schlepper-nummer	Art der Bodenbearbeitung								Bodenbearbeitung insgesamt		Transport u. übriges[b)]	Schlepperstunden insgesamt
	Fräse		Egge		Scheibenpflug		Scheibenegge[a)]					
	acres	Stunden	acres	Stunden	acres	Stunden	acres	Stunden	acres	Stunden	Stunden	Stunden
1	2	3	4	5	6	7	8	9	10	11	12	13
NM 1[c)]	144,04	256,0	169,75	298,0	-	-	-	-	313,79	554,0	21,0	575,0
NM 2	126,35	207,0	236,60	366,5	-	-	-	-	362,95	573,5	358,0	931,5
NM 3	57,60	102,5	90,90	142,5	2,00	3,0	-	-	150,50	248,0	447,0	695,0
NM 4	132,00	214,0	199,36	314,0	33,90	78,5	9,00	13,0	374,26	619,5	309,5	929,0
NM 5	63,65	115,5	340,65	522,5	0,40	1,0	60,20	77,5	464,90	716,5	85,0	801,5
NM 6	118,54	186,5	180,00	252,0	1,60	5,0	24,60	28,0	324,74	471,5	247,0	718,5
NM 7	97,60	157,5	88,75	132,5	-	-	24,80	30,5	211,15	320,5	315,5	636,0
NM 8	60,80	105,0	226,70	335,5	-	-	-	-	287,50	440,5	506,0	946,5
NM 9	66,10	110,5	125,30	187,0	16,60	46,0	-	-	208,00	343,5	721,0	1064,5
NM 10	311,00	529,0	88,90	132,0	4,40	7,5	0,50	1,5	404,80	670,0	5,0	675,0
NM 11	237,22	411,5	177,50	261,0	20,60	58,0	4,00	7,0	439,32	737,5	-	737,0
NM 12	128,55	214,5	289,30	439,0	1,00	5,0	-	-	418,85	658,5	197,5	856,0
NM 13	196,85	339,0	187,20	281,5	30,40	68,0	37,00	51,0	451,45	739,5	32,5	772,0
NM 14	20,40	38,0	377,30	568,0	9,60	26,0	33,40	47,0	440,70	679,0	9,0	688,0
insgesamt	1760,70	2986,5	2778,21	4232,0	120,50	298,0	193,50	255,5	4852,91	7772,0	3254,0	11026,0
M 4[d)]											14,0	14,0
M 6											235,0	235,0
M 9											72,0	72,0
M 14											60,5	60,5
M 15											170,0	170,0
M 16											404,5	404,5
M 17											232,5	232,5
M 18											232,5	232,5
M 19											152,5	152,5
insgesamt											1573,5	1573,5
Summe	1760,70	2986,5	2778,21	4232,0	120,50	298,0	193,50	255,5	4852,91	7772,0	4827,5	12599,5

a) kombinierte Reis-Scheibenegge (Umkonstruktion in der Schlepperstation, Comilla)
b) neben Transport auch Dreschen durch Überfahren des Erntegutes mit dem Schlepper, untergeordnete Bedeutung
c) neue Schlepper (ab Feb. 1974 in der Schlepperstation)
d) alte Schlepper (Baujahr 1967, nur für Transportarbeiten eingesetzt)

Quelle: eigene Zusammenstellung nach Logbucheintragungen in der KTCCA-Moving Section, Comilla Nunabad

beitet wurden, unter dem Druck einflußreicherer Landbewirtschafter aufgegeben wurde, entfällt sehr viel Zeit auf die Zu- und Abfahrt der Schlepper. Hinzu kommt, daß für die Bearbeitung der Kleinstflächen (häufig weniger als 0,2 acre) ein erheblich höherer Zeit-, Material- und Betriebsmittelaufwand erforderlich ist.[1])

Betrachtet man die gesamte durch Schlepper bearbeitete Fläche für alle 152 Dörfer in Comilla Kotwali Thana, in denen der Schlepper zwischen März 1974 und Februar 1975 eingesetzt wurde, so wird deutlich, daß in gut einem Drittel der Dörfer die mit Schleppern bearbeitete Fläche weniger als fünf acres betrug (siehe Abb. 7).

In insgesamt 71 v.H. der Dörfer, in denen Schlepper verwendet wurden, lag die gesamte, durch Schlepper bearbeitete Fläche je Dorf und Jahr unter 20 acres und in nur 9 v.H. der Dörfer wurden mehr als 40 acres pro Dorf bearbeitet.

Neben dem offiziellen, durch Eintragungen in der KTCCA zu belegenden Schleppereinsatz spielt die inoffizielle Schlepperverwendung durch die Fahrer eine bedeutende Rolle. Da die Fahrer im Feld keinerlei Kontrollen unterliegen[2]), können sie nach Erledigung der vorangemeldeten Feldarbeit, für die die Ausleihgebühr vorher hinterlegt werden mußte, noch andere Arbeiten übernehmen. So hat es sich in der Praxis durchgesetzt, daß Interessenten bei Erscheinen des Schleppers im Dorf mit dem Fahrer direkt über weitere Schlepperarbeiten auf anderen Feldstücken verhandeln und den Fahrer dann direkt im Feld bezahlen. Obgleich das Ausmaß der zusätzlichen Schlepperarbeiten nicht bekannt ist, kann aus den Ergebnissen der Primärerhebungen in den Untersu-

---

1) Nach eigenen Messungen liegt der erforderliche relative Zeitaufwand für Eggen bei Feldgrößen von weniger als 0,2 acre um knapp 20 v.H. höher als für größere Feldstücke (zwischen 0,2 und 0,6 acre).
2) Es finden keine direkten Kontrollen durch Mitarbeiter der KTCCA im Feld statt; auch über die Zeitmessung (Traktormeter) oder die Überwachung des Dieselverbrauches ist keine indirekte Kontrolle möglich, denn die Traktormeter wurden sofort unbrauchbar gemacht, und auch einer Kontrolle der Betriebsmittel erwehren sich die Schlepperfahrer durch Streik.

chungsdörfern geschlossen werden, daß es sich dabei um eine weit verbreitete Praxis handelt.

Abb. 7 Schleppereinsatz in Dörfern in Comilla Kotwali Thana (n = 152) nach gesamt-bearbeiteter Fläche je Dorf März 1974 bis Februar 1975

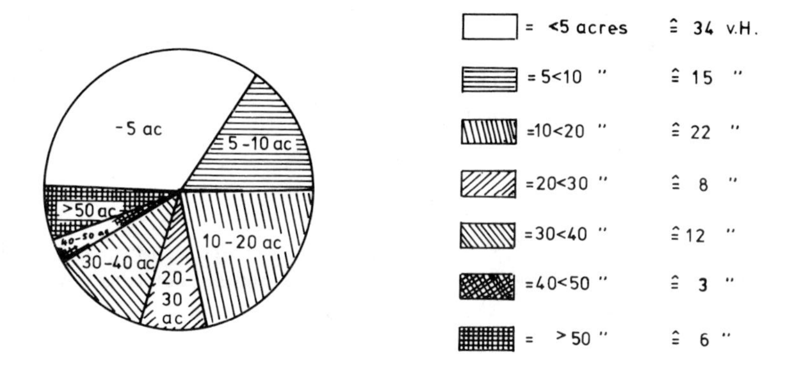

Quelle: eigene Zusammenstellungen nach Unterlagen der KTCCA-Moving Section, Comilla (Nunabad)

Neben dem Einsatz von Bewässerungspumpen und Schleppern spielt das <u>Verleihen kleinerer landwirtschaftlicher Geräte heute keine Rolle</u> mehr. So unterblieb beispielsweise die Rückforderung der bereits seit Jahren ausgeliehenen hand- und motorgetriebenen Rückenspritzen wegen organisatorischer Schwierigkeiten in der KTCCA und der ACF. Die ausgeliehenen Geräte werden deshalb von den betreffenden Landbewirtschaftern als deren Individualeigentum angesehen und unter der Voraussetzung, daß die Geräte noch funktionieren, gegen Bezahlung an Nachbarn ausgeliehen.

Landwirtschaftliche Kleingeräte, wie beispielsweise die mit großem Erfolg eingesetzten 'Rice-Weeders' (Handjätgeräte) oder die muskelgetriebenen (Reis-) Pedaldrescher, werden in einer genossenschaftlichen Werkstatt auf dem Gelände der KTCCA gefertigt und an Landbewirtschafter verkauft[1].

3.1.2 Nachfrage der Landbewirtschafter

Bei der allgemeinen Nachfrage nach Mechanisierungsangeboten der KTCCA muß zwischen der Nachfrage von Landbewirtschaftern nach Bewässerungsmechanisierung und dem Bedarf nach Schleppern für die Bodenbearbeitung unterschieden werden, für die eine unterschiedliche Nachfragesituation vorliegt.

Obgleich durch die insgesamt 203 Tiefbrunnen und 67 Niederdruckpumpen, die 1974/75 für die Winterbewässerung eingesetzt wurden, bereits mehr als 40 v.H. der gesamten landwirtschaftlichen Nutzfläche in Comilla Kotwali Thana bewässert werden konnte, ist die Nachfrage nach Bewässerungsmöglichkeiten nach wie vor sehr groß.

Der hohe Bewässerungsanteil an der gesamten LN täuscht aber über die ungleiche Verteilung des Wassers hinweg. Zum einen nämlich ist ein Teil der Dörfer völlig ohne Winterbewässerung, zum anderen ist die Verteilung des Wassers in den Dörfern mit Bewässerung nicht gleichmäßig. Auf der Dorfebene sind die einflußreicheren Landbewirtschafter bei der Deckung ihres Bewässerungsbedarfs gegenüber den weniger einflußreichen in zweierlei Hinsicht bevorzugt:
- bei der Festlegung des Standortes für einen neuen Brunnen können sie in der Regel ihren Einfluß und ihre Interessen über

---

1) Der Preis lag 1970 bei etwa 25 TK für den Weeder und etwa 250 TK für den Drescher bei einem damaligen Reispreis von etwa 30 TK/md.

die Dorfgenossenschaften geltend machen[1], und

- im Falle einer Verringerung der Pumpleistungen wird bei der notwendigen Verkleinerung der Bewässerungsfläche die Wasserverteilung zugunsten der einflußreicheren Landbewirtschafter ausfallen[2].

Der Hauptgrund für die hohe Nachfrage nach Bewässerungsmöglichkeiten liegt in der Möglichkeit, die sehr viel sicheren Anbauverhältnisse während des Winters nutzen zu können. Zwar führt die Verwendung der Boro-Saison meist zu einer Einschränkung des Reisanbaues während des Monsuns (Aus), doch gleichen die höheren Boroerträge den geringeren Anbau in der Aus-Saison leicht aus. Als zweiter Grund für die hohe Nachfrage kann die starke Subventionierung der Bewässerung angeführt werden.

Im Gegensatz zu der Nachfrage nach Bewässerungswasser, die grundsätzlich sehr hoch ist, gibt es bei Schleppern für die Bodenbearbeitung und für den Transport eine sehr viel differenziertere Nachfrage.

So bedingt die stark monsungeprägte Landwirtschaft eine stark schwankende Nachfrage nach Schleppern für die Bodenbearbeitung im Jahresverlauf, wie Abb. 8 zeigt.

Die höchste Nachfrage besteht nach der Amon-Ernte, wenn im Dezember/Januar die Bodenbearbeitung für die Boro-Anbauperiode[3] erfolgt, und im August, wenn die Bodenbearbeitung für die Amon-

---

1) Der Manager der Genossenschaft bestimmt mehr oder weniger allein, wo die Pumpe eingesetzt wird, wie die Wasserverteilung erfolgt etc., siehe dazu: AHMED, B., ALAM, M., CHOUDHURY, A.W. and Z.H. CHOUDHURY, Report on Evaluation of Thana Irrigation Programme, 1971-72. BARD, Comilla 1974, p. 42; ALAM, M., Capacity Utilization of Low-Lift Pump Irrigation in Bangladesh. Bangladesh Inst. of Dev. Econ., New Series No. 17.
2) Die Begünstigung der einflußreicheren Dorfbewohner wird sich nur schwer quantifizieren lassen und ist bislang nicht ausreichend untersucht.
3) Bzw. ohne Bewässerung für die spätere Aus-Anbauperiode.

Abb. 8 Schleppereinsatz durch die KTCCA, Comilla, nach Monaten und Art der Schlepperverwendung (in Schlepperstunden) März 1974 bis Februar 1975

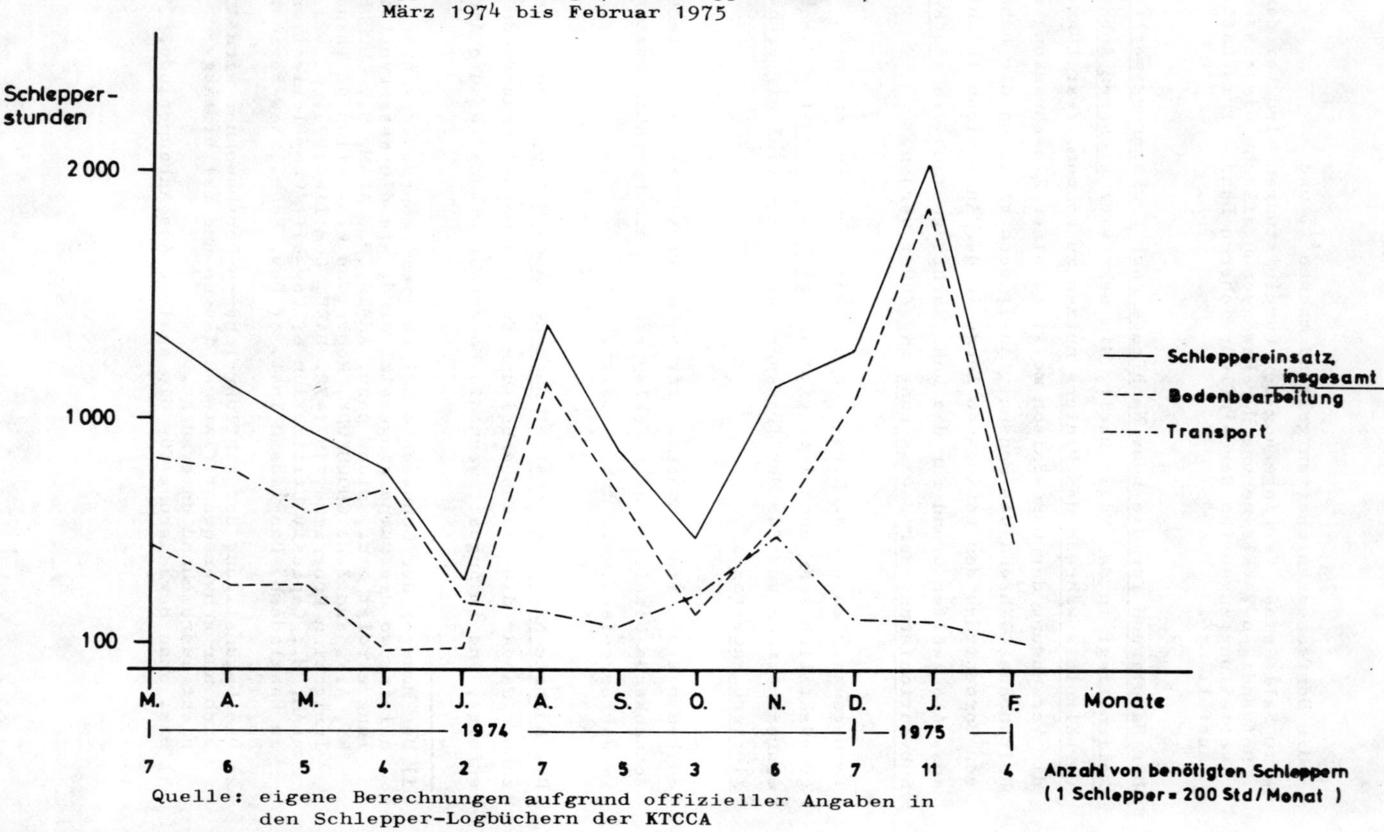

Quelle: eigene Berechnungen aufgrund offizieller Angaben in den Schlepper-Logbüchern der KTCCA

Anbauperiode ansteht[1]. Die höchste Nachfrage nach Schleppern als Transportmittel findet man im Winter und Frühjahr, wenn beispielsweise in den temporär errichteten Ziegeleien die gebrannten Steine abtransportiert werden.

Gut die Hälfte der gesamten Bodenbearbeitung wurde 1974/75 in Dörfern innerhalb des Comilla Kotwali Thana durchgeführt (Tab. 7).

Tab. 7 Bodenbearbeitungsleistung von Schleppern der Zentralgenossenschaft KTCCA, Comilla-nach Fläche, Einsatzort und Auftraggeber (1.3.1974 - 28.2.1975)

Einsatzort	Auftraggeber	Bearbeitete Fläche in acres	in v.H.
1	2	3	4
Dorf	Landbewirtschafter in Comilla Kotwali Thana	2 575	53
	Landbewirtschafter außerhalb Comilla Kotwali Thana	734	15
Marktflecken[a)]/Stadt	Geschäftsleute u. öffentliche Organisationen in Comilla Kotwali Thana	117	2
	Geschäftsleute u. öffentliche Organisationen außerhalb Comilla Kotwali Thana	262	6
Comilla-Stadt	Institutionen, Organisationen (Zentralgenossenschaft, Schulen Banken etc.)	1 161	24
insgesamt		4 849	100

a) größere Marktflecken als Ansiedlungen, in denen im Gegensatz zum Dorf keine Landbewirtschafter die Schlepper ausleihen.

Quelle: eigene Berechnungen aufgrund offizieller Angaben in den Schlepper-Logbüchern der KTCCA, Comilla Nunabad

1) Durch die Überflutungen im Jahre 1974 erfolgte die Bodenbearbeitung später als gewöhnlich.

15 v.H. der mit Schleppern bearbeiteten Fläche lag in insgesamt 36 Dörfern außerhalb des Comilla Kotwali Thana. Als Nachfrager nach Schleppern traten für 68 v.H. der gesamtbearbeiteten Fläche Landbewirtschafter aus Dörfern auf. 32 v.H. der Gesamtfläche jedoch wurden für nicht-landwirtschaftliche Auftraggeber bearbeitet (vergl. Tab. 7)[1]. Der relativ hohe Anteil von Nicht-Landbewirtschaftern geht auf deren großen Einfluß als staatliche oder quasi-staatliche Stellen bei der Schlepperbeschaffung zurück und auf die öffentlichen Aufrufe zur Ausnutzung allen verfügbaren Landes zur Nahrungsmittelproduktion ('grow-more-food'), durch die auch in den Städten und größeren Marktflecken Bodenbearbeitung anfiel und die durch die wenigen dort vorhandenen Arbeitstiere schwierig zu organisieren waren.

Neben der durch die Einführung von Schleppern beabsichtigten Erleichterung der Gruppenbildung in den Dörfern (s.o.) ist als Rechtfertigung des Schleppereinsatzes immer wieder auf die mangelhafte Zugkraftausstattung der Kleinst-Landbewirtschafter verwiesen worden, denen aus diesem Grunde die angebotenen Schlepper vornehmlich zugute kommen sollten. Die ursprünglich geforderte zusammenhängende Mindestfläche von 8,0 acres für einen Schleppereinsatz brachte insofern eine Benachteiligung der Kleinstbewirtschafter, als diese gegenüber den größeren Landbewirtschaftern mit größeren Einzelfeldstücken einen höheren Organisationswiderstand zu überwinden hatten, weil sie sich mit mehr Feldnachbarn einigen mußten. Doch auch nachdem der Schlepper für Kleinstflächen vorbestellt werden konnte, sind die einflußreicheren Landbewirtschafter bevorzugt bei der Vorbestellung der Schlepper berücksichtigt worden. So ist in zahlreichen Fallstudien, die vor und während der Grunderhebung durchgeführt wurden, von Gruppen kleinerer Landbewirtschafter darüber geklagt worden, daß der Grundsatz der Schlepperstation, wonach

---

1) In den größeren Marktflecken auf Geschäftsleute, Fabriken, Betriebe etc.; der höchste Anteil unter 'Institutionen und Organisationen' entfiel auf: ACF, die Kasernen, Rice Research Institute, Stadthalle, KTCCA, Schulen, Colleges, Polizeistationen, Krankenhäuser, Banken, Firmen, Parteien etc.

die gewünschten Schlepperarbeiten in der Reihenfolge der Vorbestellungen und Vorausbezahlungen durchgeführt werden, immer wieder durchbrochen wurde. Die Rangliste für den Schleppereinsatz ist für den Interessenten in der Station nicht einsehbar, so daß für ihn nicht abzusehen ist, wann und ob überhaupt ein Schlepper zur Bearbeitung seines Feldes geschickt wird. So ist von Gruppen kleiner Landbewirtschafter, die gemeinsam den Schlepper vorbestellen wollten, häufig von wochenlangen Wartefristen oder gar erfolgloser Wartezeit berichtet worden. Andererseits aber hätten einflußreichere Nachbarn über Beziehungen zu Angestellten der KTCCA oder durch entsprechende Geschenke den Schlepper sehr schnell erhalten, auch wenn sie gar nicht vorgemeldet waren.

Die unsichere Verfügbarkeit des Schleppers ist offensichtlich seit dem Beginn der Schlepperverwendung im Untersuchungsgebiet ein großes Problem gewesen und hat schon Anfang der 60er Jahre dazu geführt, daß jeder, der es sich leisten konnte, sich so rasch wie möglich so viele eigene Zugtiere beschaffte, daß er in der Lage war, die Bodenbearbeitung selbst durchzuführen, um damit unabhängig von der Schlepperstation zu werden[1].

Auch die zahllosen Schwierigkeiten mit den Schlepperfahrern[2], die zeitweise zu einer völligen Schließung der Schlepperstation führten[3], und die langen Ausfallzeiten von Schleppern durch Engpässe bei der Ersatzteilbeschaffung, haben verhindert, daß sich Landbewirtschafter mit Engpässen bei der Bodenbearbeitung auf die termingerechte Verfügbarkeit von Schleppern verlassen konnten. Mangelnde Zugkraft bei trockenem, harten Boden während der winterlichen Bodenbearbeitung und zeitliche Engpässe[4] ziehen einen, zumindest saisonal, hohen Bedarf für Schlepper nach

---

1) Siehe dazu beispielsweise: LUYKX, N.G., a.a.O., Comilla 1967, p. 13.
2) KHAN, A., a.a.O., Comilla 1962, p. 26ff; RAPER, A.F., a.a.O., Ithaca, N.Y. 1970, p. 79.
3) OBAIDULLAH, A.K.M., a.a.O., Comilla 1973, p. 63.
4) Durch die zeitlich direkte Aufeinanderfolge der Anbauperioden entstehen Arbeitsspitzen bei der Ernte (Einsatz der Arbeitstiere zum Dreschen), durch die die Bodenbearbeitung für die nachfolgende Anbauperiode verzögert wird.

sich. Landbewirtschafter, die erfolgreich bei der Schlepperbeschaffung sind, nutzen die erhöhte Schlag- und Zugkraft der hoch subventionierten Schlepper und verzichten in diesem Fall auf die Verwendung der eigenen Zugtiere. Unterbleibt der Schleppereinsatz, greifen sie auf Zugtiere zurück, indem sie sich gegebenenfalls Tiere aus dem eigenen Bari ausleihen[1].

Die Lieferung der neuen Schlepper brachte für <u>1974 im Verhältnis zu den Vorjahren eine verbesserte Verfügbarkeit der Schlepper</u>. So gaben etwa ein Drittel der Schleppernutzer in der Spezialerhebung an, daß der Schlepper sofort verfügbar war. Je 20 v.H. bekamen den Schlepper ein bzw. zwei Wochen nach der Vorbestellung,und nur etwa ein Viertel der Befragten mußte länger als zwei Wochen warten[2]. Insgesamt 37 v.H. der Schleppernutzer gaben an, daß sie sich bei der Beschaffung des Schleppers inoffizieller Methoden bedient hätten, um den Schleppereinsatz zu beschleunigen bzw. überhaupt zu ermöglichen. Die Frage, ob sie in der Zeit vor 1974 schon einmal erfolglos versucht hätten, den Schlepper auszuleihen, bejahten 29 v.H., wobei auffiel, daß sich ein Teil der Interessenten mehrmals erfolglos um einen Schleppereinsatz bemüht hatte (besonders in der Boro- und der Amon-Anbauperiode).

<u>55 v.H. der Befragten gaben an</u>, daß sie <u>auch in Zukunft Schlepper für die Bodenbearbeitung</u> verwenden wollten. Der größte Teil dieser Landbewirtschafter hatte auch in den zurückliegenden Jahren Schlepper eingesetzt, während 3 v.H. ihre Absicht mit guten Beziehungen zur Schlepperstation begründeten. 21 v.H. wollten keine Traktoren verwenden, weil sie entweder über eigenes Zugvieh verfügten, zu wenig Land hatten oder finanzielle bzw. organisatorische Schwierigkeiten erwarteten. Knapp ein Viertel konnte über die zukünftige Verwendung von Schleppern

---

1) Das Ausleihen innerhalb der Verwandtschaftsgruppe im Bari erfolgt ohne Bezahlung; der Marktpreis für Bodenbearbeitung mit Ochsen (incl. AK-Kosten) lag 1975 bei durchschnittlich 192 TK/acre, während für den Schlepper nur durchschnittlich 60 TK/acre aufgewendet werden mußte (eigene Erhebungen).
2) Von diesen versuchten 11 v.H. ohne Erfolg den Schlepper auszuleihen, indem sie den Fahrer im Feld ansprachen.

noch keine Angaben machen. Diese Landbewirtschafter können als potentielle Nutzer von Schleppern eingestuft werden, die sich kurzfristig entscheiden und dann auf Schlepper zurückgreifen, wenn sich eine günstige Gelegenheit dazu ergibt oder ein akuter Engpaß bei der Bodenbearbeitung auftritt. Meist wird deshalb der Schlepper nicht den offiziellen Statuten entsprechend vorbestellt, sondern der Einsatz wird spontan mit einem Schlepperfahrer ausgehandelt, wenn ein Schlepper auf Feldern von Dorfnachbarn arbeitet (vergl. Kap. 3.1.1).

Auf die Frage nach Umfang und Art des zukünftigen Schleppereinsatzes wünschten 46 v.H. der Befragten eine Ausweitung der Bodenbearbeitung durch Schlepper. Von diesen wollten 21 v.H. möglichst die gesamte Bodenbearbeitung durch Schlepper erledigen lassen und 25 v.H. mehr Land als bisher. Nach der Art der Bodenbearbeitung wünschten 9 bzw. 5 v.H. der Befragten eine größere Fläche durch Fräsen bzw. Eggen bearbeiten zu lassen. Insgesamt 40 v.H. jedoch wollten nicht mehr Land als bisher schon mit Schleppern bearbeitet haben, weil die Ausstattung mit eigenem Zugvieh ausreichend sei.

In den Betrieben, in denen Schlepper eingesetzt werden (Mechanisierungstyp II und IV), wurde während des Referenzzeitraumes (Boro 1973/74 bis Amon 1974) durchschnittlich etwa ein Viertel der jeweiligen landwirtschaftlichen Nutzfläche der Betriebe durch Schlepper bearbeitet. Schwerpunkt für die Schlepperbearbeitung war für die Bewässerungsbetriebe (Mechanisierungstyp IV) die Boro-Anbauperiode und für die Betriebe ohne Bewässerung (Mechanisierungstyp II) die Aus-Saison. In beiden Fällen wird der Schlepper also besonders für die Bearbeitung des im Winter hart gewordenen Bodens herangezogen, der den Arbeitstieren so großen Zugwiderstand entgegensetzt, daß diese erst wieder verwendet werden können, nachdem die Monsunregen eingesetzt und den Boden durchfeuchtet haben. Auch diejenigen Landbewirtschafter, die selbst keine Schlepper verwenden, sind in der Lage, deren Vor- und Nachteile zu nennen. So werden als Hauptvorteile die gute Qualität der Bodenbearbeitung mit daraus resultierender hoher Ertragsfähigkeit des Bodens (81 v.H.) und die rasche (13 v.H.) und preiswerte (3 v.H.) Bodenbearbeitung genannt. Nachteile werden von lediglich 21 v.H. der Befragten angeführt, wobei besonders die Schwierigkeiten einer guten Bodenbearbeitung in den Ecken der kleinen Feldstücke erwähnt werden (10 v.H.) und die als zu groß angesehene Bearbeitungstiefe mit damit zusammenhängenden Schwierigkeiten für eine Planierung des Feldes (8 v.H.).

38 v.H. der Befragten meinten, daß ihre Feldnachbarn Schlepper einsetzten, weil sie über keine oder wenig leistungsfähige eigene Zugtiere verfügten. Als zweitwichtigster Grund wurde genannt, daß im Verhältnis zum Land zu wenig Arbeitstiere verfügbar waren, um die Bodenbearbeitung termingerecht erledigen zu können (31 v.H.). Daneben wurde auf die auch bei der eigenen Beurteilung als Vorteile genannte gute (12 v.H.) und rasche (7 v.H.) Bodenbearbeitung durch Schlepper verwiesen. Nach dem Grund befragt, warum einige Feldnachbarn keine Schlepper einsetzten, wurde, wie zu erwarten war, vornehmlich geantwortet, daß diese Landbewirtschafter über eine ausreichende Anzahl leistungsfähiger Arbeitstiere verfügten (86 v.H. der Antworten). 7 v.H. vermuteten jedoch, daß der Mangel an Bargeld für die Nichtverwendung von Schleppern verantwortlich sei[1].

3.2 Auswirkungen der Mechanisierung

Wie in Kap. 2.1.2 bereits dargelegt, erfolgt eine Einteilung aller 160 Untersuchungsbetriebe nach dem Stand der Betriebsmechanisierung für die motor-mechanische Bewässerung im Referenzzeitraum Amon 1973 bis Aus 1974 und für die Mechanisierung der Bodenbearbeitung für Boro 1973/74 bis Amon 1974. Der Grad der Nutzung von überbetrieblich angebotener, motor-mechanischer Bewässerungs- und Bodenbearbeitungsmechanisierung ist in den einzelnen Betrieben unterschiedlich hoch. Durchschnittlich er-

---

1) Es wurde jeweils nach den drei wichtigsten Gründen gefragt; als zweitwichtigster Grund wurde in fast der Hälfte der Fälle fehlendes Bargeld für das Ausleihen von Schleppern vermutet.

gibt sich für die Betriebe mit Tiefbrunnenbewässerung (Mechanisierungstyp III und IV) ein bewässerter Anteil von 44 v.H. an der landwirtschaftlichen Nutzfläche, während die Bodenbearbeitung mit Schleppern im Referenzzeitraum auf durchschnittlich 24 v.H. der landwirtschaftlichen Nutzfläche in den Betrieben der Mechanisierungstypen II und IV erfolgte.

In diesem Kapitel sollen die Auswirkungen der kapitalintensiven Bewässerungs- und Bodenbearbeitungsmechanisierung (s.o.) in den Untersuchungsbetrieben diskutiert werden (Kap. 3.2.1 bis 3.2.7). Voraussetzung für diese Betriebsgruppenvergleiche ist, daß dafür die anderen - neben kapitalintensiver Mechanisierung - verwendeten Produktionsfaktoren möglichst gleich sind[1]. Im folgenden soll daher zunächst die in allen Betrieben vorhandene Grund- und Kombinationstechnologie der Untersuchungsbetriebe dargestellt werden.

Die Ausstattung mit traditioneller Mechanisierung variiert kaum zwischen den Betrieben der verschiedenen Mechanisierungstypen. Die vorherrschende Grundtechnologie wird durch Ochsen gestellt, deren Verteilung in den Betrieben unabhängig von den vier Mechanisierungstypen ist[2] und lediglich von der Betriebsgröße[3] abhängt (vergl. Tab. 7). 30 v.H. der Betriebe verfügen über kein eigenes Zugvieh, wobei dies insbesondere für die Betriebe mit weniger als 2,0 acres landwirtschaftlicher Nutzfläche zutrifft.

Ein Viertel der Betriebe verfügt über einen Arbeitsochsen, während etwa ein Drittel der Betriebe ein Arbeitsgespann (zwei Tiere) und 13 v.H. der Betriebe mehr als zwei Arbeitstiere besitzen. Dennoch ergibt sich für die Klein- und insbesondere die Kleinstbetriebe (weniger als 0,5 acre LN) ein überdurchschnitt-

---

1) Auf die Einschränkung, daß die durchschnittlichen Betriebsgrößen der traditionell mechanisierten Betriebe (Mechanisierungstyp I) unter denen der Betriebe der drei anderen Mechanisierungstypen liegen, ist bereits in Kap. 2.1.3 hingewiesen worden.
2) Chi-Quadrat = 12,33077 mit 15 FG.
3) Chi-Quadrat = 79,55250 mit 30 FG.

Tab. 8 Anzahl von Zugtieren[a] pro acre nach Betriebsgrößenklassen und Mechanisierungstyp

Betriebsgröße (acres)	Anzahl von Zugtieren pro acre				insgesamt
	Mechanisierungstyp[b]				
	I	II	III	IV	
1	2	3	4	5	6
unter 0,5	1,7	-	-	-	1,2
0,5 - unter 1,0	1,4	0,2	0,9	0,7	1,0
1,0 - unter 1,5	1,7	0,5	1,0	0,4	0,9
1,5 - unter 2,0	0,6	0,7	1,0	0,4	0,7
2,0 - unter 3,0	0,8	0,7	0,5	0,7	0,7
3,0 - unter 4,0	0,5	0,5	0,6	0,5	0,5
4,0 und mehr	-	0,5	0,5	0,8	0,6
Durchschnitt	1,1	0,5	0,7	0,6	0,7

a) Ochsen und Bullen als Zugtiere
b) Mechanisierungstyp: I = unbewässert, Ochsen (traditionell); II = unbewässert, Schlepper; III = Tiefbrunnen, Ochsen; IV = Tiefbrunnen, Schlepper.

Quelle: eigene Erhebungen

licher Zugviehbesatz (siehe Tab. 8).

Als <u>Kombinationstechnologie</u> sind für die Arbeitstiere in den meisten Betrieben Holzpflug (Langal), Joch, Bambusschleppe (Ladder) und (Holz-) Egge vorhanden[1]. Obwohl alle Geräte sehr kapitalextensiv sind und lokal hergestellt werden können, verfügen doch ein Viertel der Betriebe über keinerlei Kombinationsgeräte[2]. An landwirtschaftlichen Geräten sind noch Sichel,

---

1) Die durchschnittlichen Preise lagen bei etwa 50 TK für den Pflug, 15 TK für das Joch, 20 TK für die Bambusschleppe und etwa 30 TK für die Egge.
2) Zum größten Teil die Betriebe, in denen keine Arbeitstiere vorhanden sind; die Tiere werden dann zusammen mit den Arbeitsgeräten ausgeliehen.

Hacke (Khudal), Nirani (Jäthacke) und Schaufel zu nennen, die unabhängig von Betriebsgröße und Mechanisierungstyp in fast allen Betrieben vorhanden sind.

Demgegenüber sind die neu im Untersuchungsgebiet eingeführten landwirtschaftlichen Kleingeräte wie Pedaldrescher, 'handweeder' (Handjätgerät für Reis) und Rückenspritzen nicht gleichmäßig in den Betrieben der verschiedenen Mechanisierungstypen verteilt. So sind die besonders für das Dreschen hochertragreicher Sorten (HYV) benutzten Pedaldrescher in nur 10 v.H. der Betriebe der Mechanisierungstypen I und II (traditionell und Schlepper-mechanisiert) vorhanden, während in den beiden anderen Mechanisierungstypen III und IV (Tiefbrunnen und Tiefbrunnen/Schlepper) in 43 v.H. der Betriebe Pedaldrescher anzutreffen sind. Ein ähnliches Bild ergibt sich für das Vorhandensein von Handjätgeräten und Rückenspritzen, die in den Betrieben der Mechanisierungstypen I und II in lediglich 18 bzw. 4 v.H. der Betriebe besessen werden, während in den Betrieben der Mechanisierungstypen III und IV jeweils 53 bzw. 23 v.H. der Betriebe über diese Geräte verfügen.

3.2.1 Beschäftigung

In diesem Kapitel werden Auswirkungen der Mechanisierung auf die Verwendung von Familien-, Fremd- und Gesamtarbeitskräften für verschiedene Arbeiten bei der Reisproduktion untersucht. Dabei wird zunächst dargestellt, wie sich die zeitliche Beanspruchung für die einzelnen Arbeitsgänge je nach der verwendeten Mechanisierungsstufe verändert. Die Ergebnisse sind tabellarisch zusammengefaßt (Tab. 9) und gehen auf die im Rahmen der Untersuchung durchgeführten Zeitmessungen zurück. Die praxisnahen Durchschnittswerte eignen sich auch für andere Studien als Kalkulationsgrundlage für die Beschäftigungsauswirkungen geplanter technologischer Veränderungen innerhalb des pflanzlichen Sektors. Auch in dieser Untersuchung sind sie als Grundlage für die Modellkalkulationen (Kap. 4) verwendet worden.

Tab.: 9 Zeitliche Beanspruchung bei den einzelnen Arbeitsgängen der Reisproduktion auf unterschiedlichen Mechanisierungsstufen in Comilla Kotwali Thana, Bangladesh (Basis: 1 acre)

Arbeitsgänge		Arbeitstage[a]
1. **Bodenbearbeitung**[b]		
- mit der Handhacke (Khudal)		14,04
- mit Ochsen und Holzpflug (4malig) und anschließdendem Schleppen (puddling - 6malig)	7,92 +2,22 =	10,14
- mit Ein-Achs-Schlepper (8,5 PS - 2malig) und zusätzlichem Schleppen mit Ochsen (2malig)	0,64 +0,74 =	1,38
- Fräsen mit Schlepper (47,5 PS) und zusätzliches Schleppen mit Ochsen (2malig)	0,12 +0,74 =	0,86
- Eggen mit Schlepper (47,5 PS) und Scheibenegge und zusätzliches Schleppen mit Ochsen (2malig)	0,14 +0,74 =	0,88
- Säubern der Gräben, etc.		2,10
2. **Saatbett-Vorbereitung**		
- für 1 acre HYV-Reis sind ø 5,43 decimal Saatbett erforderlich; Vorbereitungszeit:		0,19
- Bewässerung mit Hand für 5,43 decimal (für 1 acre)		2,02(37,15)
- Düngen der 5,43 decimal (1 acre)		0,01(0,20)
- Verpflanzen von LV[c] von HYV[d]	13,27 20,94]ø	17,11
3. **Düngen**		
- organischer Dünger[e]:		
- Transport auf den Schultern zum Feld und Verteilen auf dem Feld (nur etwa ein Drittel der Felder wird gedüngt, deshalb reduziert sich der Arbeitsanteil auf:)	5,15 +0,52 =	(5,67) 1,89
- Mineraldünger		
- Transport zum Feld und Streuen von 150 seers/acre	0,14 +0,10 =	0,24
4. **Bewässerung**		
- mit Tiefbrunnen in der Boro-Anbauperiode		1,70
5. **Unkraut-Jäten**		
- mit der Hand (2malig)		23,00
- mit der mechanischen Unkrauthacke (handweeder,2malig)		6,12
- mit der Unkrautspritze (3malig)		4,30
6. **Ernten**		
- Sicheln von LV von HYV von stehendem Getreide von liegendem Getreide	11,52 10,54] ø 9,44 12,82	10,86
- Bündeln von LV von HYV	1,85 1,73] ø	1,84
- Transport über 275 yards von LV von HYV	2,86 5,34] ø	4,12
- Dreschen		
- mit der Hand (über Trommel)		13,37
- mit Ochsen (ø 5 Tiere)		10,50
- mit dem Pedal-Drescher		12,32
7. **Nach-Ernte-Arbeiten**		
- Trocknen von ø 33 mds./acre[f]:		
- auf Asphalt-Straße oder Betonbrücke einschließlich Transport zum Trockenplatz (etwa 300 yds)	5,00 +2,67 =	7,67
- auf dem Hof (Lehmboden) einschließlich Transport (etwa 30 yards)	11,00 +0,30 =	11,30
- Worfeln von ø 33 mds./acre:		
- Wind-Methode		1,60
- Fächer-Methode		1,45
- Sieb-Methode (Khula)		1,30
- Lagern von ø 33 mds./acre		1,00

a) 1 Arbeitstag ≙ 7 Stunden effektive Arbeitszeit pro Tag; Ausnahme: motormechanische Bearbeitung; hier entspricht 1 Arbeitstag 10 Stunden effektiver Arbeitszeit pro Tag;
b) für alle drei Anbauperioden sind die Berechnungen gleich;
c) LV = 'local varieties', Lokalsorten;
d) HYV = 'high yielding varieties', hochtragende Sorten;
e) organischer Dünger wird nur in der Boro-Anbauperiode ausgebracht und dann auch nur auf hofnahe Feldstücke;
f) die Angaben gelten nur für die Anbauperioden Amon und Boro, für die Aus-Anbauperiode müssen die Angaben verdoppelt werden.

Quelle: eigene Messungen und Berechnungen

Nachfolgend werden die Besonderheiten der Arbeiten für die einzelnen Anbauperioden dargestellt, die für das Problemverständnis unbedingt erforderlich sind.

Im einzelnen wird anschließend auf die Beschäftigungsauswirkungen für die vier Gruppen von Betrieben unterschiedlicher Mechanisierungstypen in den einzelnen Anbauperioden eingegangen. Nacheinander werden der Einsatz von Fremd-AK, Familien-AK und die Gesamt-AK-Verwendung für die einzelnen Mechanisierungstypen untersucht.

Der Arbeitsaufwand für die Reisproduktion unterscheidet sich in den Untersuchungsbetrieben vor allem durch die unterschiedliche Art der alternativ einsetzbaren Bodenbearbeitung in den Betrieben der verschiedenen Mechanisierungstypen (siehe Tab. 9). Im Prinzip kann durch die unterschiedliche Verwendung von Grund- und Kombinationstechnologie das gleiche Arbeitsergebnis erzielt werden[1], und es gibt lediglich Unterschiede nach der einzusetzenden Kapital- und Arbeitsintensität. So sind mit der sehr arbeitsintensiven Handhacke etwa 14,0 Arbeitstage je acre für die Bodenbearbeitung aufzuwenden, die Arbeit mit einem Ochsengespann

---

1) Die Frage, inwieweit Ertragssteigerungen z.B. durch mechanische Bodenbearbeitung zu traditioneller Bodenbearbeitung Mehrerträge gegeben sind, läßt noch keinen allgemein gültigen Schluß zu. Zwar haben sich in langjährigen Versuchen in gemäßigten Breiten durch Erhöhung der Pflugtiefe Mehrerträge für verschiedene Feldfrüchte nachweisen lassen, doch sind bislang noch nicht alle Faktoren, die für derartige Ertragsveränderungen in Frage kommen, erfaßt worden. So sind in Japan in verschiedenen Landesteilen jahrelang Vergleichsversuche unternommen worden, durch die die Ertragsauswirkungen von Einachsschlepper und tierischer Zugkraft bei der Bodenbearbeitung auf Reisfeldern verglichen wurden. Die Ergebnisse sind stark voneinander abweichend gewesen und zeigten entweder eine starke Überlegenheit der mechanischen Bodenbearbeitung oder höhere Ernteergebnisse nach einer Bodenbearbeitung mit tierischen Zugkräften. Siehe dazu: SOUTHWORTH, H. (ed.), a.a.O., New York and Singapore 1972, p. 30.
Aber auch wenn diese Versuche eindeutige Ergebnisse erbracht hätten, wäre eine Übertragung dieser Erfahrungen auf die Verhältnisse in tropischen Regionen nicht möglich gewesen, denn je nach Bodenart, Klima und Anbauprodukt etc. werden sich dort unterschiedliche Ertragsabhängigkeiten einstellen, deren Grad der Verallgemeinerung nur durch langjährige Versuche erhöht werden kann.

und Holzpflug bzw. Bambusschleppe erfordert durchschnittlich 10,1 Arbeitstage, während die kapitalintensiven Einachsschlepper 1,4 und die noch kapitalintensiveren (Zweiachs-) Schlepper gar nur 0,9 Arbeitstage je acre benötigen.

Die Verwendung von Tiefbrunnen bildet neben dem Einsatz von Schleppern für die Bodenbearbeitung das zweite Kriterium zur Festlegung der Mechanisierungstypen für die Untersuchungsbetriebe und die Voraussetzung für einen Reisanbau in der Boro-Winteranbauperiode. Die direkten Beschäftigungsauswirkungen durch die kapitalintensiven Tiefbrunnen sind relativ niedrig (durchschnittlich 1,7 Arbeitstage pro acre), aber dadurch, daß sie die Vorbedingung für die Nutzung der Winteranbauperiode darstellen, muß der gesamte Arbeitsaufwand für den Boro-Reisanbau als indirekte Beschäftigungsauswirkung der Tiefbrunnenbewässerung zugerechnet werden. Die Gesamt-Beschäftigungswirkung der Boro-Anbauperiode in den Betrieben der Mechanisierungstypen III und IV (Verwendung von Tiefbrunnen) ist dagegen in dem Maße geringer zu veranschlagen, in dem die (Aus-) Monsunanbauperiode durch Boro substituiert wird.

In den einzelnen Anbauperioden ergeben sich für gleiche Arbeitsgänge in der Reisproduktion bisweilen sehr unterschiedliche zeitliche Beanspruchungen. Als Gründe sind dafür anzuführen

- die klimatischen Besonderheiten der jeweiligen Anbauperioden,
- der unterschiedlich hohe Einsatz biologischer und chemischer Inputs (hochertragreiche zu lokalen Sorten, Dünger, etc.) und
- unterschiedlich hoher Arbeitskräfteeinsatz für Pflegearbeiten (z.B. verschieden häufiges Jäten, Hacken, etc.).

Die Ursachen für unterschiedlich hohen Arbeitseinsatz dürfen jedoch nicht monokausal gesehen werden. So schränkt beispielsweise die weitgehend unkontrollierte Wasserversorgung während des Monsuns die Verwendung hochertragreicher Reissorten (HYV) in der Aus-Anbauperiode ein. Das hohe Anbaurisiko führt zu eingeschränkter Verwendung knapper und teurer chemischer Inputs, zumal die lokalen Sorten (LV) gegenüber den Neuzüchtungen den eingesetzten Dünger ohnehin weniger gut ausnutzen.

Grundsätzlich ergibt sich bei der Verwendung von HYV gegenüber lokalen Sorten ein höherer Arbeitsaufwand. Das beginnt mit einer unterschiedlichen Anbaumethode[1], höherem Arbeitsaufwand durch höhere Aufwendungen für Dünger, Pflanzenschutz und intensivere Pflegemaßnahmen und endet schließlich mit den erhöhten zeitlichen Aufwendungen für Ernte-, Transport- und Nachernteararbeiten durch die im Verhältnis zu den lokalen Sorten in der Regel sehr viel höheren Erntemengen pro Flächeneinheit. Das Verpflanzen von Reis ist in der Boro-Anbauperiode gegenüber der Amon- und Aus-Anbauperiode zeitaufwendiger, weil durch kühlere Witterung die zu verpflanzenden Jungpflanzen kleiner sind, die Arbeit im kalten Wasser als unangenehm empfunden wird[2] und deshalb länger dauert und die Tage im Winter kürzer sind. Bei der Ernte und beim Dreschen mit dem Pedaldrescher ist für den notwendig werdenden Zeitaufwand entscheidend, ob das Getreide bei der Ernte noch steht oder ob es am Boden liegt. Auch das Anlegen eines Saatbeetes ist in der Boro-Anbauperiode sehr zeitaufwendig, weil die Bewässerung für das Anzuchtbeet in der Regel traditionell mit Hilfe der arbeitsintensiven 'swinging baskets' in Handarbeit erfolgt. Je nach der Witterung ist die Trocknung von Stroh und besonders von Getreide in den einzelnen Anbauperioden sehr unterschiedlich zu veranschlagen. Je nach Untergrund (Lehm, Beton, Teer) ergeben sich unterschiedliche Trockenzeiten, aber am entscheidendsten ist Dauer und Intensität der Sonneneinstrahlung. Die höchste Sonnenintensität wird zwar im Sommer erreicht, doch starke Bewölkung und häufige und intensive Niederschläge lassen die durchschnittlich aufzuwendenden Trockenzeiten sehr hoch ausfallen.

Die durchschnittlich aufzuwendenden Arbeitstage für die Reisproduktion (siehe Tab. 10) unterstellen auch für die Aus-Anbauperiode das Verpflanzen von Reis, also einen relativ arbeitsin-

---

1) Lokale Sorten werden häufig in Breitsaat ausgebracht, HYVs dagegen in Reihen verpflanzt; für das Untersuchungsgebiet jedoch gilt in der Regel, daß auch lokale Sorten in Reihen verpflanzt werden.
2) Dies schlägt sich auch in höherer Bezahlung nieder.

Tab. 10 Durchschnittlich aufgewendete Arbeitstage für Reisanbau bei Tiefbrunnenbewässerung und Zugochseneinsatz (Mechanisierungstyp III), Comilla Kotwali Thana 1973/74 (Boro-Anbauperiode; Basis: 1 acre)

Arbeitsvorgänge	Arbeitstage[a] pro acre in den Anbauperioden		
	Amon	Boro	Aus
1	2	3	4
Saatbeetvorbereitung	0,2	2,4	0,2
Bodenbearbeitung	10,1	12,1	10,1
Verpflanzen	16,8	18,0	16,6
Düngen	1,3	7,7	4,7
Jäten	17,6	19,6	10,1
Ernten (Sicheln u.Transport)	17,0	17,5	16,8
Dreschen	11,3	12,3	11,3
Zwischensumme:	74,3	89,6	69,8
Nacherntearbeiten[b]	13,9	13,9	32,8
Summe:	88,2	103,5	102,6

a) 1 Arbeitstag ≙ 7 Stunden effektive Arbeitszeit pro Tag;
b) Nacherntearbeiten werden zumeist durch Frauen erledigt.

Quelle: eigene Messungen und Erhebungen

tensiven Anbau. Besonders stark fallen für Aus die Nacherntearbeiten ins Gewicht. Diese werden größtenteils von Frauen übernommen[1], die während des Monsuns besonders viel Zeit für die Trocknung des Getreides aufzuwenden haben. Die witterungsbedingten, enorm großen Schwankungsbreiten für die Trocknung lassen die Festlegung allgemein gültiger, praxisnaher, durchschnittlicher Trocknungszeiten als sehr problematisch erscheinen. Die zugrunde gelegten Zeiten sind Durchschnittsbildungen von Messungen unter ungünstigsten Witterungsbedingungen, die allerdings typisch sind für die Monsunzeit. Herrschen dagegen günstige Trockenbedingungen vor, ergeben sich Werte wie in der Amon- oder Boro-Saison, bzw. können dann infolge der höheren Sonnenscheinintensität noch kürzere Trockenzeiten erreicht wer-

1) Siehe dazu: MARTIUS-v.HARDER, G., a.a.O., Saarbrücken 1977.

den.

Die Betriebe mit Schlepperverwendung für die Bodenbearbeitung (Mechanisierungstyp II und IV) haben für die gesamten Feldarbeiten (Saatbeetvorbereitung bis Ertnen) einen um 14,5 bis 15,8 v.H. niedrigeren Arbeitsaufwand. Die negativen Beschäftigungsauswirkungen ergeben sich, weil lediglich die arbeitsintensivere Bodenbearbeitung mit Arbeitstieren gegen die kapitalintensivere mit Schleppern ausgetauscht wird[1].

Die Meßergebnisse in den Untersuchungsbetrieben weisen für die einzelnen Arbeitsgänge der Reisproduktion in den Betrieben der vier Mechanisierungstypen sehr unterschiedliche zeitliche Beanspruchungen im Jahresverlauf aus.

Die folgenden Abbildungen (Abb. 9a - d) geben die tatsächlichen, empirisch erhobenen Verhältnisse der 160 Betriebe wieder (vier Gruppen je 40 Untersuchungsbetriebe). In Form einer Mischkalkulation gehen dabei als Ergebnisse aus den Betrieben der einzelnen Mechanisierungstypen u.a. ein[2]:

- der durchschnittliche Grad der Schlepperverwendung,
- der Anteil von HYVs zu lokalen Sorten,
- Häufigkeit und Umfang von organischer und anorganischer Düngung und
- die durchschnittliche Schlagentfernung.

Daraus leitet sich eine jeweils unterschiedlich hohe Arbeitsintensität für die einzelnen Tätigkeiten ab.

In den Abb. 9a - d sind für die vier Mechanisierungstypen die sich im Verhältnis zu Amon ergebenden Flächen für die Nutzung der beiden anderen Anbauperioden Boro und Aus proportional berücksichtigt, wobei für Amon jeweils eine Fläche von 100 acres zugrunde gelegt wurde (siehe Anm. 10 zu den Tab. 9a - d).

---

1) Bei isolierter Betrachtung einer Anbauperiode.
2) Vergl. Anmerkungen 1 bis 10 über die Annahmen für die Berechnung des Arbeitskräftebedarfs in Abb. 9a - d.

Abb. 9 Gesamtarbeitsaufwand für Reisanbau nach Anbauperiode und Monat

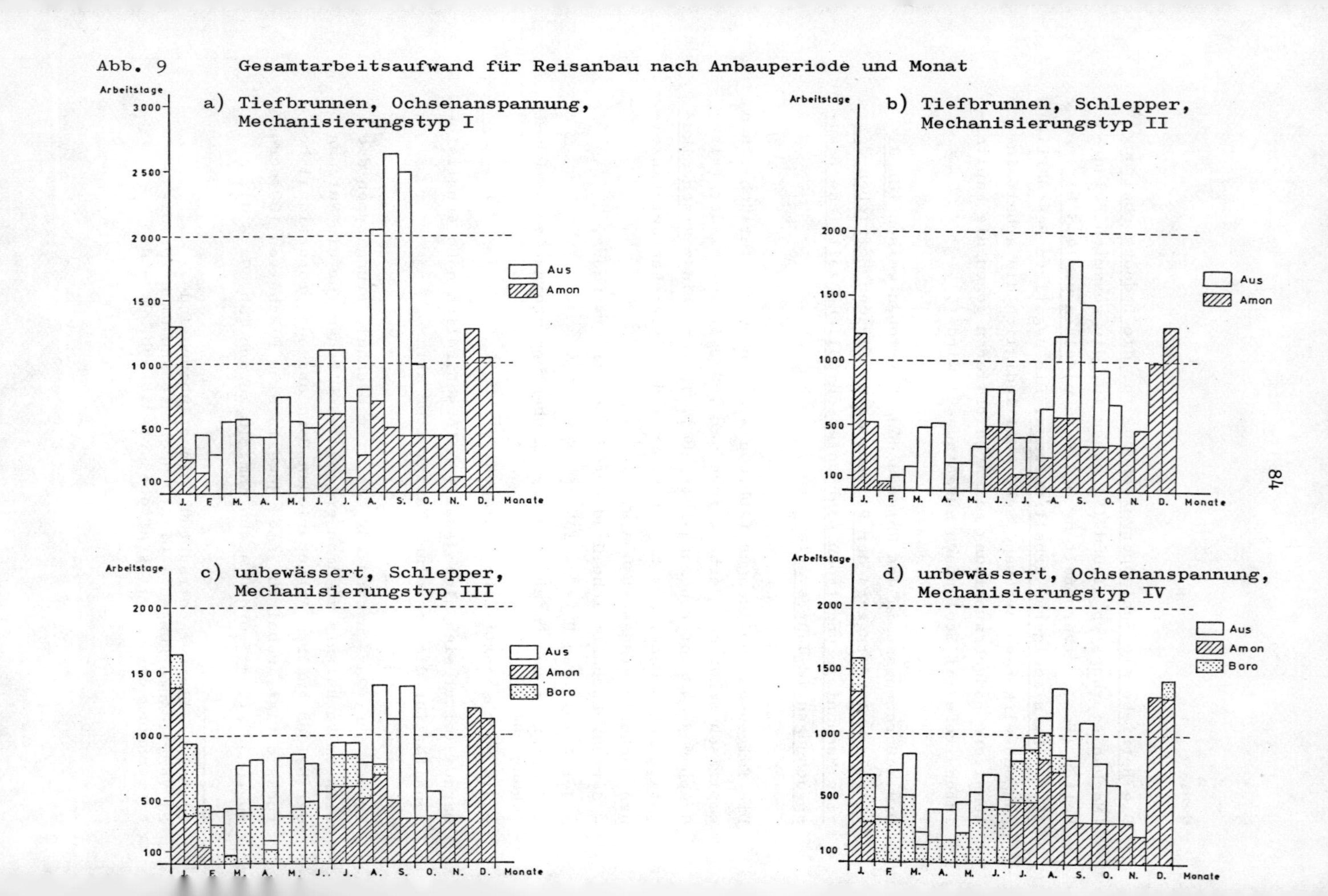

Folgende Annahmen wurden für die Berechnung des Arbeitskräftebedarfs gemacht:

1. Auf der Basis von Zeitmessungen wurden die ermittelten Durchschnitte für verschiedene Arbeiten beim Reisanbau für die verschiedenen Mechanisierungstypen erstellt. Die Angaben beziehen sich auf Arbeitstage pro acre, wobei sieben Stunden reine Arbeitszeit für einen Tag zugrunde gelegt worden sind. Für Maschinenarbeiten, deren Ausnutzungsgrad möglichst hoch liegen soll, ist von zehn Stunden reinerArbeitszeit pro Tag ausgegangen worden.
2. Für die Bodenbearbeitung ist der sich für die Betriebe der Mechanisierungstypen II und IV ergebende durchschnittliche Anteil der schlepper-bearbeiteten Fläche je Anbauperiode mit den Arbeitsleistungen für Schlepper multipliziert worden (Schlepper 0,14 Arbeitstage pro acre plus 0,74 Arbeitstage für zweimaliges Schleppen mit Ochsengespann = 0,88 Arbeitstage pro acre) und zu dem sich für die Bodenbearbeitung mit Ochsen (10,1 Arbeitstage pro acre) ergebenden Flächenanteil je Anbauperiode addiert worden (= Mischkalkulation).
3. In den Arbeitsgang Bodenbearbeitung sind zusätzlich die Arbeiten "Säubern und Pflege" der Gräben für die Anbauperiode Amon miteinbezogen. Dafür wurde die organische Düngung den Anbauperioden Boro und Aus angelastet.
4. Bei der Verpflanzung von Reis wurden die sich jeweils ergebenden unterschiedlichen Werte für HYV und LV nach der prozentualen Verteilung von HYV und LV je Mechanisierungstyp und Anbauperiode berücksichtigt.
5. Jäten wurde zusammengefaßt und nicht mehr in Handjäten und Jäten mit dem 'handweeder' unterschieden.
6. Ernte mit der Sichel; für Transport des Erntegutes wurde die Transportzeit für die sich im Durchschnitt aller 160 Betriebe ergebende durchschnittliche Schlagentfernung von 275 yards zugrunde gelegt.
7. Bei der Berechnung der Erntezeiten wurden die jeweilig pro Anbauperiode und Mechanisierungstyp sich ergebenden Verteilungen von HYV und LV berücksichtigt und jeweils Zeiten für Sicheln, Bündeln und Transport angesetzt.
8. Für das Dreschen wurden für LVs 10,5 Arbeitstage angesetzt (Dreschen mit Ochsen); HYVs werden in der Regel mit dem Pedaldrescher ausgedroschen, wofür 12,3 Arbeitstage aufgewendet werden müssen.
9. Für die Nach-Ernte-Arbeiten ging besonders der Wert für das Trocknen des Erntegutes ein. Für die Amon- und Boro-Ernte ergaben sich für das Trocknen auf Lehm 11,0 Arbeitstage, zusätzlich 0,3 Arbeitstage für den Transport und 1,5 Arbeitstage für das Worfeln. Für die klimatisch sehr viel ungünstigere Aus-Ernte im Monsun wurde die Trockenzeit mit 22,0 Arbeitstagen angesetzt, so daß sich für die gesamten Nach-Ernte-Arbeiten ein Zeitaufwand von 32,8 Arbeitstagen (pro 33 mds. ungeschälten Reis) pro acre ergibt. Diese Arbeiten werden fast ausschließlich von Frauen durchgeführt.
10. Basis für die einzelnen Mechanisierungstypen sind die aktuellen Anbauverhältnisse der 160 Untersuchungsbetriebe in Amon 1973, Boro 1973/74 und Aus 1974. Für je 100 acres Anbaufläche in Amon für die vier Mechanisierungstypen ergaben sich für Boro und Aus folgende Flächenteilung:

Amon	:	Boro	:	Aus	Mechanisierungstyp
100	:	-	:	111	Typ I, unbewässert, Ochsen (traditionell)
100	:	-	:	69	Typ II, unbewässert, Schlepper
100	:	51	:	52	Typ III, Tiefbrunnen, Ochsen
100	:	57	:	45	Typ IV, Tiefbrunnen, Schlepper

Quelle: eigene Erhebungen und Berechnungen

Tab. 11a Einsatz von Fremdarbeitskräften im Reisanbau nach Art der Arbeiten

- Amon 1973 -

Mechanisierungstyp	Fremd-AK-Einsatz	Art der Arbeiten: Pflügen und Schleppen[a] mit Arbeitstieren	Reinigung von Gräben	Verpflanzen von Reis	Düngen (org.u. Mineraldünger)	Jäten mit Handjätgerät[b]	Handjäten	Sicheln und Transport zum Betrieb	Dreschen	Vermarkten	insgesamt
Typ I (Traditionell) n = 37 c)	Arbeitstage pro acre (Gruppendurchschnitt)	3,2	0,5	10,9	0,2	0,2	7,5	10,5	0,4	0,1	33,5
	Anzahl der Betriebe mit Fremd-AK-Einsatz für	10	2	27	2	3	17	22	2	1	29 d)
	Arbeitstage pro acre für Betriebe mit Fremd-AK-Einsatz für	11,7	8,5	15,0	3,0	2,3	16,4	17,9	7,0	2,0	43,0
Tpy II (Schlepper) n = 39 c)	Arbeitstage pro acre (Gruppendurchschnitt)	3,2	2,2	12,0	0,4	0,6	6,2	12,5	1,1	-	38,2
	Anzahl der Betriebe mit Fremd-AK-Einsatz für	17	11	37	4	9	27	35	9	1	38 d)
	Arbeitstage pro acre für Betriebe mit Fremd-AK-Einsatz für	7,4	7,8	13,5	3,8	2,7	9,0	14,0	5,0	1,0	40,2
Typ III (Tiefbrunnen) n = 40 c)	Arbeitstage pro acre (Gruppendurchschnitt)	3,8	1,1	13,2	0,7	1,4	8,9	14,1	1,6	-	44,8
	Anzahl der Betriebe mit Fremd-AK-Einsatz für	13	8	37	5	14	29	36	9	1	38 d)
	Arbeitstage pro acre für Betriebe mit Fremd-AK-Einsatz für	11,2	5,9	14.2	5,2	3,9	12,5	15.8	7,2	1,0	47,1
Typ IV (Tiefbrunnen und Schlepper) n = 40 c)	Arbeitstage pro acre (Gruppendurchschnitt)	4,2	1,0	15,6	1,2	3,0	9,2	16,1	1,6	0,1	52,0
	Anzahl der Betriebe mit Fremd-AK-Einsatz für	18	4	39	11	20	27	38	8	1	40
	Arbeitstage pro acre für Betriebe mit Fremd-AK-Einsatz für	9,3	9,5	15,9	4,5	5,9	13,6	16,9	7,8	3,0	52,0

a) Schleppen = puddling oder laddering;
b) Handjätgerät = Handweeder;
c) Anzahl der Betriebe mit Reisanbau in Amon;
d) unterschiedlicher Anteil von Betrieben mit Fremd-AK-Einsatz; Differenz entspricht den Betrieben, die ausschließlich Familien-AK einsetzen.

Quelle: eigene Erhebungen

Tab. 11b Einsatz von Fremdarbeitskräften im Reisanbau nach Art der Arbeiten

- Boro 1973/74 -

Mechanisierungstyp	Fremd-AK-Einsatz	Art der Arbeiten: Pflügen und Schleppen[a] mit Arbeitstieren	Reinigung von Gräben	Verpflanzen von Reis	Düngen (org.u. Mineraldünger)	Jäten mit Handjätgerät[b]	Handjäten	Sicheln und Transport zum Betrieb	Dreschen	Vermarkten	insgesamt
Typ III (Tiefbrunnen) n = 36 c)	Arbeitstage pro acre (Gruppendurchschnitt)	2,9	0,4	14,7	1,0	1,1	7,5	14,4	1,6	-	43,6
	Anzahl der Betriebe mit Fremd-AK-Einsatz für	10	1	30	8	10	18	31	9	-	34 d)
	Arbeitstage pro acre für Betriebe mit Fremd-AK-Einsatz für	10,5	15,0	17,7	4,6	4,1	14,8	16,7	6,1	-	46,1
Typ IV (Tiefbrunnen und Schlepper) n = 35 c)	Arbeitstage pro acre (Gruppendurchschnitt)	3,7	1,0	18,4	4,0	4,0	9,0	18,4	2,1	-	60,6
	Anzahl der Betriebe mit Fremd-AK-Einsatz für	16	3	34	19	26	28	34	9	1	35
	Arbeitstage pro acre für Betriebe mit Fremd-AK-Einsatz für	8,2	13,0	18,9	7,4	5,3	11,3	18,9	8,0	1,0	60,6

a) Schleppen = puddling oder laddering;
b) Handjätgerät = Handweeder;
c) Anzahl der Betriebe mit Reisanbau in Boro;
d) unterschiedlicher Anteil von Betrieben mit Fremd-AK-Einsatz; Differenz entspricht den Betrieben, die ausschließlich Familien-AK einsetzen.

Quelle: eigene Erhebungen

Tab. 11c Einsatz von Fremdarbeitskräften im Reisanbau nach der Arbeit

- Aus 1974 -

Mechanisierungstyp	Fremd-AK-Einsatz	Art der Arbeiten									insgesamt
		Pflügen und Schleppen[a] mit Arbeitstieren	Reinigung von Gräben	Verpflanzen von Reis	Düngen (org. u. Mineraldünger)	Jäten mit Handjätgerät[b]	Handjäten	Sicheln und Transport zum Betrieb	Dreschen	Vermarkten	
Typ I (Traditionell) n = 37 c)	Arbeitstage pro acre (Gruppendurchschnitt)	2,5	-	8,6	0,5	0,5	7,3	9,8	0,9	-	30,1
	Anzahl der Betriebe mit Fremd-AK-Einsatz für	8	-	26	4	3	14	24	4	1	30 d)
	Arbeitstage pro acre für Betriebe mit Fremd-AK-Einsatz für	11,5	-	12,2	4,5	5,7	19,4	15,1	8,3	1,0	37,1
Typ II (Schlepper) n = 34 c)	Arbeitstage pro acre (Gruppendurchschnitt)	3,2	0,6	6,6	1,8	0,6	7,4	10,2	1,0	-	31,4
	Anzahl der Betriebe mit Fremd-AK-Einsatz für	14	2	22	11	9	24	27	6	-	34
	Arbeitstage pro acre für Betriebe mit Fremd-AK-Einsatz für	7,6	11,0	10,1	5,6	2,2	10,5	12,9	5,5	-	31,4
Typ III (Tiefbrunnen) n = 30 c)	Arbeitstage pro acre (Gruppendurchschnitt)	3,9	0,3	11,4	1,4	0,6	8,7	12,0	0,8	-	39,1
	Anzahl der Betriebe mit Fremd-AK-Einsatz für	10	1	20	5	5	17	23	5	1	27 d)
	Arbeitstage pro acre für Betriebe mit Fremd-AK-Einsatz für	11,8	11,0	17,2	8,4	3,6	15,3	15,7	4,8	1,0	43,4
Typ IV (Tiefbrunnen und Schlepper) n = 29 c)	Arbeitstage pro acre (Gruppendurchschnitt)	2,5	-	10,4	1,0	1,0	5,1	12,2	1,6	-	33,8
	Anzahl der Betriebe mit Fremd-AK-Einsatz für	10	-	22	6	7	17	26	7	-	28 d)
	Arbeitstage pro acre für Betriebe mit Fremd-AK-Einsatz für	7,3	-	13,7	4,7	4,1	8,8	13,7	6,7	-	35,0

a) Schleppen = puddling oder laddering;
b) Handjätgerät = handweeder;
c) Anteil der Betriebe mit Reisanbau in Aus;
d) unterschiedlicher Anteil von Betrieben mit Fremd-AK-Einsatz; Differenz entspricht den Betrieben, die ausschließlich Familien-AK einsetzen.

Quelle: eigene Erhebungen

Die in 14-Tage-Blöcken dargestellten Arbeitsanforderungen zeigen eine sehr ungleiche Arbeitsauslastung im Jahresverlauf und eine über Monate andauernde Überschneidung der einzelnen Anbauperioden. Lediglich der spätest mögliche Erntezeitpunkt für Amon ist festgelegt. Er liegt Anfang Januar, weil traditionsgemäß in dieser Zeit die Felder zum Beweiden freigegeben werden.

Legt man das Gesamtarbeitskräfteangebot für landwirtschaftliche Arbeiten in den vier Untersuchungsdörfern zugrunde, so ergibt sich für den Gesamtarbeitsbedarf für die Reisproduktion im Jahresverlauf, daß infolge des sehr hohen Familienarbeitskräftepotentials nur für insgesamt acht Wochen im Jahr ein zusätzlicher Bedarf an Fremdarbeitskräften bestehen müßte[1]. Der hohe Anteil Landloser und quasi Landloser und die zahlreichen Wanderarbeiter in den Dörfern schaffen jedoch ein hohes Angebot von Landarbeitern mit sehr geringen Lohnforderungen. Dies ist der Grund, warum insbesondere die größeren und besser gestellten Landbewirtschafter verstärkt auf Fremdarbeitskräfte zurückgreifen[2].

Die Tab. 11a - c weisen den Einsatz von Fremdarbeitskräften im Reisanbau jeweils nach Art der Arbeiten für drei Anbauperioden (Amon 1973 bis Aus 1974) und die vier Mechanisierungstypen aus. Danach werden in den Betrieben aller Mechanisierungstypen Fremdarbeitskräfte vornehmlich für das Verpflanzen, das Ernten und Jäten von Reis eingesetzt. Der Gesamteinsatz von Fremdarbeitskräften ist am höchsten in der Boro-Anbauperiode und deutlich niedriger in Amon und Aus.

Die Abb. 10 stellt dar, daß die Verwendung von Fremdarbeitskräften in den Betrieben der Mechanisierungstypen I bis IV progres-

---

1) Für acht Wochen ein Bedarf von durchschnittlich 23 v.H. über dem Familienarbeitskräftepotential; vergl. Anhang 3.
2) Die bearbeitete Fläche im Betrieb steht in einer direkten Beziehung zu der Anzahl der eingesetzten Fremdarbeitskräfte. Für Amon 1973 ergibt sich für die PEARSON's Produkt-Moment-Korrelation $r = 0{,}32218^{+++}$, für Boro 1973/74 $r = 0{,}47229^{+++}$ und für Aus 1974 $r = 0{,}17393^{+}$.

Abb. 10 Fremdarbeitskräfte-Einsatz in landwirtschaftlichen Betrieben nach Anbauperiode und Mechanisierungstyp (pro acre)

(Basis: 1 Jahr, 1973/74)

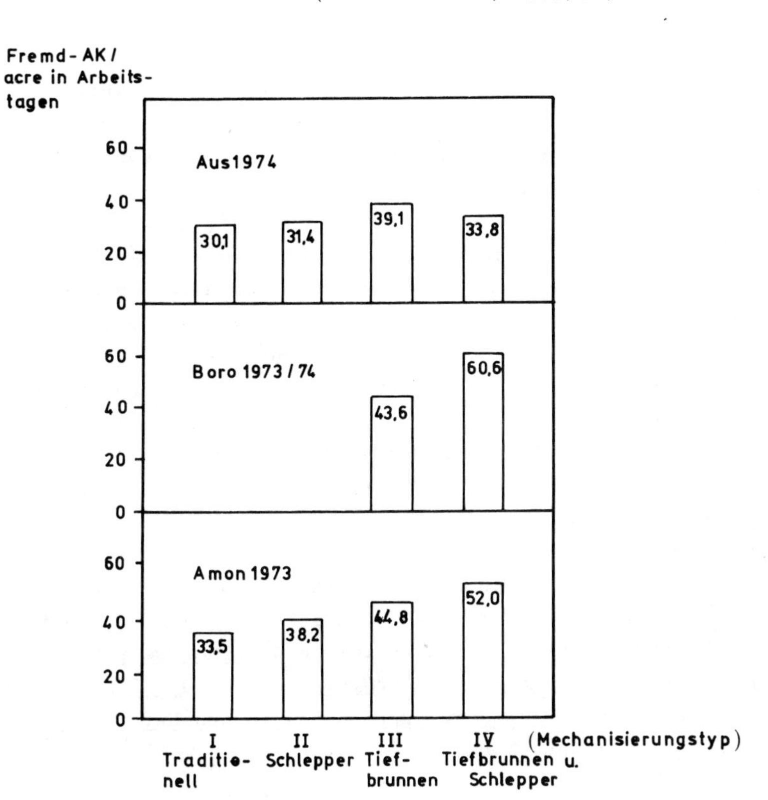

Quelle: eigene Erhebungen

siv ist[1]. Der mit der Nutzung von kapitalintensiver Technologie ansteigende Einsatz von Fremdarbeitskräften gilt für alle Anbauperioden, wobei lediglich durch die teilweise Kompensierung der Aus- durch die Boro-Anbauperiode in den Betrieben des Mechanisierungstyps IV eine im Verhältnis zum Arbeitseinsatz in den Betrieben des Mechanisierungstyps III geringere Verwendung von Fremdarbeitskräften in der Aus-Saison vorliegt.

Ein anderes Bild ergibt sich für den Fremdarbeitskräfteeinsatz für Nicht-Reisprodukte. In 79 von 160 Betrieben wurden Fremdarbeitskräfte für den Gemüseanbau in der Rabi-Saison 1972/74 eingesetzt[2] (Tab. 12).

Auf die Flächeneinheit bezogen ergibt sich für die Betriebe des Mechanisierungstyps IV zwar wieder der höchste Einsatz von Fremd-AK, doch die traditionell mechanisierten Betriebe (Mechanisierungstyp I) setzen nur 6 v.H. weniger Fremd-AK ein als die kapitalintensiv mechanisierten Betriebe des Mechanisierungstyps IV, während die Betriebe des Mechanisierungstyps III und II mit jeweils 23 bzw. 32 v.H. niedrigerem Einsatz deutlich weniger Fremdarbeitskräfte beschäftigen. Der Einsatz von Fremdarbeitskräften bezogen auf die Flächeneinheit liegt für die Betriebe mit Schleppereinsatz (Mechanisierungstyp II) am niedrigsten; es folgen die Betriebe mit Tiefbrunnenbewässerung (Mechanisierungstyp III), deren Fremd-AK-Einsatz pro Flächeneinheit ebenfalls sehr niedrig ist. Das heißt, daß Fremdarbeitskräfte in den Betrieben der Mechanisierungstypen II und III auf größeren Betriebsflächen eingesetzt werden als in den Betrieben der Mechanisierungstypen I und IV.

---

1) PEARSON's Produkt-Moment-Korrelation $r = 0,25473^{++}$ für Amon 1973, $r = 0,24561$ für Boro 1973/74 und $r = 0,08248$ für Aus 1974. Die Werte für Boro und Aus sind allerdings nicht signifikant.

2) Kartoffeln werden als Gemüse verwendet und wurden auf 72 v.H. der Gemüsefläche der Untersuchungsbetriebe angebaut.

Tab. 12 Einsatz von Fremdarbeitskräften im Gemüseanbau je Betrieb und pro acre nach Mechanisierungstypen, Rabi 1973/74
(n = 79, in Arbeitstagen)

Mechanisierungstyp	n	durchschnittlicher Fremd-AK-Einsatz in Arbeitstagen	
		je Betrieb	pro acre
1	2	3	4
I unbewässert, Ochsen	29	34,3	84,1
II unbewässert, Schlepper	11	57,9	61,4
III Tiefbrunnen, Ochsen	18	35,6	69,5
IV Tiefbrunnen, Schlepper	21	30,8	89,9
Durchschnitt		41,7	75,6

Quelle: eigene Erhebungen

Gemessen an den sehr kleinen durchschnittlichen Betriebsgrößen (1,7 acre LN) sind die Familien sehr groß und darum der Anteil der ökonomisch aktiven Familienmitglieder mit etwa 25 v.H. sehr niedrig[1]. Dennoch entfallen wegen der geringen Beschäftigungsmöglichkeiten außerhalb des landwirtschaftlichen Sektors auf jeden Betrieb durchschnittlich 1,3 Familienmitglieder, die in der Landwirtschaft arbeiten, und zwar in den größeren Betrieben ausschließlich im eigenen Betrieb und in den kleineren zusätzlich als Landarbeiter in anderen Betrieben[2].

---

1) Als ökonomisch aktiv sind alle männlichen Familienmitglieder älter als 16 Jahre gerechnet, unabhängig davon, ob sie wirklich arbeiten oder nicht; zu den 75 v.H. der ökonomisch nicht aktiven Familienmitglieder zählen alle Frauen, Mädchen und Jungen, wobei Kinder jünger als 10 Jahre als 0,5 gewertet sind.

2) Etwa ein Viertel der erwachsenen Familienmitglieder übte neben landwirtschaftlichen Tätigkeiten noch eine zweite Beschäftigung aus.

Abb. 11 Gesamtarbeitsaufwand für Reisanbau in unterschiedlichen Anbauperioden nach Familien- und Fremdarbeitskräfte-Aufwand für einzelne Mechanisierungstypen im Laufes eines Jahres (in Arbeitstagen)[a)]

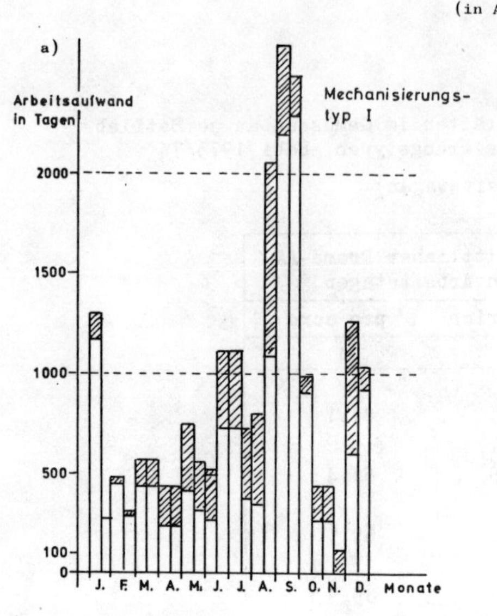

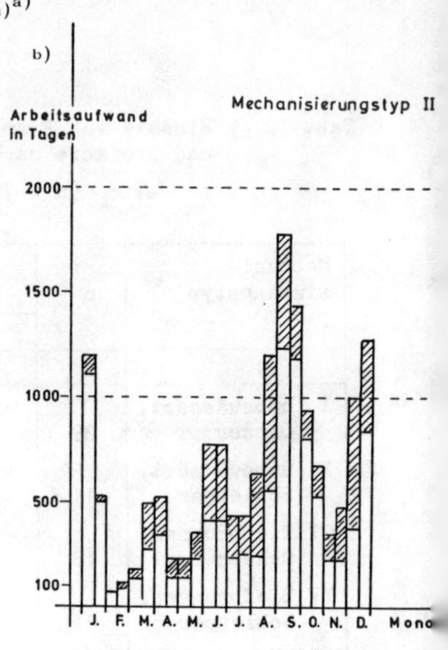

c)

Arbeitsaufwand in Tagen

Mechanisierungstyp III

2000 – 1500 – 1000 – 500 – 100 – 0

J. F. M. A. M. J. J. A. S. O. N. D. Monate

Arbeitsaufwand der ☐ Familienarbeitskräfte ▨ Fremdarbeitskräfte

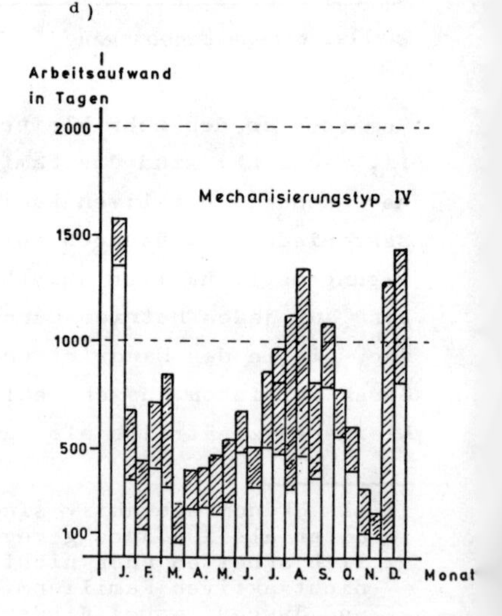

a) Basis für die einzelnen Mechanisierungstypen: Anbauverhältnisse in den einzelnen Anbauperioden (in v.H.) nach Mechanisierungstypen

Amon : Boro : Aus	Amon : Boro : Aus	
47 : - : 53	100 : - : 111	I; (traditionell)
59 : - : 41	100 : - : 69	II; (Schlepper)
49 : 25 : 26	100 : 51 : 52	III; (Tiefbrunnen)
50 : 28 : 22	100 : 57 : 45	IV; (Tiefbrunnen u. Schlepper)

Quelle: eigene Messungen und Berechnungen

Dabei gibt es in den Betrieben der verschiedenen Mechanisierungstypen keine nennenswerten Abweichungen von diesem Durchschnittswert.

Art und Umfang der landwirtschaftlichen Tätigkeiten der in der Landwirtschaft beschäftigten Familienmitglieder ist jedoch je nach Betriebsgröße unterschiedlich und unterscheidet sich auch in den Betrieben der verschiedenen Mechanisierungstypen. So ist der größere Landbewirtschafter häufig an nur wenigen körperlichen Arbeiten selbst beteiligt, sondern vielmehr dispositiv tätig bzw. übernimmt die Aufsicht der eingesetzten Landarbeiter. Der Grad der Beteiligung an landwirtschaftlichen Arbeiten von Familienmitgliedern wurde nach Art und Umfang der angegebenen Mithilfe in geringe, mittlere und hohe körperliche Arbeitsbeteiligung unterschieden. Danach ergab sich für die Schlepper verwendenden Betriebe (Mechanisierungstypen II und IV) ein deutlich geringerer Familienarbeitskräfteeinsatz als für die Familienmitglieder in den Betrieben der Mechanisierungstypen III und insbesondere I[1]. Vor allem gilt dieser geringe Familienarbeitskräfteeinsatz für Betriebe mit mehr als 2,0 acres LN in den Mechanisierungstypen II und IV[2]. Je kleiner der Betrieb andererseits, desto stärker wird auf familieneigene Arbeitskräfte zurückgegriffen, die besonders in den Kleinstbetrieben verstärkt auch außerhalb des eigenen Betriebes als Landarbeiter tätig werden.

Die Aufschlüsselung des Gesamtarbeitsaufwandes für den Reisanbau nach Familien- und Fremdarbeitskräfteeinsatz im Laufe eines Jahres ist aus Abb. 11a - d für die Untersuchungsbetriebe der vier Mechanisierungstypen erfolgt[3].

Die traditionell mechanisierten Betriebe (Abb. 11a) weisen eine deutliche Arbeitsspitze während der sommerlichen Ernte- und

---

1) Chi-Quadrat = 18,81284^{++} mit 6 FG.
2) Chi-Quadrat = 36,15565^{++} mit 18 FG.
3) Auf der Basis der in Abb. 9a - d dargestellten Berechnungsgrundlagen.

Abb. 12 Gesamtarbeitsaufwand für Reisanbau in 418 landwirtschaftlichen Betrieben in vier Dörfern Comilla Kotwali Thana nach Art der Arbeiten und nach Monaten (Amon 1973, Boro 1973/74, Aus 1974) (Angaben in Arbeitstagen)[a]

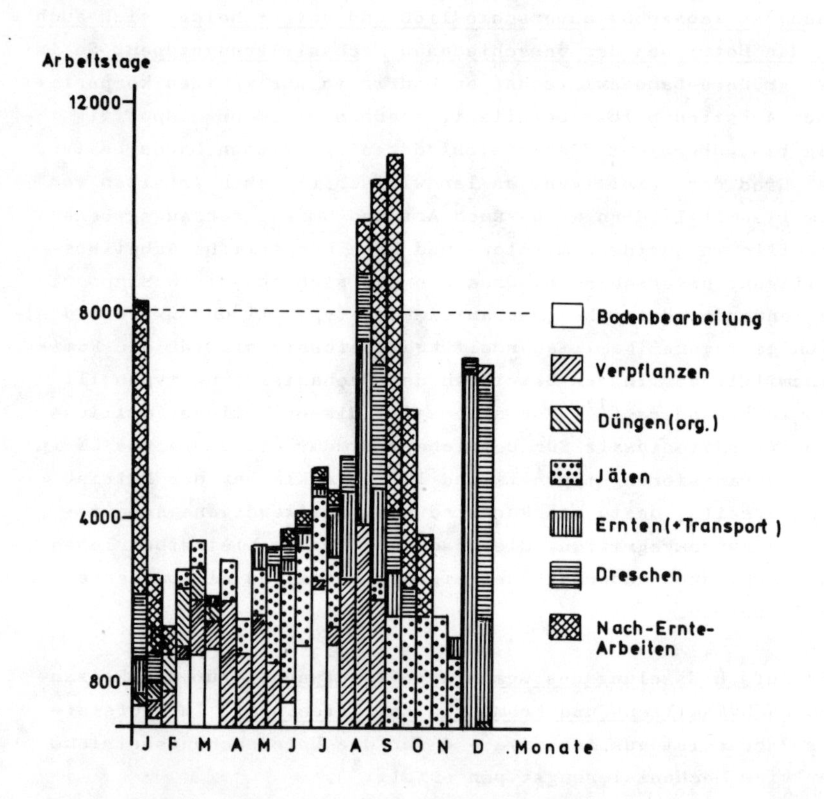

a) Insgesamt 726 acres LN (Nettoanbaufläche) mit 1 348 acres Bruttoanbaufläche; 21 v.H. der Nettoanbaufläche unter Bewässerung und auf 17 v.H. der Bruttoanbaufläche Bodenbearbeitung mit Schleppern durchgeführt; von den 418 Betrieben entfallen auf die Mechanisierungstypen I bis IV jeweils 50, 12, 20 und 18 v.H. der Betriebe; Berechnungsgrundlagen für AK-Einsatz: siehe Anmerkungen 1 - 10 von Abb. 9

Quelle: eigene Erhebungen und Berechnungen

Nachernteарbeiten für die Aus-Saison im August/September aus. In diese Zeitspanne fällt sowohl der höchste Familienarbeitskräfte- als auch der höchste Fremdarbeitskräfteeinsatz[1]. Erst mit deutlichem Abstand folgt die zweite Arbeitsspitze im Dezember/Januar, wenn die Amon-Ernte erfolgt. Der überproportionale Arbeitsanfall im Sommer fällt aber nur deshalb so deutlich aus, weil in die Erntezeit von Aus gleichzeitig die Verpflanzarbeiten für Amon fallen, wie Abb. 12 deutlich macht. Eine in der Tendenz ähnliche Verteilung des saisonalen Arbeitseinsatzes ist für die Schlepper verwendenden, nicht bewässernden Betriebe des Mechanisierungstyps II (Abb. 11b) gegeben, wenngleich die Ausprägung des Arbeitseinsatzes für Aus wegen der geringeren Bedeutung dieser Anbauperiode nicht so deutlich ausfällt wie in den Betrieben des Mechanisierungstyps I. Im Gegensatz zu den Betrieben der Mechanisierungstypen I und II gibt es in den Betrieben mit Tiefbrunnenbewässerung (Mechanisierungstypen III und IV, Abb. 11 c und d) eine deutliche Arbeitsspitze im Winter, wenn die Amon-Ernte erfolgt und die Verpflanzarbeiten für Boro anfallen. Trotz der relativ geringen Bedeutung von Aus mit 26 bzw. 22 v.H. Flächenanteil[2] ist aber auch in diesen Betrieben in der Aus-Erntezeit noch eine deutliche Arbeitsspitze zu erkennen, die sich durch den Arbeitseinsatz für das Reisverpflanzen von Amon und die arbeitsintensiven Nach-Ernte-Arbeiten für Aus erklären.

In Abb. 12 wird der Gesamtarbeitsaufwand für alle 418 landwirtschaftlichen Betriebe in den vier Untersuchungsdörfern nach der Art der im Jahresablauf anfallenden Arbeiten aggregiert.

Obgleich die Verteilung der einzelnen Mechanisierungstypen nicht gleichgewichtig ist und allein die Betriebe des Mechanisierungstyps I die Hälfte aller Betriebe stellen, trägt die Aufschlüsselung des Arbeitsaufwandes zum Verständnis der Ursachen für das Zustandekommen der einzelnen Arbeitsspitzen

1) Besonders die von Frauen durchgeführten Nach-Ernte-Arbeiten tragen in dieser Zeit zu dem sehr hohen Arbeitskräfteeinsatz bei.
2) Gegenüber 53 bzw. 41 v.H. für die Mechanisierungstypen I und II respektive.

bei[1] und soll als Erläuterung für Abb. 11 dienen. In Abb. 12 nämlich wird deutlich, daß auch ohne Berücksichtigung der Nach-Ernte-Arbeiten die höchste Arbeitsspitze zur Zeit der Aus-Ernte auftritt.

Die Berücksichtigung der Nach-Ernte-Arbeiten kann bei der vergleichenden Betrachtung des Familien-, Fremd- und Gesamtarbeitskräfteeinsatzes für die Reisproduktion eine Verzerrung in zweifacher Weise ergeben. Zum einen ist die genaue Berechnung des erforderlichen Arbeitsaufwandes in den einzelnen Jahreszeiten nicht unproblematisch (s.o.). Zum anderen muß die Gruppe der weiblichen Arbeitskräfte, die gemäß dem herrschenden Wert-Normen-System lediglich an Hofarbeiten beteiligt ist, gesondert betrachtet werden, da sie ein gesondertes Arbeitskräftepotential darstellt, das für Feldarbeiten nicht verfügbar ist. Die sich im Rahmen der Mechanisierungsdiskussion ergebenden Fragestellungen zielen aber zunächst auf solche im Zusammenhang mit Bewässerungs- und Bodenbearbeitungsmechanisierung ab. Für den folgenden Vergleich der Beschäftigungsauswirkungen nach dem Grad der Verwendung kapitalintensiver Mechanisierung sollen deshalb aus operationalen Gesichtspunkten die Auswirkungen der vier Mechanisierungstypen auf den Nach-Ernte-Arbeitsaufwand durch Frauen nicht mit einbezogen werden[2].

Im Verhältnis zu den Betriebsdurchschnitten für die traditionell mechanisierten Betriebe weicht der Gesamtarbeitsaufwand pro acre in den Betrieben mit Tiefbrunnenbewässerung (Mechanisierungstypen III und IV) nur unwesentlich nach oben (plus 3 v.H. für Mechanisierungstyp III) und unten ab (minus 5 v.H. für Betriebe des Mechanisierungstyps IV). Deutlich weniger Gesamt-Arbeitskräfteeinsatz (minus 12 v.H.) ist für die Schlepper

1) Die hier dargestellte Aufschlüsselung der Arbeiten für die Reisproduktion spiegelt zudem sehr viel eher die typischen Verhältnisse in bengalischen Dörfern wider, in denen die traditionell mechanisierten Betriebe stärker vertreten sind.
2) Wenngleich dabei nicht verkannt wird, daß dieser Arbeitsaufwand nach Produktionshöhe und Saison in unterschiedlicher Höhe anfällt, wie aus den Abb. 11 (a - d) und 12 entnommen werden kann.

Tab. 13 Gesamtarbeitsaufwand für Reisanbau[a] nach Mechanisierungstypen
- Basis: 1 acre und 1 Jahr (3 Saisons) -

(in Arbeitstagen und in v.H. zur Kontrollgruppe = Betriebe des Mechanisierungstyps I)

Mechanisierungstyp	Arbeitstage			Abweichungen der Beschäftigungsintensität[b] in v.H.		
	Familien-AK	Fremd-AK	Gesamt-AK	Familien-AK	Fremd-AK	Gesamt-AK
1	2	3	4	5	6	7
I unbewässert, Ochsen	101,1	51,9	153,0	100	100	100
II unbewässert, Schlepper	68,8	67,2	136,0	68	129	88
III Tiefbrunnen, Ochsen	78,8	79,8	158,6	78	154	103
IV Tiefbrunnen, Schlepper	55,5	89,9	145,4	55	173	95

a) Nacherntearbeiten sind nicht in die Berechnungen eingegangen, da diese zum größten Teil von Frauen erledigt werden;
b) Basis: Arbeitskräfte-Einsatz für Betriebe des Mechanisierungstyps I = 100.

Quelle: eigene Erhebungen und Berechnungen

verwendenden Betriebe des Mechanisierungstyps II festzustellen. Die Hauptursache für diesen Sachverhalt ist darin zu sehen, daß die Betriebe des Mechanisierungstyps I neben der Amon-Anbauperiode intensiv die Aus-Saison nutzen, während das in den Betrieben des Mechanisierungstyps II weit weniger gegeben ist und zu einer geringeren Bruttoanbaufläche führt. In den bewässerten Betrieben wird dagegen nahezu die gleiche Bruttoanbaufläche realisiert, wobei die Aus-Saison im Verhältnis zu den traditionell mechanisierten Betrieben etwa zur Hälfte durch Boro kompensiert wird, was insgesamt in etwa die gleiche Beschäftigungsintensität nach sich zieht.

Der Grad der Verwendung von Familien- und Fremdarbeitskräften ist jedoch in den Betrieben der verschiedenen Mechanisierungstypen sehr unterschiedlich. So werden Familienarbeitskräfte am wenigsten in den Schlepper verwendenden Betrieben eingesetzt (Mechanisierungstypen II und insbesondere IV), aber auch die Betriebe mit Tiefbrunnenbewässerung (Mechanisierungstyp III) liegen mit 22 v.H. niedrigerem Familienarbeitskräfteeinsatz deutlich unter dem der traditionell mechanisierten Betriebe. Demgegenüber ist die Verwendung von Fremdarbeitskräften in den Betrieben der Mechanisierungstypen II und IV deutlich höher als in denen des Mechanisierungstyps I. Die Betriebe des Mechanisierungstyps II haben eine um 29 v.H., die der Mechanisierungstypen III und IV eine um gar 54 bzw. 73 v.H. höhere Verwendung von Fremdarbeitskräften als die traditionell mechanisierten Betriebe.

Als Gründe für die geringere Verwendung von Fremdarbeitskräften in den traditionell mechanisierten Betrieben sind neben der etwas geringeren durchschnittlichen Betriebsgröße vor allem die für diese Betriebsgruppe geltende relativ große Bedeutung von Aus für die Reisproduktion zu erwähnen. In dieser Saison führen das hohe Anbaurisiko und die verhältnismäßig niedrigen Erträge zu einer im Vergleich zu den anderen Betrieben geringeren Kapitalausstattung, die den Einsatz von Fremdarbeitskräften limitiert.

3.2.2 Anbauintensität[1)]

Die Bereitstellung von Bewässerungsmöglichkeiten und Schleppern ist mit der Absicht erfolgt, die herrschende Anbauintensität zu steigern. Nach den Beschäftigungsauswirkungen sollen deshalb im folgenden die Auswirkungen der Mechanisierung auf die Anbauintensität untersucht werden, denn die unterschiedlich hohe Anbauintensität hat einen hohen Erklärungswert für das Zustandekommen der insgesamt erzielten pflanzlichen Produktion pro Flächeneinheit. Die Vergleiche zwischen den Mechanisierungstypen werden auch nach den jeweiligen Betriebsgrößenklassen innerhalb der Mechanisierungstypen vorgenommen.

1) Ernten pro Jahr; eine Ernte pro Jahr entspricht einer Anbauintensität von 100 v.H.

Die sich im Durchschnitt aller Untersuchungsbetriebe ergebende Anbauintensität von 167 v.H. ergibt sich vor allem durch den Reisanbau, dessen durchschnittliche Anbauintensität allein mit 155 v.H. an der Gesamtanbauintensität beteiligt ist.

Vergleicht man die Gesamtanbauintensität in den verschiedenen Betriebsgrößenklassen (siehe Tab. 14), so ergeben sich die höchsten Intensitäten in den kleinsten Betrieben, die niedrigsten in den Betrieben zwischen 2,0 und 3,0 acres und insbesondere in solchen mit mehr als 4,0 acres landwirtschaftlicher Nutzfläche[1].

Die durchschnittliche Anbauintensität für Reis ist in den Betrieben mit und ohne Bewässerung jeweils etwa gleich hoch[2]. Betrachtet man die Gesamtanbauintensität, so ergeben sich für Betriebe der Mechanisierungstypen III und IV ebenfalls nahezu gleiche Werte, doch während die Gesamtanbauintensität gegenüber derjenigen für Reis für Betriebe des Mechanisierungstyps II kaum angestiegen ist, kann für die traditionell mechanisierten Betriebe eine deutlich höhere Anbauintensität festgestellt werden, die sich vornehmlich auf den Anbau von Gemüse (besonders Kartoffeln) zurückführen läßt. Es gibt eine deutliche Beziehung zwischen den vier Mechanisierungstypen und der Gesamtanbauintensität[3], und insbesondere der Anbauintensität von Reis[4].

Wie Tab. 14 ausweist, hat der für die Bodenbearbeitung verwendete Schlepper in den Betrieben des Mechanisierungstyps II nicht zu einer Erhöhung der Anbauintensität beigetragen. Das durch den Schlepper in Form von Zug- und Schlagkrafterhöhung gegebene Po-

---

1) Die Korrelation zwischen Anbaufläche und Anbauintensität ergibt jedoch keine Signifikanz (PEARSON's r = 0,09968).
2) 142 und 141 v.H. für die Mechanisierungstypen I und II und 167 und 169 v.H. für die Mechanisierungstypen III und IV, vergl. dazu Tab. 14.
3) PEARSON's Produkt-Moment-Korrelation r = 0,15019^{+}.
4) PEARSON's Produkt-Moment-Korrelation r = 0,29368^{+++}.

Tab. 14 Gesamtanbauintensität und Anbauintensität für Reis in 160 Betrieben nach Betriebsgrößenklassen und Mechanisierungstypen (in v.H.)

- Basis: 1 Jahr (Amon 1973, Boro 1973/74, Aus 1974 -

Bewirtschaftete Fläche (acres)	Gesamtanbauintensität Mechanisierungstyp[a)]				Anbauintensität für Reis Mechanisierungstyp[a)]			
	I	II	III	IV	I	II	III	IV
1	2	3	4	5	6	7	8	9
unter 0,5	185	160	200	200	153	143	200	200
0,5 - unter 1,0	157	153	188	213	130	150	187	213
1,0 - unter 1,5	150	139	167	187	134	139	156	182
1,5 - unter 2,0	171	149	175	172	137	140	170	161
2,0 - unter 3,0	178	153	171	164	156	141	159	157
3,0 - unter 4,0	174	164	160	210	146	152	148	205
4,0 und mehr	-	134	179	148	-	121	168	136
Durchschnitt	168	149	175	176	142	141	167	169

a) Mechanisierungstyp: I = unbewässert, Ochsen (traditionell); II = unbewässert, Schlepper; III = Tiefbrunnen, Ochsen; IV = Tiefbrunnen, Schlepper;

Quelle: eigene Erhebungen

tential zu einer Anbauintensitätserhöhung in den Schlepper verwendenden Betrieben ist nicht genutzt worden, und der Schlepper ist lediglich ein Substitut für Arbeitstiere gewesen. Im Gegensatz zu den traditionell mechanisierten Betrieben (Mechanisierungstyp I) ist jedoch auch das Potential für die arbeitsintensive, traditionelle Handbewässerung in den Betrieben des Mechanisierungstyps II kaum ausgenutzt worden, so daß kaum Gemüse angebaut wurde.

Desgleichen führte die Verwendung des Schleppers in den bewässernden Betrieben (Mechanisierungstyp IV) gegenüber den mit Ochsen wirtschaftenden Betrieben (Mechanisierungstyp III) zu keiner Anbauintensitätssteigerung.

Lediglich die Verfügbarkeit von Bewässerungswasser (Tiefbrunnenbewässerung in den Betrieben der Mechanisierungstypen III und IV) führte zu einer Erhöhung der durchschnittlichen Anbauintensität für Reis von 18 bzw. 19 v.H. gegenüber der Anbauintensität traditionell mechanisierter Betriebe. Die Nutzung von traditioneller Bewässerung in den Betrieben des Mechanisierungstyps I führte bei der Gesamtanbauintensität jedoch nur noch zu einer um 4 bzw. 5 v.H. höheren Anbauintensität der tiefbrunnenbewässerten Betriebe (Mechanisierungstyp III bzw. IV) gegenüber den traditionell bewässernden Betrieben, weil die Aus-Saison durch die Boro-Anbauperiode zum Teil substituiert wird[1].

Im Verhältnis zum Landesdurchschnitt war die sich im Durchschnitt aller Untersuchungsbetriebe ergebende Gesamtanbauintensität von 167 v.H. um 17 v.H. höher (143 v.H. für 1971/72)[2]. Unter günstigen Voraussetzungen sind im Untersuchungsgebiet drei Reisernten pro Jahr möglich. Soll die Anbauintensität maximiert werden, müssen neben der oben erwähnten Verfügbarkeit über künstliche Bewässerungsmöglichkeiten (im Winter) folgende

---

1) Wegen des ungleich höheren Anbaurisikos für Aus; vergl. dazu Kap. 3.2.3.
2) Ministry of Agriculture, a.a.O., Dacca 1974, p. 47.

Vorbedingungen erfüllt sein:

- angemessene natürliche Wasserbedingungen (insbesondere nicht zu viel Wasser in den Monsunmonaten Juni bis August),
- Vorhandensein angepaßter, frühreifender Reissorten, wie beispielsweise 'China 1', 'IR-20', 'Chandina' etc.[1],
- rechtzeitige Verfügbarkeit geeigneter Reis-Setzlinge zum Verpflanzen (Deckung des Angebots durch eigene Saatbeete auf höher gelegenen Teilstücken oder durch Reis-Keimpflanzen im Markt),
- Verfügbarkeit eines angemessenen Zugkraftangebotes für eine rasche Bodenbearbeitung durch eigene Zugtiere oder überbetrieblich eingesetzte Schlepper und ein
- ausreichend großes Arbeitskräfteangebot, besonders während des Verpflanzens und der Ernte von Reis.

Auch kleinflächig können sehr stark wechselnde Wasserverhältnisse auftreten, durch die die mögliche Anbauintensität stark determiniert wird. Dies führt dazu, daß auch in den bewässernden Betrieben lediglich auf 8 bzw. 9 v.H. der Anbaufläche (Mechanisierungstyp III bzw. IV) ein dreimaliger Anbau von Reis pro Jahr realisiert wurde[2]. Die potentiell mögliche Fläche für einen dreimaligen Reisanbau liegt sicherlich erheblich höher, aber auf eine Ausdehnung der Anbauintensität wird insbesondere in den größeren Betrieben zu Lasten der unsicheren Aus-Anbauperiode verzichtet.

3.2.3 Zeitliche Anbauplanung

Sieht man zunächst von dem im vorherrschenden Bodennutzungssystem weniger bedeutenden Rabi-Anbau ab, dessen Flächenanteil positiv mit der traditionell bewässerten Fläche korreliert[3], so lassen sich drei mögliche Anbauperioden pro Jahr für den

---

1) Die bislang noch wichtigste Amon-Anbauperiode dauert mindestens 120 bis 140 Tage; sollen drei Ernten pro Jahr erzielt werden, dürfen die Aus- und Boro-Sorten jeweils vom Verpflanzen bis zur Ernte nicht mehr als 90 bis 100 Tage benötigen.
2) Für alle 160 Betriebe durchschnittlich auf 5 v.H. der Reisanbaufläche ein dreimaliger Anbau pro Jahr.
3) PEARSON's-Produkt-Moment-Korrelation $r = 0,81765^{+++}$.

Tab. 15 **Anbauflächenverteilung für Reis in 160 Betrieben nach Mechanisierungstypen (in v.H. und je 100 acres Amonfläche)**

- Amon 1973, Boro 1973/74, Aus 1974 -

Mechanisierungstyp	Anbauperiode					
	Amon	Boro	Aus	Amon	Boro	Aus
	Flächenanteil in v.H.			Flächenanteil je 100 acres Amon - in acres		
1	2	3	4	5	6	7
I unbewässert, Ochsen	47	-	53	100	-	111
II unbewässert, Schlepper	59	-	41	100	-	69
III Tiefbrunnen, Ochsen	49	25	26	100	51	52
IV Tiefbrunnen, Schlepper	50	28	22	100	57	45

Quelle: eigene Erhebungen

Reisanbau unterscheiden. Je nach Mechanisierungstyp sind die einzelnen Anbauperioden Amon, Boro und Aus von unterschiedlicher Bedeutung für die einzelnen Betriebsgruppen. Wie der relative und der auf Amon bezogene Flächenanteil für die drei Saisons für 1973/74 ausgesehen hat, ist in Tab. 15 dargestellt.

Bezogen auf die je Mechanisierungstyp vorhandene Gesamtanbaufläche der je vier Betriebsgruppen zu je 40 Betrieben ist in Abb. 13a - d der im Jahresablauf und je Anbauperiode mit Reis bebaute Flächenanteil abgetragen[1].

Für alle vier Mechanisierungstypen gilt, daß die einzelnen Anbauperioden nicht klar voneinander getrennt werden können, sondern sich zeitlich teilweise überlagern. Der Verpflanztermin

---

1) In Form einer Summenkurve; es finden also keine Überlagerungen der Fläche statt.

Abb. 13 Reisanbaufläche nach Mechanisierungstypen, Monaten und Anbauperioden in Amon 1973, Boro 1973/74 und Aus 1974

(in v.H. zur Gesamtanbaufläche)

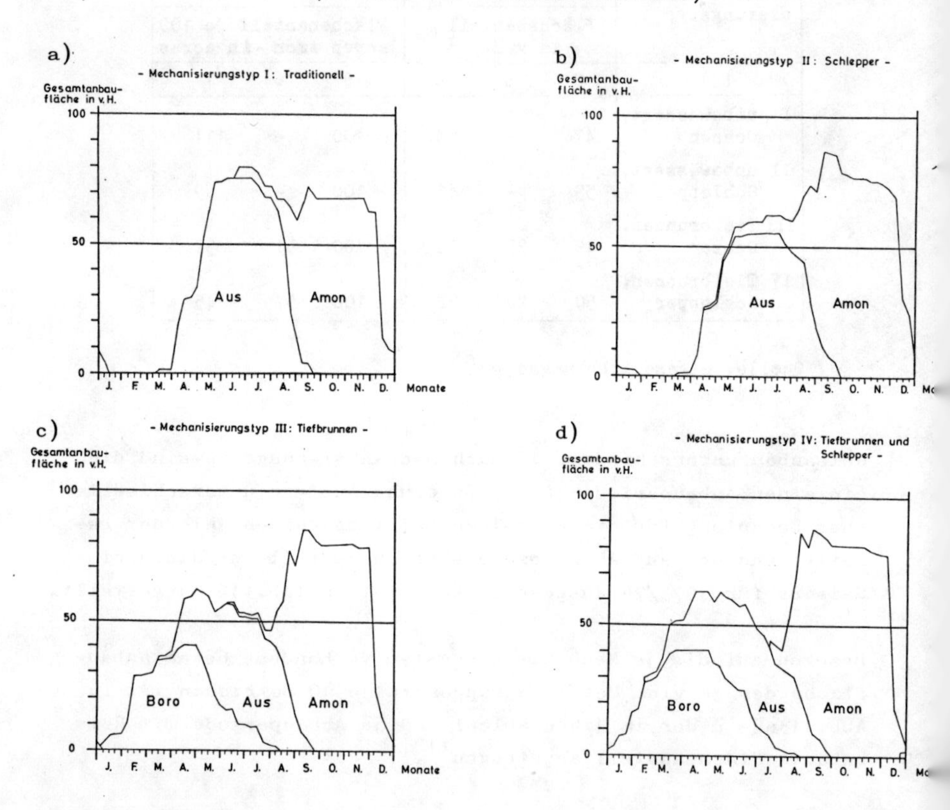

Quelle: eigene Erhebungen und Berechnungen

für Aus fällt mit einer zeitlichen Verzögerung von vier bis acht Wochen teilweise noch in die Verpflanzzeit von Boro, doch Boro ist von Aus durch die in dieser Anbauperiode verwendete künstliche Bewässerung klar zu trennen. Terminologisch schwieriger sind demgegenüber die zeitlichen Überlagerungen für Aus und Amon voneinander abzugrenzen.

Die Ausdehnung einer Anbauperiode über teilweise mehr als ein halbes Jahr, die eine Steigerung der Anbauintensität behindert, hat verschiedenartige Ursachen:

- Beginn, Intensität und Dauer der erwarteten Monsunregen lassen sich nicht voraussagen; die zeitliche Anbauplanung für Aus und Amon wird dadurch sehr erschwert. Wenngleich durch die Anlage von Saatbeeten eine zeitliche Flexibilität von mehreren Wochen erreicht werden kann, wird im Zuge einer Risikominimierung von unterschiedlichem Witterungsverlauf ausgegangen. Die Vorplanung für den Anbau wird deshalb so ausgestaltet, daß sich auch in klimatischen Extremsituationen keine vollständige Mißernte ergeben kann. Diese mehrstufige Anbauvorbereitung schließt somit eine maximale Flächenausnutzung aus.

- Neben der zeitlich gestaffelten Anbauplanung unter Zugrundelegung eines nicht vorhersehbaren Witterungsverlaufes, wird besonders in Aus weitgehend auf spät reifende Lokalsorten zurückgegriffen, die an die klimabedingten Schwankungsbreiten sehr viel besser angepaßt sind als früh reifende, hochertragreiche Neuzüchtungen (HYV), die durch ihre kürzere Anbauzeit die Voraussetzung für eine Steigerung der Anbauintensität darstellen.

- Engpässe in der Zugkraftausstattung der Betriebe führen zu einer zeitlichen Ausdehnung der Bodenbearbeitungszeit. Die Arbeitstiere werden während der anstehenden Bodenbearbeitung für die neue Saison noch weitgehend zusätzlich zum Dreschen für die davor liegende Anbauperiode benötigt. Diese Doppelbelastung der Arbeitstiere senkt die betriebliche Schlagkraft, so daß sich die Bodenbearbeitung für die nächste Saison über Wochen erstreckt. Der Einsatz überbetrieblich eingesetzter Schlepper führt zwar zu einer Verkürzung der Bodenbearbeitungszeit (vergl. Abb. 13c und d), doch wird auch in den Schlepper verwendenden Betrieben die zeitliche Anbauplanung durch suboptimale Verfügbarkeit des Schleppers eingeschränkt (siehe Kap. 3.1.2).

- In der Boro-Anbauperiode sind die Verzögerungen des Bewässerungstermins hauptverantwortlich für die zeitliche Ausdehnung dieser Saison (siehe Kap. 3.1.2).

Während die klimabedingten Verzögerungen insbesondere in der Aus-Anbauperiode nur durch große Investitionen[1] in ihren Auswirkungen abgeschwächt werden können, sind die organisationsbedingten Schwierigkeiten sehr viel leichter zu beseitigen.

Die Verzögerungen beim Einsatz von kapitalintensiver Mechanisierung, die die zeitliche Anbauplanung für den Landbewirtschafter stark erschweren, bewirken nicht nur eine Verringerung der potentiell möglichen Anbauintensität, sondern führen auch zu einer Verringerung der potentiell erzielbaren Flächenerträge. Dies gilt beispielsweise für den verspätet eingesetzten Schlepper, wenn durch die Verspätung die photosensitiven, hochertragreichen Sorten wie z.B. 'IR-20' nach Mitte Juli bis Mitte August verpflanzt werden müssen und somit keine maximalen Ernten mehr erzielt werden können. Für die Verzögerungen des Bewässerungstermins müssen pflanzenbaulich bedingte Ertragseinbußen von bis zu 50 v.H. hingenommen werden[2]. Hinzu kommt, daß sich die Boro-Saison mit zunehmender Verzögerung des Bewässerungstermins immer stärker in die klimaabhängige Monsunzeit verschiebt, in der das hohe Anbaurisiko für die ansonsten sehr sichere Boro-Anbauperiode zu mehr oder weniger großen Ertragsausfällen führen kann.

<u>Die zeitliche Ausdehnung der Aus-Anbauperiode ist in den traditionell mechanisierten Betrieben für eine Änderung des Bodennutzungssystems verantwortlich.</u> Trotz der im Verhältnis zum Gemüseanbau sehr viel höheren, potentiell erzielbaren Deckungsbeiträge durch Reisanbau in der Amon-Saison, ist <u>durch die zeitliche Verzögerung in Aus</u> die <u>verbleibende Vegetationszeit für Amon-Reis häufig nicht mehr ausreichend</u>. Deshalb wird der relativ kurze Anbauzeiten beanspruchende Gemüseanbau in den Betrieben des Mechanisierungstyps I relativ zu den Betrieben der drei anderen Mechanisierungstypen intensiv betrieben - zu Lasten eines Amon-Reisanbaues.

---

1) Flußregulierungen mit Vorflutern, Entwässerungskanälen, Eindeichungen etc..
2) Vergl.: BARI, F., Causes and Effects of Late Operations of Pumps and Tubewells in Comilla Kotwali Thana (1973-74), BARD, Comilla 1975, p. 4f.

3.2.4 Verwendung biologischer und chemischer Inputs

In diesem Kapitel wird nacheinander untersucht, ob und, wenn ja, in welchem Ausmaße Unterschiede in der mengen- und wertmäßigen Verwendung von neuem Saatgut, von Düngemitteln und Pestiziden zwischen den Betrieben der einzelnen Mechanisierungstypen bestehen. Außerdem wird der Frage nachgegangen, auf welche Einflußfaktoren diese etwaigen Unterschiede bei der Anwendung biologischer und chemischer Inputs zurückgeführt werden können.

Aus der oben dargestellten unterschiedlichen Nutzung der einzelnen, klimatisch differenzierten Anbauperioden in den Betrieben der verschiedenen Mechanisierungstypen läßt sich bereits erwarten, daß das Verhältnis von lokalen (LV) zu hochertragreichen (HYV) Sorten in den Betrieben der einzelnen Mechanisie-

Tab. 16 Anbauflächenverteilung von hochertragreichen (HYV) und lokalen (LV) Reissorten in 160 Betrieben nach Mechanisierungstyp und Anbauperiode (in v.H. der jeweiligen Betriebsflächen u.Anbauperioden)
- Amon 1973, Boro 1973/74, Aus 1974 -

Mechanisierungstyp	Anbauperiode						Durchschnitt aller Anbauperioden	
	Amon 1973		Boro 1973/74		Aus 1974			
	HYV[a]	LV[b]	HYV[a]	LV[b]	HYV[a]	LV[b]	HYV[a]	LV[b]
1	2	3	4	5	6	7	8	9
I unbewässert, Ochsen	35	65	-	-	59	41	47	53
II unbewässert, Schlepper	47	53	-	-	38	62	43	57
III Tiefbrunnen, Ochsen	46	54	97	3	45	55	63	37
IV Tiefbrunnen, Schlepper	55	45	100	-	45	55	67	33

a) vornehmlich hochertragreiche Reissorten (HYV) angebaut;
b) vornehmlich lokale Reissorten (LV) angebaut.

Quelle: eigene Erhebungen

rungstypen unterschiedlich ist.

Aber auch innerhalb der Anbauperioden gibt es in den Betrieben der verschiedenen Mechanisierungstypen unterschiedliche Relationen zwischen lokalen und HYV-Sorten, wie Tab. 16 ausweist.

So werden hochertragreiche Sorten in der Amon-Saison in den traditionell mechanisierten Betrieben lediglich in etwa einem Drittel der Betriebe vornehmlich angebaut, während in den Betrieben der Mechanisierungstypen II bis IV in etwa der Hälfte der Betriebe vornehmlich HYV-Reissorten angebaut werden. In Boro werden fast ausschließlich HYV-Reissorten verwendet. Demgegenüber verwenden in Aus überproportional viele traditionell mechanisierte Betriebe vornehmlich hochertragreiche neue Reissorten, während der entsprechende Anteil in den Schlepper verwendenden Betrieben besonders niedrig liegt. Wird der Durchschnitt aus allen Anbauperioden in den verschiedenen Mechanisierungstypen miteinander verglichen, so ergeben sich ähnliche Anteile für die vornehmlich HYV-Reissorten verwendenden Betriebe in den Mechanisierungstypen I und II (47 bzw. 43 v.H.). Auch in den bewässernden Betrieben der Mechanisierungstypen III und IV ergeben sich (mit 63 bzw. 67 v.H.) zwischen den beiden Betriebsgruppen ähnlich hohe Anteile für die vornehmlich HYV-Reissorten verwendenden Betriebe, doch liegt deren Anteil deutlich über dem der nicht bewässernden Betriebe[1].

Lediglich einer der Befragten gab an, noch nie HYV-Reissorten angebaut zu haben. Die meisten Landbewirtschafter (71 v.H.) verwenden HYV seit 1966 - 1968. Ein Fünftel der Befragten setzte diese Innovation zum ersten Mal zwischen 1969 und 1971 ein. 6 v.H. verwendeten hochertragreiche Reissorten erst seit 1972 bis 1975, ein Befragter bereits seit Anfang der 60-er Jahre. Die

---

1) Im Landesdurchschnitt wurden 1973/74 auf 16 v.H. der Reisanbaufläche HYV-Reissorten verwendet; vergl. dazu: Ministry of Agriculture, a.a.P., Dacca 1974, p. 26.

Übernahme neuer Sorten hängt weder vom Mechanisierungsgrad noch von der Betriebsgröße ab. Demgegenüber besteht ein enges genossenschaftsspezifisches Übernahmeverhalten, so daß eine enge Beziehung zwischen den jeweiligen Primärgenossenschaften und dem Übernahmezeitpunkt neuer hochertragreicher Reissorten festgestellt werden kann[1].

HYV-Reissaatgut wurde in den Betrieben der Mechanisierungstypen I - IV im Jahre 1973/74 lediglich in jeweils 10, 15, 5 und 10 v.H. der Fälle gekauft, weil in der Regel auf eigenes, nachgebautes Saatgut zurückgegriffen wurde.

An Handelsdünger werden im Untersuchungsgebiet praktisch nur Harnstoff (N-Gehalt 46 v.H.), Tripel - Superphosphat (Gehalt an P_2O_5 46 v.H.) und Kali (K_2O-Gehalt 60 v.H.) verwendet.

Tab. 17 gibt den Dünger- und Pestizidverbrauch für die Untersuchungsbetriebe während eines Jahres wieder.

Die Höhe des Düngermittelverbrauches macht deutlich, daß es nicht die 'progressive farmers' mit Verwendung kapitalintensiver Mechanisierung sind, die den höchsten Düngermittelverbrauch haben, sondern im Gegenteil gerade die traditionell mechanisierten Betriebe. Besonders hoch ist der Düngereinsatz in den Kleinbetrieben (weniger als 1,5 acre LN) des Mechanisierungstyps I, für die der N-, P- und K-Verbrauch teilweise erheblich über dem Durchschnitt dieser Betriebsgrößengruppe liegt, wobei der N-Verbrauch sogar den absolut höchsten Verbrauchswert darstellt.
Aber auch für die anderen beiden Betriebsgrößenklassen ist der Düngerverbrauch in den Betrieben dieses Mechanisierungstyps I überdurchschnittlich, wenn man vom K-Verbrauch in den Betrieben mit mehr als 1,5 acre LN absieht. Wider Erwarten weicht der Düngerverbrauch besonders stark in den Betrieben des Mechanisierungstyps IV ab, in denen ein unterdurchschnittlicher Düngerverbrauch

---

1) Chi-Quadrat = $67{,}27044^{+++}$ mit 28 FG.

Tab. 17 Verbrauch chemischer Inputs für Amon 1973, Boro 1973/74 und Aus 1974 nach Mechanisierungstyp und Betriebsgrößenklasse

(für Dünger in seers/acre Bruttoanbaufläche, für Pestizide in seers/acre LN)

Mechanisierungstyp[a)]	Betriebsgröße (acres)	Düngerverbrauch (seers/acre)			Pestizidverbrauch (seers/acre LN)
		Harnstoff	Tripel-Super Phosphat	Kali	
1	2	3	4	5	6
I	unter 1,5	44,0	33,0	14,8	0,3
	1,5 - unter 3,0	30,6	22,4	12,0	0,3
	3,0 und mehr	28,8	17,0	10,0	0,1
II	unter 1,5	23,2	22,9	6,0	0,2
	1,5 - unter 3,0	30,6	31,4	12,8	0,4
	3,0 und mehr	34,1	31,0	14,8	0,3
III	unter 1,5	26,8	27,6	11,4	0,4
	1,5 - unter 3,0	38,5	39,5	16,7	1,5
	3,0 und mehr	29,7	33,1	16,6	0,7
IV	unter 1,5	19,5	17,6	8,0	0,4
	1,5 - unter 3,0	23,7	21,6	12,8	0,7
	3,0 und mehr	15,6	14,5	8,9	1,5
Gruppendurchschnitt	unter 1,5	32,1	27,5	11,1	0,3
	1,5 - unter 3,0	29,9	28,2	13,6	0,8
	3,0 und mehr	26,5	25,4	13,1	0,8
Gesamtdurchschnitt	1,7	30,2	27,4	12,4	0,6

a) Mechanisierungstyp: I = unbewässert, Ochsen (traditionell);
II = unbewässert, Schlepper;
III = Tiefbrunnen, Ochsen;
IV = Tiefbrunnen, Schlepper.

Quelle: eigene Erhebungen

in der Referenzperiode vorlag. Innerhalb der Mechanisierungstypen III und IV wurde der jeweils höchste Düngerverbrauch für die Betriebe mittlerer Betriebsgröße (1,5 - 3,0 acres LN) festgestellt, während sich in den Schlepper verwendenden Betrieben (Mechanisierungstyp II) der jeweils höchste N-, P- und

K-Verbrauch in der größten Betriebsgrößenklasse feststellen ließ.

Allgemein ist der Düngerverbrauch im Untersuchungsgebiet verglichen mit dem Landesdurchschnitt sehr hoch[1], für den 1974 ein durchschnittlicher Harnstoffverbrauch von 0,5 seers/acre, ein durchschnittlicher Tripel-Superphosphatverbrauch von 0,2 und ein durchschnittlicher Verbrauch von 60-er Kali von 0,05 seers pro acre im Annual Fertilizer Review der FAO angegeben wurde[2]. Intensive Beratung über mehr als ein Jahrzehnt im Rahmen der Arbeiten der Bangladesh Academy for Rural Development (BARD) in Comilla hat die Landbewirtschafter in diesem Gebiet von der wirtschaftlichen Verwendung von Dünge - und Pflanzenschutzmitteln überzeugt. Eine 'Value/Cost-Relation' für die Düngemittelverwendung im Reisanbau von 11,6 weist nach, wie extrem günstig der Düngemitteleinsatz für 1974 gewesen ist[3]. Dem steht gegenwärtig ein noch viel zu geringes Angebot an Dün-

---

1) Diese Aussage jedoch muß relativiert werden, denn für einen Reisertrag von 35 mds./acre wird eine Düngung mit 83 seers Harnstoff (46 v.H. N), 41 seers Tripel-Superphosphat (46 v.H. P_2O_5) und 32 seers Kali (60 v.H. K_2O) pro acre empfohlen. Für einen Spitzenertrag von 60 mds./acre liegen die jeweiligen Düngerangaben bei 156, 78 und 56 seers/acre respektive. Vergl. dazu: IBRD (ed.), Land and Water Resources, Sector Study Bangladesh, Vol. IV, Technical Report No. 7, Tab. 3, Dacca 1972.

2) Umgerechnet aus den FAO Angaben für Bangladesh von 1974 für einen Reinnährstoffverbrauch pro Hektar: FAO (ed.), Annual Fertilizer Review. Rome 1976, p. 52ff.

3) SHIELDS, J.T., A Study on Fertilizer Subsidies in Bangladesh. In: FAO/Fertilizer Industry Advisory Committee (FIAC), Ad Hoc Working Party on the Economics of Fertilizer Use (eds.), A Study on Fertilizer Subsidies in Selected Countries. Rome 1975, p. 49, Tab. 10; (FAO, Provisional Indicative World Plan for Agricultural Development. Rome 1970, Vol. I, p. 199f.) nach FAO-Angaben sollte die Benefit/Cost Ratio (B/C) für Entwicklungsländer mindestens 2,5 betragen, wenn ein starker Anreiz für Düngermitteleinsatz gegeben werden soll; die B/C-Ratio für Bangladesh ist im Internationalen Vergleich für das Jahr 1974 sehr hoch gewesen.

gemitteln gegenüber[1], wodurch sich ein teilweise sehr hoher Schwarzmarktpreis gebildet hatte. Die rückständigeren Regionen zugeteilten Düngemengen werden deshalb teilweise interregional verschoben und in Regionen mit sehr großer Nachfrage (wie beispielsweise Comilla) auf dem schwarzen Markt angeboten.

Für die ohnehin hoch subventionierten Düngemittel[2] mußten jedoch je nach Grad der Beziehungen und Einflußmöglichkeiten des einzelnen Landbewirtschafters unterschiedliche Schwarzmarktpreise gezahlt werden, die mehr oder weniger stark von den kontrollierten Preisen der Bangladesh-Agricultural-Development Corporation-(BADC)-Händler abwichen.

Besonders benachteiligt sind die Klein- und Kleinstbewirtschafter mit wenig Land. Doch aus Tab. 18 geht hervor, daß die Frage des Zugangs zu kapitalintensiver Mechanisierung ein noch aussagefähigeres Indiz für die unterschiedliche 'bargaining-power' der Gruppen von Landbewirtschaftern auf jeweils unterschiedlichem Mechanisierungsniveau am (Schwarz-) Markt darstellt[3].

Im Durchschnitt wurden 1973/74 in den Untersuchungsbetrieben

---

1) CLAY weist auf die mögliche Gefahr einer in den nächsten Jahren zu erwartenden Düngemittelüberkapazität hin; vergl. CLAY, E.J., Fertilizer in Bangladesh; Recent Developments, Current Problems and Some Issues for Future Agronomic and Economic Research. First Annual Review Meeting of the East West Centre Inputs (Increasing Productivity under Tight Supplies) Project. Honolulu 1976, p. 1f.
2) Besonders die importierten Düngemittel wie Kali- und teilweise Phosphatdünger werden zu etwa 50 v.H. subventioniert. Im fünfjährigen Mittel ergibt sich eine durchschnittliche Düngemittelsubvention von 9 v.H.; siehe dazu: SHIELDS, J.T., a.a.O., Rome 1975, p. 41ff; für eine umfassende Diskussion über die Problematik von Düngemittelsubventionierung in Entwicklungsländern vergl.: MAI, D. Düngemittelsubventionierung im Entwicklungsprozeß. Sozial-ökonomische Analyse und entwicklungspolitische Beurteilung einer Förderungsstrategie in Entwicklungsländern. Sozialökonomische Schriften zur Agrarentwicklung. Bd. 26, Saarbrücken 1977.
3) Es besteht eine sehr enge Beziehung zwischen dem jeweiligen Preisniveau für Düngemittel und dem Mechanisierungstyp: Chi-Quadrat = $36{,}49106^{+++}$ mit 12 FG.

Tab. 18 **Durchschnittlich gezahlte Preise für Düngemittel im Verhältnis zu den staatlich festgelegten Preisen für 160 Betriebe nach Betriebsgrößenklasse und Mechanisierungstyp**

(staatlich kontrollierter Preis = 100)
(v.H. für 1973/74)

Art der Bewässerung und Bodenbearbeitung	Bewirtschaftete Fläche (acres)			insgesamt
	unter 1,5	1,5 - unter 3,0	3,0 u.mehr	
1	2	3	4	5
unbewässert; Ochsen (Mech.- Typ I)	210	145	175	193
Tiefbrunnen; Ochsen (Mech.- Typ III)	127	140	152	137
unbewässert; Schlepper (Mech.- Typ II)	118	125	161	131
Tiefbrunnen; Schlepper (Mech.- Typ IV)	102	118	111	113
Gesamt	156	127	142	144

Quelle: eigene Erhebungen

44 v.H. mehr als der offizielle BADC-Preis für Düngemittel gezahlt[1]. Infolge der Bevorzugung bei der Düngerverteilung haben jedoch solche Gruppen von Landbewirtschaftern, deren Land hoch subventioniert bewässert und mit Schleppern bearbeitet wird (Mechanisierungstyp IV) und die deshalb ohnehin begünstigt waren, einen sehr viel niedrigeren Preis als ihre weniger begünstigten Feldnachbarn zahlen müssen. So lag der in den Betrieben des Mechanisierungstyps IV gezahlte Preis für Düngemittel durchschnittlich lediglich um 13 v.H. über dem subventionierten, offiziellen Preis. Die traditionell mechanisierten Betriebe (Mechanisierungstyp I) hatten dagegen durchschnitt-

1) Für 1974 wurden auch aus anderen Landesteilen Schwarzmarktpreise von 50 - 100 v.H. über den staatlich festgesetzten Preisen bekannt, wobei in Einzelfällen bis zu dreimal mehr als der subventionierte Preis gefordert wurde. Vergl.: SHIELDS, J.T., a.a.O., Rome 1975, p. 40.

lich 93 v.H. mehr als für den offiziellen Preis aufzubringen, wobei die Ärmsten dieser Gruppe mit weniger als 1,5 acre Betriebsfläche sogar 110 v.H. über dem offiziellen Preisniveau lagen. Betrachtet man die Kleinstbetriebe mit weniger als 0,5 acre in den Betrieben des Mechanisierungstyps I, so hatten diese im Verhältnis zum offiziellen Düngerpreisniveau sogar 183 v.H. mehr aufbringen müssen.

Dennoch machen diese Ergebnisse deutlich, daß der gespaltene Düngemittelmarkt (offizielle und Schwarzmarkt-Preise) neben einer Mechanisierungstypen-spezifischen Benachteiligung insbesondere der kleinen Landbewirtschafter[1] die größeren gegenüber den mittleren Landbewirtschaftern nicht bevorzugt hat. In den Betrieben zwischen 1,5 und 3,0 acres Betriebsfläche ist der Düngemittelbedarf offensichtlich in einem höheren Maße durch offizielle Düngemittelzuteilungen zu decken gewesen als dies bei dem sehr viel höheren Bedarf der über 3,0 acres-Betriebe möglich war, in denen relativ stärker auf Düngemittel aus Schwarzmarktbeständen zurückgegriffen werden mußte.

Die für Düngemittel aufgewendeten Kosten pro Flächeneinheit sind in den traditionell mechanisierten Betrieben am höchsten und nehmen von Mechanisierungstyp I bis IV ab[2]. Dieser Trend ergibt sich zum einen aus den aufgewendeten Düngermengen (vergl. Tab. 1 und zum anderen aus dem unterschiedlich hohen Preisniveau (vergl. Tab. 18) durch das sich die ohnehin relativ höchste Düngerverwendung in den traditionell mechanisierten Betrieben überproportional verteuerte. Dieser hohe Düngemitteleinsatz ist besonders bemerkenswert, wenn man sich die relativ zu den anderen Mechanisierungstypen überproportionale Nutzung der unsicheren Aus-Saison in den Betrieben des Mechanisierungstyps I und die in den Klein- und Kleinstbetrieben besonders häufig zu beobachtenden

1) Die landwirtschaftliche Nutzfläche korreliert eng mit dem Preisniveau für Düngemittel und weist die höchsten Preise für die kleinsten Betriebe aus: Chi-Quadrat = $49{,}16334^{++}$ mit 24 FG.
2) Mechanisierungstyp I bis IV und Aufwendungen für Düngemittel pro acre: PEARSON's $r = -0{,}13972^{+}$.

Liquiditätsschwierigkeiten verdeutlicht[1]. Zumindest für die Kleinbetriebe des Mechanisierungstyps I scheint zu gelten, daß die Landbewirtschafter ihre Landknappheit durch hohe Investitionen in Düngemittel zu kompensieren suchen (vergl. Tab. 19).

Zwischen der Anwendungsdauer von Düngemitteln und dem Grad der Mechanisierung läßt sich im Gegensatz zur Anwendungsdauer von Pestiziden keine Beziehung nachweisen. Vor 1960 wurden Düngemittel erst in 13 v.H. der Betriebe angewendet, während 76 v.H. diese Innovation in den 60-er Jahren annahmen[2]. Demgegenüber kann eine sehr enge Beziehung zwischen den (acht) verschiedenen landwirtschaftlichen Primärgenossenschaften, in denen die Befragten Mitglieder gewesen sind, und der Anwendungsdauer von Düngemitteln festgestellt werden[3]. Die Innovation von Düngemitteln ist demnach sehr stark von der Funktionsfähigkeit der jeweiligen Genossenschaften abhängig gewesen. In den einzelnen Genossenschaften jedoch sind in Abhängigkeit von der Betriebsgröße zunächst die großen Landbewirtschafter Innovatoren gewesen. Mit abnehmender Bewirtschaftungsfläche ist die Anwendung von Düngemitteln in späteren Jahren erfolgt - bis hin zu den kleinsten Betrieben, in denen Düngemittel erst seit wenigen Jahren eingesetzt werden[4].

Für die richtige Anwendung von Inputs und deren Bezug haben die dörflichen Primärgenossenschaften eine große Bedeutung. Der Anteil Genossenschaftsmitglieder war mit 37 v.H. in den traditionell mechanisierten Betrieben deutlich niedriger als in den anderen Mechanisierungstypen (55, 47 und 57 v.H. in den Betrieben der Mechanisierungstypen II bis IV respektive). Auf die Frage

---

1) Liquiditätsschwierigkeiten traten in den größeren Betrieben auch deshalb weniger auf, weil mit steigender Anbaufläche stärker Bargeldeinnahmen durch außerlandwirtschaftliche Einkommen anfielen, denn es besteht ein enger Zusammenhang zwischen der Anbaufläche und der Höhe außerlandwirtschaftlicher Einnahmen pro Betrieb: Chi-Quadrat = $50{,}89079^{++}$ mit 30 FG.
2) Mit Schwerpunkt bis 1965; 9 bzw. 2 v.H. verwendeten Dünger erst ab 1969 - 1971 bzw. später.
3) Chi-Quadrat = $72{,}51566^{+++}$ mit 28 FG.
4) LN und Anwendungsdauer von Düngemitteln - PEARSON's Produkt-Moment-Korrelation $r = -0{,}17057^{+}$.

Tab. 19 **Aufgewandete Kosten für Düngemittel in 160 Betrieben - nach Mechanisierungstyp und Betriebsgrößenklasse - - Amon 1973, Boro 1973/74, Aus 1974 -**

(in TK pro acre Bruttoanbaufläche)

Mechanisierungstyp	Bewirtschaftete Fläche (acres)			Durchschnitt
	unter 1,5	1,5 - unter 3,0	3,0 u. mehr	
1	2	3	4	5
I unbewässert; Ochsen	230	107	72	194
II unbewässert; Schlepper	70	113	150	104
III Tiefbrunnen; Ochsen	82	127	116	106
IV Tiefbrunnen; Schlepper	70	132	97	111
Durchschnitt (Betriebsgrößenklasse)	138	123	118	129

Quelle: eigene Erhebungen

nach Art und Umfang der Beratung über Wirkungszusammenhänge, Anwendungszeiten und -mengen neuer Inputs fühlten sich Landbewirtschafter des Mechanisierungstyps I am schlechtesten und diejenigen des Mechanisierungstyps IV am besten beraten. So gaben lediglich 10 v.H. der Landwirtschafter traditionell mechanisierter Betriebe an, bei Bedarf und/oder regelmäßig beraten zu werden, die Befragten aus den Betrieben der Mechanisierungstypen II und III (Schlepper verwendende bzw. Tiefbrunnenbewässerte Betriebe) wurden in 23 v.H. der Fälle regelmäßig beraten und die Landbewirtschafter der am höchsten mechanisierten Betriebe (Mechanisierungstyp IV) gaben häufige Beratung in 43 v.H. der Fälle an.

Im Referenzzeitraum verwendeten jeweils zwei, drei, vier und zwei Landbewirtschafter der Mechanisierungstypen I bis IV respektive gar keine Düngemittel - die meisten aus Liquiditätsschwierigkeiten. Insgesamt 21 Befragte (13 v.H.) setzten in keiner Anbauperiode Kalidünger ein. Der höchste Anteil derer, die kein K verwendeten, war in den Schlepper verwendenden Betrieben (Mechanisierungstyp II: 23 v.H.) und den traditionell mechanisierten Betrieben (Mechanisierungstyp I: 15 v.H.) zu finden (Mechanisierungstyp III: 10 v.H.; Mechanisierungstyp IV: 5 v.H.). Als Gründe für einen Verzicht wurde u.a. die Vorstellung geäußert, daß K nicht nötig sei, oder es wurden Finanzierungsschwierigkeiten genannt, oder es wurde Asche an Stelle von K-Dünger verwendet. In 18 bzw. 8 v.H. der Fälle wurde in den Betrieben der Mechanisierungstypen I bzw. II weder P noch K verwendet. Als Begründung wurde meist angegeben, daß auf P- und K-Düngung ohne weiteres verzichtet werden könne bzw. wurden Finanzierungsschwierigkeiten angeführt.

Der Einsatz von Pestiziden[1] ist sehr gering und in den Betrieben der verschiedenen Mechanisierungstypen wenig voneinander abweichend gewesen (vergl. Tab. 17), da in der Referenzperiode praktisch keine Pestizide im Handel waren. Der vormals vollständig subventionierte Pestizideinsatz war seit dem Separationskrieg praktisch zum Erliegen gekommen, und der Verkauf von Pestiziden wurde von Landbewirtschaftern aus alten Beständen vorgenommen, die sich diese hatten anlegen können. Die durchschnittlich eingesetzten Quantitäten pro Flächeneinheit stiegen mit zunehmender Betriebsgröße an, doch gab es in den einzelnen Mechanisierungstypen Abweichungen. So ist in den traditionell mechanisierten Betrieben mit zunehmender Betriebsgröße ein abnehmender Pestizideinsatz zu beobachten gewesen, während in den Betrieben der drei übrigen Mechanisierungstypen der jeweils niedrigste Pestizidverbrauch in den kleinen und der jeweils höchste in den mittleren Betrieben (1,5 - 3,0 acres LN) festzustellen war (Mechanisierungstyp II und III).

---

1) Im Untersuchungsgebiet wurden breit wirkende Phosphorsäureester mit größtenteils systemischer Wirkung verwendet - insbesondere MALATHION, DIAZINON, PHOSPHAMIDON und DEMETON DEMETON-S-METHYL.

11 v.H. der Landbewirtschafter verzichteten auf den Einsatz von Pestiziden, und zwar überproportional viele in den Betrieben ohne künstliche Bewässerung (jeweils 23 und 13 v.H. in den Betrieben der Mechanisierungstypen I und II). In den traditionell mechanisierten Betrieben wurden Pestizide vornehmlich aus Geldmangel nicht verwendet, oder weil deren Einsatz als nicht notwendig erachtet wurde. Letztere Begründung wurde in den Betrieben des Mechanisierungstyps II am häufigsten gegeben. Daneben wurde darauf verwiesen, daß Pestizide am Markt nicht verfügbar gewesen seien. Demgegenüber hatten insbesondere in den stärker mechanisierten Betrieben (Mechanisierungstypen III und IV) eigene Vorräte an Pestiziden angelegt werden können, die der eigenen Versorgung und dem Verkauf an andere Landbewirtschafter gedient hatten.

Während Düngemittel von allen Befragten verwendet wurden, wenn auch nicht von allen in jeder Anbauperiode und jeweils in unterschiedlichem Umfang (vergl. Tab. 17), gaben 6 v.H. der Befragten an, nie Pestizide eingesetzt zu haben. Die meisten Landbewirtschafter (48 v.H.) hatten diese Innovation zwischen 1966 und 1968 übernommen, 23 v.H. vor dieser Zeit (besonders zwischen 1960 und 1965) und 23 v.H. später (vornehmlich 1969 - 1971). Bei der Anwendungsdauer von Pestiziden macht sich gruppenspezifisches Innovationsverhalten nach dem Grad der Mechanisierung der Betriebe bemerkbar[1]. So gehören die meisten Nichtbenutzer in die Gruppe der traditionell mechanisierten Betriebe (Mechanisierungstyp I). Je höher der Mechanisierungsgrad der Betriebe (Mechanisierungstyp I bis IV), desto früher werden Pestizide in den Betrieben verwendet. Dies gilt allgemein, und es sind keine Differenzierungen nach den Betriebsgrößen festzustellen. Allerdings ist genau wie für die Düngemittel- auch für die Pestizidanwendung eine sehr enge Beziehung zwischen den jeweiligen Primärgenossenschaften und der Dauer der Anwendung zu beobachten[2]. Die Übernahme von neuen Inputs

1) Mechanisierungstyp und Anwendungsdauer von Pestiziden, Chi-Quadrat = $26{,}56515^{+}$ mit 15 FG.
2) Chi-Quadrat = $71{,}50996^{+++}$ mit 35 FG.

hängt also auch für die Pestizidverwendung von der Beratungs- und Organisationsfähigkeit der dafür verantwortlichen Genossenschaftsmitglieder (Manager, Model-farmer etc.) ab.

3.2.5 Angebaute Kulturpflanzen

Durch die besonders in den traditionell mechanisierten Betrieben (Mechanisierungstyp I) zu beobachtende zeitliche Verzögerung der Aus-Anbauperiode ist die verbleibende Vegetationszeit für einen Reisanbau nach der Monsunzeit (Amon) häufig nicht mehr ausreichend (vergl. Kap. 3.2.3). Dieser Umstand erklärt den im Verhältnis zu den anderen Mechanisierungstypen umfangreichen Gemüseanbau[1] (Rabi) auf etwa einem Viertel der zur Verfügung stehenden Anbaufläche (vergl. Tab. 19). Demgegenüber ergibt sich im Gesamtdurchschnitt lediglich ein Flächenanteil von 12,4 v.H. für den Rabi-Anbau.

Generell ergibt sich mit steigendem Mechanisierungsgrad eine sinkende Bedeutung des Gemüseanbaues in den drei ausgewählten Betriebsgrößenklassen. Der Rabi-Flächenanteil ist in den mittleren (1,5 bis unter 3,0 acres) und größeren Betriebsgrößenklassen (3,0 und mehr acres) höher als in den Kleinbetrieben (unter 1,5 acre), wobei im Gegensatz zum Durchschnitt der Betriebsgrößenklassen in den nicht bewässerten Betrieben (Mechanisierungstyp I und II) die größte Gemüseanbaufläche in den größeren Betrieben zu finden ist.

Mit insgesamt 72 v.H. Anteil an der Rabi-Anbaufläche stellte

1) Hauptsächlich Gemüse; Kartoffel- (Solanum tuberosum L.) anteil an Rabifläche 72,3 v.H.; es folgen in der Reihenfolge ihrer Bedeutung: Korola (Momordica charantia L.) mit 5,5 v.H. Flächenanteil, Süßkartoffeln (Ipomoea batatas (L.)) mit 4,5 v.H., Zuckerrohr (Saccharum officinarum L.) mit 4,3 v.H., Rettich bzw. Radieschen (Raphanus sativus L.) mit 3,2 v.H., Kürbisarten (Benincasa hispida (Thunb.), Curcurbita maxima (Duch), Lagenaria siceraria (Mol.)) mit 2,1 v.H., Auberginen (Solanum melongena L.) mit 2,1 v.H. und Tomaten (Lycopersicon esculentum (Mill.)) mit 1,3 v.H. Flächenanteil. Die restlichen 4,7 v.H. der Rabifläche teilen sich auf sieben weitere Anbaukulturen auf.

Tab. 20 Flächenanteil im Rabi-Anbau nach Mechanisierungstypen und Betriebsgrößenklasse Herbst/Winter 1973/74

Mechanisierungstyp	Bewirtschaftete Fläche (acres)			insgesamt
	unter 1,5	1,5-unter 3,0 (in v.H.)	3,0 u. mehr	
1	2	3	4	5
I unbewässert; Ochsen	20,9	25,7	28,8	24,0
II unbewässert; Schlepper	5,1	11,6	14,3	11,8
III Tiefbrunnen; Ochsen	7,0	12,8	11,9	11,3
IV Tiefbrunnen; Schlepper	-	8,3	8,4	7,7
gesamt	10,7	13,1	12,4	12,4

Quelle: eigene Erhebungen

die im Untersuchungsland dem Gemüse zuzurechnende Kartoffel die wichtigste Nicht-Reis-Anbaukultur dar. Insgesamt sind im Herbst/Winter 1973/74 15 verschiedene Anbaukulturen in den Untersuchungsbetrieben angebaut gewesen. Die Diversifizierung der angebauten Kulturen war in den Betrieben des Mechanisierungstyps I am größten und in denen des Mechanisierungstyps IV am geringsten. Die Bewässerung der Rabi-Kulturen erfolgte für die Mechanisierungstypen I und II fast ausschließlich durch traditionelle Handbewässerung ('swinging basket').

Auf die Frage, welchen Kulturpflanzen nach den örtlichen Vermarktungsmöglichkeiten eine Präferenz bei einer unterstellten möglichen Flächenausdehnung im Hinblick auf erzielbare Dekkungsbeiträge eingeräumt würde, fielen die Antworten in den verschiedenen Mechanisierungstypen sehr homogen zugunsten von Reis aus. Nahezu alle Befragten gaben verschiedene HYV-Reissorten an, und lediglich in den nicht bewässerten Betrieben (Mechanisierungstyp I und II) wurde von je drei bzw. vier

Befragten für lokale Reissorten ein höherer Marktpreis erwartet. Lediglich je ein Befragter aus den Betrieben der Mechanisierungstypen II und III gab der Ausweitung des Kartoffelanbaus eine Präferenz und erwartete die höchst möglichen Deckungsbeiträge durch die Kartoffelproduktion.

Diese eindeutige, in den Betrieben aller Mechanisierungstypen vorherrschende Präferenz für eine Reisproduktion legt den Schluß nahe, daß die Landbewirtschafter in den traditionell mechanisierten Betrieben unfreiwillig auf den Gemüseanbau ausweichen, weil die zur Verfügung stehende Vegetationszeit keinen Reisanbau mehr zuläßt. Zumindest für einen Teil der Rabifläche in den Betrieben der drei anderen Mechanisierungstypen dürfte ein gleicher Begründungszusammenhang bestehen. Daraus läßt sich folgern, daß verstärkte Koordination der Reisanbau-Saisons und insbesondere eine allgemeine Verkürzung der Aus-Anbauperiode zu einer Einschränkung des Gemüseanbaues führen würde. Diese Aussage kann zumindest für die Befragungszeit (1974/75) als wahrscheinlich unterstellt werden. Damals nämlich wurde für ungeschälten Reis ein durchschnittlicher Marktpreis von 175 TK pro mound, in den Betrieben des Mechanisierungstyps I gar ein solcher von 197 TK/md., erwartet. Die Amon-Preise fielen 1975 jedoch infolge einer Rekordernte bis auf 60 TK/md. (vergl. Kap. 4.1), so daß nach der Verschiebung des Preisgefüges nicht abgesehen werden kann, welche Auswirkungen ein Absinken des Reispreises für eine mögliche Änderung der Anbaupräferenzen hatte.

3.2.6 Produktionsvolumen

Maßgeblich für eine unterschiedliche Ausprägung des Produktionsvolumens in den Betrieben der vier Mechanisierungstypen sind:

- die jeweilig unterschiedlichen Produktionsbedingungen, wie etwa die gruppendurchschnittlich erzielte Anbauintensität,
- die jeweilig unterschiedliche Gewichtung der Anbauperioden und
- der Umfang der Verwendung biologischer und chemischer Inputs.

Tab. 21 Durchschnittliche Reiserträge[a)] nach Anbauperiode und Mechanisierungstyp in 160 Betrieben
- Amon 1973, Boro 1973/74, Aus 1974 -

(in mds. Paddy /acre)

Anbau-periode	Mechanisierungstyp[b)]				Durchschnitt (Anbausaison)
	I	II	III	IV	
1	2	3	4	5	6
Amon 1973	23,4	21,0	22,9	25,5	23,2
Boro 1973/74	-	-	33,3	32,2	32,8
Aus 1974	23,6	16,3	21,1	22,5	24,4
Durchschnitt (Mech.-Typ)	23,5	20,0	26,0	27,0	24,4

a) Paddy-Erträge sind für Durchschnittsbildung nach dem Mechanisierungstyp gewichtet nach der Bedeutung der jeweiligen Anbauperiode; Einzelangaben basieren auf dem arithmetischen Mittel ohne Berücksichtigung der Ertragsdifferenzierungen nach Betriebsgrößenklassen.
b) Mechanisierungstyp: I = unbewässert, Ochsen (traditionell); II = unbewässert, Schlepper; III = Tiefbrunnen, Ochsen; IV = Tiefbrunnen, Schlepper.

Quelle: eigene Erhebungen

Direkte Ertragsauswirkungen durch die Nutzung unterschiedlicher Grundtechnologien sind demgegenüber vernachlässigbar[1)].

Im folgenden wird das Produktionsvolumen für die Betriebe der einzelnen Mechanisierungstypen für die einzelnen Anbau-Saisons und nach Betriebsgrößenklassen ausgewiesen. Anschließend wird für die Mechanisierungstypen nach Betriebsgrößenklassen untersucht, wie hoch die gesamt geerntete Reismenge und die jeweiligen Verkaufserlöse für Reis, Gemüse und die gesamte pflanzliche Produktion sind. Diese Angaben bilden die Grundlage für die Abschätzung der Marktintegration (vergl. Kap. 3.2.7).

---

1) Mögliche direkte Ertragsauswirkungen bei der Verwendung unterschiedlicher Grundtechnologien sind in der Betrachtung nicht einbezogen; für Begründungen vergl. Kap. 3.2.1.

Nicht nur das Gesamtproduktionsvolumen, sondern auch die einzelnen Reiserträge[1] fallen saison- und mechanisierungsspezifisch aus, wie aus Tab. 21 hervorgeht. Da jedoch beispielsweise der für ein Jahr verwendete Gesamtdüngerverbrauch, der betriebsweise ermittelt wurde, nicht zweifelsfrei den einzelnen Anbauperioden zugeordnet werden konnte, korreliert der Jahresverbrauch einzelner Düngerarten in manchen Fällen nicht signifikant mit dem Reisertrag einer Anbauperiode[2]. Auch die Prüfung einer möglichen Korrelation zwischen den Mechanisierungstypen, der Anbaufläche je Betrieb oder der schlepperbearbeiteten Fläche und den jeweiligen Reiserträgen für Amon und Aus ergaben keinen statistisch zu belegenden Zusammenhang zwischen diesen Variablen. Für die Ausprägung der jeweiligen Erträge gibt es sicherlich mehrere erklärende Variablen, doch die erhobenen Daten sind nicht differenziert genug, um eine Quantifizierung des Erklärungswertes einzelner Variablen vornehmen zu können. Stattdessen kann aus den in Tab. 21 ausgewiesenen Durchschnittserträgen für Amon und insbesondere Aus ein jeweils unterdurchschnittlicher Ertrag für die Schlepper verwendenden Betriebe (Mechanisierungstyp II) abgelesen werden. Als wichtigste Gründe für die geringen Erträge sind die unterdurchschnittliche Verwendung von hochertragreichen Sorten in Aus (siehe Tab. 16) und geringere Düngerverwendung in Amon zu vermuten. Auch der Durchschnitt der Reiserträge für die traditionell mechanisierten Betriebe (Mechanisierungstyp I) liegt unter dem Gesamtdurchschnitt. Doch erklärt sich dies vornehmlich durch das Fehlen der Boro-Anbauperiode, durch die sehr hohe Durchschnittserträge erzielt werden können, denn die saisonweisen Durchschnitte weisen für Amon und Aus jeweils überdurchschnittliche Erträge in den Betrieben des Mechanisierungstyps I aus. Umgekehrt ergibt sich für die jeweilig überdurchschnittlichen Erträge in den bewässernden Betrieben (Me-

---

1) Reis hervorgehoben als die bei weitem wichtigste Anbaukultur.
2) Keine signifikante Korrelationen für PEARSON's r ergeben sich beispielsweise für den Jahresverbrauch von N und P und dem Reisertrag in Amon 1973. Demgegenüber liegen für die anderen beiden Anbauperioden für N, P und K signifikante Korrelationen mit den jeweiligen Reiserträgen vor und ebenfalls für den Jahresverbrauch von K und dem Reisertrag für Amon.

Tab. 22 Durchschnittliche jährliche Reiserträge[a] in 160 Betrieben nach Betriebsgrößenklasse und Mechanisierungstyp
- Amnn 1973, Boro 1973/74, Aus 1974 -

(in mds. Paddy/acre)

Bewirtschaftete Fläche (acres)	Mechanisierungstyp[b]				Durchschnitt (Betr.-größen-klasse)
	I	II	III	IV	
1	2	3	4	5	6
unter 1,5	20,2	14,6	23,5	30,2	21,2
1,5 - unter 3,0	24,3	21,3	24,4	22,9	23,2
3,0 und mehr	20,8	17,4	30,1	25,3	24,4
Durchschnitt	22,1	18,2	26,8	24,8	23,3

a) Paddy-Erträge pro acre in den einzelnen Betriebsgrößenklassen und Durchschnittserträge: Gesamterntemenge/Gesamtfläche je Betriebsgrößenklasse bzw. Mechanisierungstyp;
b) Mechanisierungstyp: I = unbewässert, Ochsen (traditionell); II = unbewässert, Schlepper; III = Tiefbrunnen, Ochsen; IV = Tiefbrunnen, Schlepper.

Quelle: eigene Erhebungen

chanisierungstyp III und IV) eine starke Steigerung des Gruppendurchschnitts durch die jeweils hohen Boro-Erträge.

Wird der durchschnittliche Reisertrag nicht nach der Anbauperiode gewichtet (vergl. Tab. 21), sondern unabhängig von der Saison nach Betriebsgrößenklassen und Mechanisierungstypen ausgewiesen, so ergeben sich innerhalb der gleichen Mechanisierungstypen mehr oder weniger große Abweichungen zwischen den einzelnen Betriebsgrößenklassen, wie Tab. 22 zeigt.

Mit Ausnahme der Reiserträge in den Betrieben des Mechanisierungstyps IV sind die Reiserträge der Kleinbetriebe (unter 1,5 acre) im Verhältnis zu den mittleren (1,5 - unter 3,0 acres bewirtschaftete Fläche) und größeren Betrieben (3,0 acres und mehr) in allen Mechanisierungstypen unterdurchschnittlich. Während in den nicht bewässernden Betrieben (Mechanisierungstyp I und II) die höchsten Durchschnittserträge für Reis in den mittleren Betrieben zu finden sind, weisen die größeren Betriebe mit Bewässerung des Mechanisierungstyps III die jeweils höheren Reiserträge auf (nicht jedoch die Betriebe des Mechanisierungstyps IV). Insgesamt ergeben sich in den Betrieben des Mechanisierungstyps III (Tiefbrunnenbewässerung, traditionelle Bodenbearbeitung mit Ochsen) die höchsten durchschnittlichen Reiserträge, was sicherlich auf den im Verhältnis zu den Betrieben des Mechanisierungstyps IV (Tiefbrunnen und Schlepper für die Bodenbearbeitung) wesentlich höheren Düngemitteleinsatz zurückgeführt werden kann (vergl. Tab. 17).

Die gesamt geerntete Reismenge pro Jahr steht in enger Beziehung zu den jeweiligen Mechanisierungstypen[1] und zur bearbeiteten Fläche je Betrieb[2] und weist in Abhängigkeit von Mechanisierungsgrad und Betriebsgrößenklasse hoch signifikante Unterschiede auf.

Wie aus Tab. 23 hervorgeht, nimmt die pro Betrieb geerntete Reismenge erwartungsgemäß mit steigender Bewirtschaftungsfläche zu. Dennoch ergeben sich zwischen den Mechanisierungstypen innerhalb der gleichen Betriebsgrößenklasse erhebliche Abweichungen. So werden für alle drei Betriebsgrößenklassen in den Schlepper verwendenden (Mechanisierungstyp II) gegenüber den traditionell mechanisierten Betrieben (Mechanisierungstyp I) kleinere Reismengen pro Betrieb ausgewiesen[3]. Trotz der für mittlere (1,5 - unter 3,0 acres bewirtschaftete Fläche) und größere Betriebe (3,0 acres und mehr) ausgewiesenen größeren Reismengen pro Betrieb des Mechanisierungstyps III gegenüber den Betrieben des Mechanisierungstyps IV, liegt doch der Gruppendurchschnitt für die Betriebe des Mechanisierungstyps IV über dem des Mechanisierungstyps III.

---

1) PEARSON's r = 0,33713^{+++}.
2) PEARSON's r = 0,29764^{+++}.
3) Die Umkehrung dieses Verhältnisses im Gesamtdurchschnitt der Betriebsgruppen ist durch den überproportionalen Anteil von Kleinbetrieben des Mechanisierungstyps I gegenüber II zu erklären.

Tab. 23 Jährliche, gesamt geerntete Reismenge pro Betrieb in 160 Betrieben nach Betriebsgrößenklasse und Mechanisierungstyp - Amon 1973, Boro 1973/74, Aus 1974 -

(in mds. Paddy pro Betrieb)

Bewirtschaftete Fläche (acres)	Mechanisierungstyp[a)]				Durchschnitt (Betr.-größenklasse)
	I	II	III	IV	
1	2	3	4	5	6
unter 1,5	21,3	19,4	36,1	51,0	27,7
1,5 - unter 3,0	86,3	66,8	84,2	75,4	77,3
3,0 und mehr	100,5	99,0	197,6	175,0	152,2
Durchschnitt	39,9	54,7	89,3	95,4	69,8

a) Mechanisierungstyp: I = unbewässert, Ochsen (traditionell); II = unbewässert, Schlepper; III = Tiefbrunnen, Ochsen; IV = Tiefbrunnen, Schlepper.

Quelle: eigene Erhebungen

Im Gegensatz zu den in der Reisproduktion möglichen Vergleichen von Erträgen und Produktionsvolumina für die Betriebe der verschiedenen Mechanisierungstypen, ist ein direkter quantitativer Vergleich der Rabi-Anbaukulturen wegen der großen Verschiedenartigkeit der Anbauprodukte nicht möglich. Im Gegensatz zum Grundnahrungsmittel Reis, das in Abhängigkeit von der insgesamt erzeugten Menge und der Familiengröße in einem unterschiedlichen Grad im Betrieb bzw. Haushalt selbst verbraucht wird[1)], verkauft man das erzeugte Gemüse praktisch vollständig, so daß sich ein wertmäßiger Vergleich der Rabiproduktion anbietet. Die in Tab. 24a dargestellten durchschnittlichen Verkaufserlöse [2)] für Reis pro Betrieb stellen insofern eine Residualgröße dar, als keine wertmäßige Gesamt-

---

1) Für die Darstellung des unterschiedlichen Grades der Marktintegration vergl. Kap. 3.2.7.
2) Verkaufserlöse entsprechen der Marktleistung (Rohertrag); d.h. sowohl fixe wie veränderliche Kosten sind unberücksichtigt geblieben; für weitergehende Kalkulationen sei auf Kap. 4 verwiesen.

Tab. 24 Jährliche Verkaufserlöse für pflanzliche Produkte in 160 Betrieben nach Betriebsgrößenklasse und Mechanisierungstyp
- Amon 1973, Boro 1973/74, Aus 1974 -
(in TK pro Betrieb)

Bewirtschaftete Fläche (acres)	Mechanisierungstyp[b]				Durchschnitt (Betr.-größenklasse)
	I	II	III	IV	
1	2	3	4	5	6
a) für Reis[a]					
unter 1,5	202	178	771	1264	452
1,5 - unter 3,0	2101	1197	1749	3601	2382
3,0 und mehr	-	1956	6689	8149	5202
Durchschnitt	619	954	2445	4271	2072
b) für Gemüse[c]					
unter 1,5	501	25	184	-	272
1,5 - unter 3,0	2220	415	355	561	715
3,0 und mehr	3359	1509	1558	1652	1689
Durchschnitt	1031	523	553	722	707
c) insgesamt					
unter 1,5	703	203	955	1264	724
1,5 - unter 3,0	4321	1612	2104	4162	3097
3,0 und mehr	3359	3465	8247	9801	6891
Durchschnitt	1650	1477	2998	4993	2779

a) ungeschälter und geschälter Reis;
b) Mechanisierungstyp: I = unbewässert, Ochsen (traditionell); II = unbewässert, Schlepper; III = Tiefbrunnen, Ochsen; IV = Tiefbrunnen, Schlepper;
c) einschl. Kartoffelproduktion.

Quelle: eigene Erhebungen

erfassung der betrieblichen Reiserzeugung erfolgt, sondern nur der vermarktete Anteil berücksichtigt ist.

Die durchschnittlichen Verkaufserlöse pro Betrieb für Reis steigen von der kleineren über die mittlere zu der größeren Betriebsgrößenklasse überproportional an[1], weil sich der Grad der Marktintegration überproportional erhöht (siehe Kap. 3.2.7). Die durchschnittlichen betrieblichen Verkaufserlöse steigen nach dem Grad der Mechanisierung von den Betrieben der Mechanisierungstypen I bis IV[2], wobei sich auch hier überproportionale Zunahmen der bewässerten Betriebe (Mechanisierungstyp III und insbesondere IV) gegenüber den nicht bewässerten (Mechanisierungstyp I und II) ergeben.

Tab. 24b macht deutlich, wie überproportional die traditionell mechanisierten Betriebe (Mechanisierungstyp I) im Verhältnis zu den Betrieben der anderen Mechanisierungstypen durch Gemüseproduktion ihre Verkaufserlöse steigern konnten.

Doch trotz der intensiven Gemüseproduktion in Betrieben des Mechanisierungstyps I kann das hohe Einkommensdefizit durch weit geringere Verkaufserlöse aus der Reisproduktion nur teilweise durch Verkaufserlöse aus der Gemüseproduktion kompensiert werden. Verglichen mit den durchschnittlichen betrieblichen Verkaufserlösen aus der Reisproduktion, konnte durch die Gemüseproduktion eine erhebliche Erniedrigung der Einkommensdisparität der traditionell- zu den höher mechanisierten Betrieben erzielt werden (vergl. Tab. 25). Für die Verkaufserlöse der gesamten pflanzlichen Produktion ergeben sich im Verhältnis zu den traditionell mechanisierten Betrieben damit immerhin noch drei mal höhere durchschnittliche Verkaufserlöse pro Betrieb für den Mechanisierungstyp IV. Doch im Verhältnis zu den Betrieben des Mechanisierungstyps II ist durch die intensivere Gemüseproduktion in den traditionell mechanisierten Betrieben

1) PEARSON's Produkt-Moment-Korrelation $r = 0{,}37069^{+++}$.
2) PEARSON's $r = 0{,}29764^{+++}$.

Tab. 25 Durchschnittliche Verkaufserlöse pflanzlicher Produkte - Amon 1973, Baro 1973/74, Aus 1974 (in v.H.)

Art der pflanzlichen Produkte	Mechanisierungstyp[a]			
	I	II	III	IV
Reis	100	154	395	690
Gemüse	100	51	54	70
gesamt	100	90	182	303

a) Mechanisierungstyp: I = unbewässert, Ochsen (traditionell); II = unbewässert, Schlepper; III = Tiefbrunnen, Ochsen ; IV = Tiefbrunnen, Schlepper.

Quelle: eigene Erhebungen

(Mechanisierungstyp I) ein höherer durchschnittlicher Verkaufserlös realisiert worden.

Besonders in den größeren Betrieben (3,0 acres und mehr) wirken sich die durch die Bewässerungsmöglichkeiten gegebenen, günstigen Anbaubedingungen für die Winterreisproduktion (in den Betrieben der Mechanisierungstypen III und IV) durch eine im Verhältnis zu den nicht bewässerten Betrieben sehr große Einkommensdisparität zwischen den Betrieben aus.

Obgleich in diesem Kapitel die unterschiedlichen Grade der Mechanisierung ausschließlich in bezug auf ihre direkten und indirekten Auswirkungen im Zusammenhang mit der pflanzlichen Produktion betrachtet werden, soll an dieser Stelle dennoch eine Anmerkung zur tierischen Produktion angefügt werden. Durch den Verkauf von Rindvieh und Geflügel sind im Durchschnitt aller 160 Untersuchungsbetriebe lediglich 260 TK pro Betrieb und Jahr (1973/74) erlöst worden. Diese Summe ist im Verhältnis zur pflanzlichen Produktion (2779 TK pro Jahr im Gesamtdurchschnitt) sehr niedrig. Dennoch ergeben sich im Vergleich der Betriebe unterschiedlicher Mechanisierungstypen relativ große Abweichungen[1].

Aus den hohen Verkaufserlösen für Milch in den Betrieben des Mechanisierungstyps IV (durchschnittlich 698 TK pro Betrieb und Jahr) könnte der Schluß gezogen werden, daß die Schlepper verwendenden Betriebe anstelle der Arbeitsochsen verstärkt Milchviehhaltung betrieben haben. Diese These erfährt aber keine Unterstützung, wenn man die jährlichen Durchschnittsbetriebseinnahmen durch Milchverkauf zwischen den Betrieben der Mechanisierungstypen II und III vergleicht. Diese weisen nämlich aus, daß die Schlepper verwendenden Betriebe (Mechanisierungstyp II) mit 242 TK aus Milchverkäufen weniger intensiv Milchproduktion betrieben als die bewässernden Betriebe mit Zugochsen für die Bodenbearbeitung (Mechanisierungstyp III mit 274 TK Milcheinnahmen pro Jahr). Die Milchviehhaltung spielt in den traditionell mechanisierten Betrieben (Mechanisierungstyp I) keine Rolle. Nur in einem Betrieb wurde eine Milchkuh gehalten, so daß sich im Durchschnitt aller 40 Betriebe lediglich 2 TK Jahreseinnahmen aus dem Milchverkauf ergeben.

Milchviehhaltung anstelle der Zugochsen ist im Untersuchungsgebiet durch die Nähe zur Stadt Comilla mit großer Nachfrage (Frischmilch, Butter- und Käseherstellung) in gewissem Maße möglich, jedoch untypisch für das ganze Land, da nur im Umkreis großer Städte eine kaufkräftige Nachfrage besteht[2].

3.2.7 Marktintegration

Auf der Grundlage der Verkaufserlöse für pflanzliche Produkte im Verhältnis zum wertmäßigen Anteil des Eigenverbrauchs in den Betrieben der vier Mechanisierungstypen (vergl. Kap. 3.2.6)

---

1) Die niedrigsten durchschnittlichen Verkaufserlöse in den Betrieben des Mechanisierungstyps IV (70 TK), die höchsten in denen des Mechanisierungstyps II (467 TK); Betriebe der Mechanisierungstypen I bzw. III verkauften durchschnittlich Tiere für 137 bzw. 148 TK pro Jahr und Betrieb.
2) Vergl. dazu auch Kap. 4.2.4.

Tab. 26 **Grad der Marktintegration für Reis[a] nach Betriebsgrößenklasse und Mechanisierungstyp für 160 Betriebe - Amon 1973, Boro 1973/74, Aus 1974 -**

(in v.H.)

Bewirtschaftete Fläche (acres)	Mechanisierungstyp[b]				Durchschnitt (Betr.-größenklasse)
	I	II	III	IV	
1	2	3	4	5	6
unter 1,5	7,8	11,6	26,0	26,5	18,0
1,5 - unter 3,0	20,5	17,3	24,0	41,0	28,3
3,0 und mehr	-[c]	26,3	33,2	45,0	34,7
Durchschnitt	13,0	20,5	28,9	41,3	29,2

a) in der Regel ungeschälter Reis; geschälter Reis (entspricht ca. 2/3 von ungeschältem) ist auf ungeschälten Reis umgerechnet worden; besonders für die Kleinbetriebe, in denen Reis in kleinen Mengen und über lange Zeiträume verkauft wird, dürften die Angaben über Reisverkäufe zu niedrig gewesen sein;
b) Mechanisierungstyp: I = unbewässert, Ochsen (traditionell); II = unbewässert, Schlepper; III = Tiefbrunnen, Ochsen; IV = Tiefbrunnen, Schlepper;
c) für die beiden Betriebe dieser Betriebsgrößenklasse wurde Reis lediglich für die Selbstversorgung und nur Gemüse für den Verkauf angebaut.

Quelle: eigene Erhebungen

wird zunächst für Reis der Grad der Marktintegration beschrieben. Anschließend wird die Marktleistung durch Gemüseproduktion dargestellt, weil für Gemüse im Gegensatz zu Reis der Eigenverbrauch in den Betrieben kaum eine Rolle spielt und nahezu die gesamte Produktion vermarktet wird.

Erwartungsgemäß weist Tab. 26 den jeweilig niedrigsten Grad der Marktintegration in der Gruppe der Betriebe mit kleinen Bewirtschaftungsflächen (unter 1,5 acre) und die höchste Marktintegration für Reis in der Gruppe der Betriebe mit großen Bewirtschaftungsflächen (3,0 acres und mehr) aus[1]. Auch innerhalb derselben Betriebsgrößenklassen ergaben sich zwischen den jeweiligen Mecha-

1) PEARSON's Produkt-Moment-Korrelation für Anbaufläche und Grad der Marktintegration r = 0,26336^{+++}.

nisierungstypen hoch signifikante Steigerungen der Marktintegration nach dem Grad der Mechanisierung, also von Mechanisierungstyp I bis IV[1].

Obgleich die sich durchschnittlich ergebende Marktintegration von lediglich 13 v.H. in den Betrieben des Mechanisierungstyps I durch den im Verhältnis zu den drei anderen Mechanisierungstypen höheren Anteil von Kleinbetrieben maßgeblich mit beeinflußt wird[2], darf doch der Einfluß der niedrigeren Flächenerträge und geringeren Anbauintensität für Reis[3] nicht übersehen werden. Trotz der relativ geringen Unterschiede in der Betriebsgrößenverteilung zwischen den Betrieben der Mechanisierungstypen II bis IV ergaben sich dennoch erhebliche Differenzierungen nach dem Grad der durchschnittlichen Marktintegration, der auf die unterschiedlichen Produktionsvolumina in den Betrieben der verschiedenen Mechanisierungstypen zurückzuführen ist (vergl. Kap. 3.2.6).

Die Bodennutzungsintensität[4] ist in der Gemüseproduktion sowohl zwischen den verschiedenen Betriebsgrößenklassen als auch zwischen den verschiedenen Mechanisierungstypen sehr unterschiedlich gewesen, wie durch Tab. 27 belegt wird.

---

1) PEARSON's Produkt-Moment-Korrelation $r = 0{,}42760^{+++}$.
2) In die Betriebsgrößenklasse unter 1,5 acre entfallen bei den Mechanisierungstypen II und III jeweils 41 v.H. und auf den Mechanisierungstyp IV sogar 72 v.H. weniger Betriebe im Verhältnis zu der entsprechenden Anzahl von Betrieben des Mechanisierungstyps I.
3) In den Betrieben unter 1,5 acre lagen die Flächenerträge für die Betriebe des Mechanisierungstyps I um 33 v.H. unter denen des Mechanisierungstyps IV (vergl. Tab. 22) und die entsprechende Anbauintensität für Reis um 30 v.H. niedriger (vergl. Tab. 14).
4) Bodennutzungsintensität ist ein Maß für die Flächennutzung; eine hohe Bodennutzungsintensität kann sich durch flächenintensive Nutzung mit hochwertigen Anbauprodukten (hohe Marktleistung bzw. Deckungsbeiträge pro Flächeneinheit) oder bei derselben Anbaukultur durch hohen Einsatz bodensparender Inputs (Dünger) oder intensive Kulturmaßnahmen ergeben.

Tab. 27 Marktleistungen pro acre durch Gemüseproduktion in 84 Betrieben[a] nach Betriebsgrößenklasse und Mechanisierungstyp, Herbst/Winter 1973/74

(Roherträge in TK pro acre)

Bewirtschaftete Fläche (acres)	Mechanisierungstyp[b]				Durchschnitt (Betr.-größenklasse)
	I	II	III	IV	
1	2	3	4	5	6
unter 1,5	3232	525	2845	-	3016
1,5 - unter 3,0	3700	1636	1344	3338	2577
3,0 und mehr	3536	2395	3188	4719	3251
Durchschnitt	3495	2010	2405	4009	2931

a) Rabi (Gemüse)-Produktion erfolgte in den je 40 Betrieben der Mechanisierungstpyen I bis IV in jeweils 30, 13, 19 und 22 Betrieben;
b) Mechanisierungstyp: I = unbewässert, Ochsen (traditionell); II = unbewässert, Schlepper; III = Tiefbrunnen, Ochsen; IV = Tiefbrunnen, Schlepper.

Quelle: eigene Erhebungen

Die höchsten durchschnittlichen Marktleistungen pro acre sind in den am stärksten mechanisierten Betrieben (Mechanisierungstyp IV) erzielt worden, die niedrigsten in Schlepper verwendenden Betrieben (Mechanisierungstyp II). In den Klein- und Mittelbetrieben (weniger als 1,5 bzw. 3,0 acres Bewirtschaftungsfläche) waren die höchsten durchschnittlichen Marktleistungen in den traditionell mechanisierten Betrieben (Mechanisierungstyp I) zu finden. In den größeren Betrieben (3,0 acres und mehr) jedoch lagen die durchschnittlichen Marktleistungen für den Mechanisierungstyp I um 25 v.H. unter denen des Mechanisierungstyps IV, was sich vornehmlich durch die guten Bewässerungsmöglichkeiten durch Tiefbrunnen erklären dürfte.

Da Gemüse in den Betrieben nur sehr kurzfristig gelagert[1] und

1) Auch Kartoffeln lassen sich ohne Kühlmöglichkeiten nur wenige Wochen lagern.

in der Erntezeit nur in sehr beschränktem Umfang in den Betrieben bzw. Haushalten selbst verbraucht werden kann, ist im Gegensatz zu Reis eine nahezu vollständige Marktintegration gegeben[1]. Demgegenüber richtet sich der Grad der Marktintegration[2] für das Grundnahrungsmittel Reis nach dem durch die Anzahl der Haushaltsmitglieder pro Betrieb determinierten Selbstversorgungsanspruch und der je Betrieb verfügbaren Flächenausstattung, die den Umfang der über den Subsistenzbedarf hinausreichenden Reisproduktion determiniert.

3.3 Zusammenfassung

Die seit Anfang der 60-er Jahre im Rahmen des 'Comilla-Projektes' stark geförderte (kapitalintensive) Mechanisierung der Landwirtschaft zielt vornehmlich auf eine Ausweitung der Winterbewässerung und die Durchführung mechanisierter Bodenbearbeitung. Bedienung, Wartung und Reparatur der überbetrieblich eingesetzten Bewässerungspumpen und Schlepper werden im wesentlichen von der zu diesem Zwecke gegründeten Zentralgenossenschaft (KTCCA) übernommen, die diese Dienste den dörflichen Primärgenossenschaften anbietet.

Trotz eines sehr hohen Anteils der bewässerten an der gesamten landwirtschaftlichen Nutzfläche in Comilla Kotwali Thana gibt es eine Reihe schwerwiegender organisationstechnischer Probleme bei der Winterbewässerung. Als wichtigste sind die infolge suboptimaler Wartung sehr niedrigen Flächenleistungen der Pumpen zu nennen, die organisationsbedingten, teilweise erheblichen Verzögerungen des Bewässerungsbeginnes und die kurzen täglichen Bewässerungszeiten.

---

1) Die schlechten Lagerungsmöglichkeiten auf der Betriebsebene lassen lediglich im Umkreis größerer Städte bzw. Märkte gute Vermarktungsmöglichkeiten entstehen, weil die entsprechenden Lagerkapazitäten dort angeboten werden können. Im Untersuchungsgebiet liegen relativ günstige Vermarktungsmöglichkeiten für Gemüse vor, die für das ganze Land jedoch nicht unterstellt werden können.
2) Grad der Marktintegration als der vermarktete Anteil (in v.H. der Gesamt-Reisproduktion während eines Jahres).

Der Einsatz von Schleppern im Jahresverlauf wird durch stark schwankenden, saisonalen Bedarf charakterisiert und ist in den trockenen Wintermonaten und direkt nach dem Monsun am höchsten. Daneben werden Schlepper für Transportarbeiten eingesetzt, für die der höchste Bedarf ebenfalls auf die Wintermonate entfällt.

Im Gegensatz zu der in den 60-er Jahren üblichen Praxis werden Schlepper vornehmlich auf Kleinstflächen eingesetzt, so daß sowohl die Bearbeitungs- wie auch die Wegezeiten überproportional hoch ausfallen. Landbewirtschafter mit Bedarf für Schlepperarbeiten bestellen den Schlepper in der KTCCA vor. Infolge fehlender Kontrolle des Schleppereinsatzes im Feld werden jedoch Arbeiten weitgehend außerhalb der Vorbestellung durchgeführt. Dies führt zu zeitlichen Verzögerungen bzw. zu nicht kalkulierbaren Einsatzzeiten für den Vorbesteller. Die mit der Einführung des Schleppers ursprünglich angestrebte Überwindung des Zugkraft-Engpasses insbesondere in Kleinbetrieben ohne ausreichende Zugkraftausstattung ist infolge der unsicheren Verfügbarkeit der Schlepper nicht erreicht worden. Im Gegensatz dazu scheinen die hoch subventionierten Mechanisierungsmaßnahmen vornehmlich den ohnehin wirtschaftlich, sozial, statusmäßig und auf lokaler Ebene 'machtpolitisch' begünstigten Landbewirtschaftern zugute zu kommen. Obwohl deren Einfluß zur Nutzung der überbetrieblich angebotenen Mechanisierung groß ist, ist dennoch in diesen Betriebsgruppen der eigene Zugviehbestand nicht reduziert worden.

Die jeweiligen Auswirkungen der Bewässerungs- und Bodenbearbeitungsmechanisierung sind in den Untersuchungsbetrieben sehr unterschiedlich gewesen und sollen deshalb getrennt dargestellt werden. Vereinfachend läßt sich feststellen, daß in den Schlepper verwendenden Betrieben (Mechanisierungstyp II und IV) das durch die Erhöhung der Zug- und Schlagkraft durch den Schlepper mögliche Potential zu einer Steigerung der Anbauintensität - mit der damit zusammenhängenden Steigerung des Arbeitskräfteeinsatzes und einer Gesamterhöhung der pflanzlichen Produktion - nicht genutzt wurde. Verglichen mit der Kontrollgruppe der traditionell mechanisierten Betriebe (Mechanisierungstyp I) sind in den Schlepper verwendenden Betrieben (Mechanisierungstyp II) für Reisanbau insgesamt weniger Arbeitskräfte (AK) je Flächeneinheit eingesetzt gewesen, obwohl der Anteil von Fremd-AK höher lag. Während die Anbauintensität für Reis bei den Mechanisierungstypen gleich war, ist durch den intensiven Gemüseanbau der traditionell mechanisierten Betriebe eine sehr viel höhere Gesamtanbauintensität der Betriebe des Mechanisierungstyps I erreicht worden.

Trotz der weniger starken Nutzung der Aus-Anbauperiode mit relativ niedrigen Reiserträgen sind in den Schlepper verwendenden Betrieben niedrigere Jahresdurchschnittserträge für Reis erzielt worden als in den traditionell mechanisierten Betrieben. Als Grund dafür ist besonders der relativ niedrige N-Düngereinsatz zu nennen. Infolge der geringen Gemüseproduktion sind auch die jährlichen Verkaufserlöse pro Betrieb im Durchschnitt in den Schlepper verwendenden Betrieben sehr viel niedriger als in den Kontrollbetrieben gewesen[1].

Demgegenüber ist durch die Winterbewässerung ein Anbau in der klimatisch sicheren und durch hohe potentielle Reiserträge zu charakterisierenden Boro-Anbauperiode ermöglicht worden, mit positiven Auswirkungen auf die Gesamtproduktion. Der Gesamt-Fremd-AK-Einsatz ist mehr als die Hälfte höher als in den traditionell mechanisierten Betrieben gewesen, wenngleich dieser Mehreinsatz von Fremd-AK lediglich den Familien-AK-Einsatz substituiert hat (für Reisanbau). Der allgemein höheren Gesamt-Anbauintensität der bewässerten zu den unbewässerten Betrieben steht eine absolute Abnahme der Anbauintensität für die Aus-Anbauperiode gegenüber, in der der Reisanbau etwa zur Hälfte zugunsten einer Ausweitung des Boro-Anbaues in den bewässerten Betrieben eingeschränkt wurde.

Saisonspezifisch werden (wegen der Bedeutung des Boro-Anbaues) in den bewässerten Betrieben stärker hochertragreiche Sorten an-

---

1) Traditionell mechanisiert, Betriebe des Mechanisierungstyps I.

gebaut, doch liegt der Düngerverbrauch insbesondere in den Betrieben des Mechanisierungstyps IV (Tiefbrunnen und Schlepperverwendung) teilweise erheblich unter dem Durchschnitt. Dennoch liegen sowohl die jährlichen Durchschnittserträge als auch das Jahresproduktionsvolumen für Reis erheblich über den jeweiligen Durchschnitten für nicht bewässernde Betriebe der Mechanisierungstypen I und II, was sich auf die hohen Boro-Erträge zurückführen läßt.

Die Gemüseproduktion in den Betrieben der Mechanisierungstypen III und IV nimmt mehr oder weniger den gleichen jeweiligen Flächenanteil ein wie in den Betrieben des Mechanisierungstyps II und liegt damit erheblich niedriger als in den traditionell mechanisierten Betrieben. Die Bodennutzungsintensität ist in der Gemüseproduktion in den Klein- und Mittelbetrieben (weniger als 1,5 bzw. 3,0 acres Betriebsfläche) der traditionell mechanisierten Betriebe am größten gewesen, jedoch durch die guten Bewässerungsmöglichkeiten in den über 3,0 acre-Betrieben am höchsten in den Betrieben der Mechanisierungstypen III und besonders IV gewesen.

Das höhere Produktionsvolumen für Reis hat in den bewässerten Betrieben eine im Verhältnis zu den nicht bewässernden Betrieben sehr viel höhere Marktintegration nach sich gezogen. Höhere Bargeldeinnahmen durch stärkere Marktintegration sind mit steigender Betriebsgröße korreliert. Offensichtlich steigt die lokale 'Machtposition' eines Landbewirtschafters jedoch nicht nur mit steigender Betriebsgröße, sondern auch nach dem Grad der Verfügbarkeit über überbetrieblich angebotene Mechanisierung, wie sich an der unterschiedlichen Höhe der Schwarzmarktpreise für Düngemittel nachweisen läßt, die sich umgekehrt proportional zur Betriebsgröße und dem Grad der Mechanisierung verhalten. Daraus läßt sich jedoch auch der Umkehrschluß ziehen, daß es nämlich insbesondere die einflußreicheren Landbewirtschafter geschafft haben, sich die überbetrieblichen Mechanisierungsangebote zu sichern.

Auch im Vergleich der Mechanisierungstypen III und IV lassen sich keine positiven Auswirkungen - wie höhere Beschäftigung, höhere Anbauintensität durch höhere Produktionsvolumina etc. - auf den Einsatz von Schlepper (Mechanisierungstyp IV) im Vergleich zur Verwendung tierischer Zugkraft für die Bodenbearbeitung (Mechanisierungstyp III) zurückführen. Durch die im Untersuchungsgebiet praktizierte Art des Einsatzes von Schleppern, ist die Arbeitsproduktivität bei der Bodenbearbeitung zu früh gesteigert worden, ohne daß diese, unter den Gegebenheiten negativ zu bewertende Steigerung der Arbeitsproduktivität im Sinne einer gezielten Schlag- und/oder Zugkraft-Engpaßüberwindung genutzt worden wäre. Durch den Einsatz des Schleppers nämlich ist der Arbeitseinsatz für die Bodenbearbeitung gesenkt worden, ohne daß durch eine Erhöhung der Gesamt-Beschäftigung pro Jahr und Steigerung der pflanzlichen Gesamtproduktion dieser niedrigere Arbeitseinsatz in irgend einer Form kompensiert worden wäre.

Im Gegensatz zu der ebenfalls kapital- und devisenintensiven Bewässerung ist der hoch subventionierte Schlepper also im Wesentlichen nur als Substitut für die Bodenbearbeitung mit Ochsen genutzt worden, ohne daß sich die raschere Erledigung der Bodenbearbeitung positiv auf die Beschäftigung oder Produktion im Durchschnitt dieser Betriebsgruppen (Mechanisierungstyp II bzw. IV) hat auswirken können.

4 Möglichkeiten einer entwicklungskonformen Mechanisierung: Modellkalkulationen

Bezugnehmend auf die in Kap. 1.2 abgeleiteten entwicklungspolitischen Zielsetzungen muß eine entwicklungskonforme Mechanisierung einen Beitrag leisten zu einer Flächenproduktivitätssteigerung, weil infolge der hohen Besiedlungsdichte im Untersuchungsland keine Flächenausdehnungen für die notwendige Erhöhung der agrarischen Produktion mehr möglich sind, sondern nur noch Erhöhungen der Produktion pro Flächeneinheit. Des weiteren ist diese Mechanisierung so auszugestalten, daß sie mit beiträgt zu einer möglichst umfassenden, produktiven Beschäftigung einer möglichst großen Anzahl landwirtschaftlicher Erwerbsfähiger. Dabei soll diese Mechanisierung gleichzeitig eine möglichst geringe Kapital- und insbesondere Devisenbelastung erfordern, und auch die Abhängigkeiten von Auslandsimporten für Maschinen, Geräte, Ersatzteile und Betriebsmittel sollen so niedrig wie möglich sein, um eine eigenständige Entwicklung zu begünstigen.

Wenn diese entwicklungspolitischen Forderungen angemessen in den auf Betriebsebene durchgeführten Modellkalkulationen berücksichtigt werden sollen, ist die Formulierung überbetrieblicher Präferenzen unumgänglich. Das kann zur Folge haben, daß eine Berücksichtigung überbetrieblicher Forderungen das Erzielen eines betriebswirtschaftlichen Optimums nicht mehr möglich macht. Auf Betriebsebene nämlich kann im wesentlichen nur eine Maximierung des Bruttohaushaltseinkommens bei Minimierung der Kosten berücksichtigt werden. Hier aber sollen gesamtwirtschaftlich positiv zu bewertende Auswirkungen - wie etwa eine höhere Arbeitsintensität - auch dann in die Modellkalkulation auf Betriebsebene mit eingebracht werden, wenn sie auf Betriebsebene nicht zum Optimum führen, weil sich dadurch z.B. höhere Kosten ergeben als für ein entsprechend kapitalintensiveres Verfahren.

Die in Kap. 4.1 dargestellten Betriebsergebnisse sind für die vier Gruppen von je 40 Betrieben der verschiedenen Mechanisierungstypen aus den empirischen Erhebungen abgeleitet (siehe Kap. 3). Für jeden Mechanisierungstyp ist auf der Basis der durchschnittlichen Betriebsergebnisse ein der durchschnittlichen Betriebsgröße von 1,7 acre landwirtschaftlicher Nutzfläche entsprechender Betrieb konstruiert worden. Die stufenweise Einführung von Umstellungen in der Betriebsorganisation wird in Kap. 4.2 dargestellt. Dabei werden zunächst die Auswirkungen einer besseren Ausnutzung der gegebenen Technologie wiedergegeben (Kap. 4.2.1). In Kap. 4.2.2 wird die Einführung selektiver kapitalintensiver Mechanisierung diskutiert, durch die bestehende Engpässe bei der Bewässerung und der Bodenbearbeitung überwunden werden können. Die optimale Betriebsorganisation wird durch die Kombination technischer und organisatorischer Neuerungen in Kap. 4.2.3 ermittelt. Das um Weizen, Sonnenblumen und Sorghum erweiterte Produktionsverfahren wird durch die selektive Einführung von wenig kapitalintensiver Bambusbrunnen/Kleinpumpen-Bewässerung und Einachsschleppereinsatz als Ergänzung zur traditionellen Bodenbearbeitung mit Ochsen ermöglicht. Kap. 4.2.4 stellt die sich zusätzlich anbietenden Möglichkeiten für Umstellungen in der tierischen Produktion dar. In Kap. 4.3 schließlich werden die Voraussetzungen für eine Implementierung der in Kap. 4.2 durchgeführten Betriebsplanung diskutiert.

Die Faktorausstattung der vier Modellbetriebe ist weitgehend gleich. Der Boden kann bis zu dreimal pro Jahr genutzt werden (maximale Anbauintensität = 300 v.H.). Die verfügbaren Familienarbeitskräfte könnten bis auf die Arbeitsspitzen (insgesamt etwa acht Wochen pro Jahr) alle anstehenden Feldarbeiten erledigen. Dennoch wird weitgehend auf Fremdarbeitskräfte zurückgegriffen. Saisonale Arbeitskräfteverknappungen treten durch den hohen Anteil dorfansässiger landloser und landarmer Landarbeiter und den hohen Anteil von Wanderarbeitern während der arbeitsintensiven Zeiten nicht auf. Demgegenüber treten Engpässe durch mangelnde Zugkraft (besonders bei hartem Boden im Winter) und Schlagkraft bei der Bodenbearbeitung und durch beschränkte Bewässerungsmöglichkeiten im Winter auf. Die Kapitalverfügbarkeit in den Betrieben ist sehr beschränkt. Geringe Liquidität schränkt besonders in Kleinbetrieben die Verwendung flächenproduktivitätssteigernder Inputs ein[1]. Nur während des Winters ist ein alternativer Anbau zu Reis möglich[2]. In dieser Zeit können alternative Anbaukulturen nur auf Kosten von Boro-Reis ausgedehnt werden.

Angemessene Be- bzw. Entwässerung vorausgesetzt, ist ein ganzjähriger Anbau möglich.

---

1) Siehe dazu Kap. 4.3.2.
2) In Amon und besonders in Aus auch Jute, die aber im Untersuchungsgebiet von untergeordneter Bedeutung ist.

Im gegenwärtigen Produktionsverfahren werden neben Reis in geringem Umfang Kartoffeln in den Betrieben der vier Mechanisierungstypen angebaut. Als neue Produktionsverfahren werden in Kap. 4.2.3 zusätzlich Weizen, Sonnenblumen und Sorghum eingeführt, für die Restkapazitäten an Land in der Winter-Saison berücksichtigt werden.

Die Darstellung des Betriebserfolges erfolgt durch Deckungsbeitragsrechnungen[1] - bzw. -vergleiche. Diese zeitraumbezogenen Prozeßrechnungen gelten für Betriebszweige bzw. Produktionsverfahren (fast ausschließlich solchen der Pflanzenproduktion), die den Vergleich des Technologieniveaus (verschiedene Mechanisierungstypen) und partielle Änderungen hinreichend verdeutlichen. Die Schwierigkeiten einer Abgrenzung von 'Betrieb' und 'Haushalt', die in den weitgehend auf Subsistenzniveau wirtschaftenden Betrieben gegeben sind, werden durch die Verwendung von Deckungsbeitragsrechnungen umgangen.

In die Berechnungen sind lediglich die variablen Kosten wie insbesondere für Fremd-AK, Bodenbearbeitung, biologische und chemische Inputs eingegangen, und familieneigene Inputs wie Familienarbeitskräfte, Arbeitstiere, Land, landwirtschaftliche Geräte, organischer Dünger etc. sind nicht mit berücksichtigt worden. Dies scheint aus verschiedenen Gründen gerechtfertigt:

- die Betrachtung zielt ceteris paribus auf Vergleiche von Betriebszweigen durch horizontale Betriebsvergleiche für Betriebe unterschiedlicher Mechanisierungstypen ab,

- kurzfristig ergeben sich für die im Besitz des Betriebes befindlichen Produktionsmittel mit fixen Kosten keine Opportunitätskosten,

- die Bewertung der ohnehin nicht stark ins Gewicht fallenden

---

1) Vergl. Koordinierungsausschuß zur Vereinheitlichung betriebswirtschaftlicher Begriffe beim Bundesministerium für Ernährung, Landwirtschaft und Forsten, Begriffs-Systematik für die landwirtschaftliche und gartenbauliche Betriebslehre. Heft 14. Bonn 1973, S. 85, 92ff.

Inputs[1] ist schwierig und

- die Ausstattung der Modellbetriebe mit familieneigenen Inputs ist so ähnlich, daß sich lediglich geringfügige Abweichungen ergäben.

Die sich für den Reis- und Kartoffelanbau ergebenden Kosten und Erträge (siehe Kap. 4.1) sind für die nachfolgenden Vergleiche gleich 100 gesetzt worden. So können die sich durch die alternativen Betriebsplanungen ergebenden Verschiebungen der Kosten, Erträge und des Arbeitskräfteeinsatzes[2] durch die prozentualen Veränderungen der Ergebnisse in Kap. 4.2 ablesen lassen.

4.1 Ausgangslage der Modellbetriebe

Von den in der Grunderhebung erfaßten 418 Betrieben beträgt die durchschnittlich bearbeitete Fläche pro Betrieb 1,7 acres. Diese Betriebsgrößenklasse repräsentiert die sehr wichtige Gruppe von Betrieben, die mehr oder weniger auf Subsistenzniveau, also ohne nennenswerte Marktintegration, bewirtschaftet werden.

Die vier Modellbetriebe stellen je ein Beispiel für ein unterschiedliches Mechanisierungsniveau dar und weisen die sich durchschnittlich ergebende LN von 1,7 acres auf.

Es handelt sich bei den Modellbetrieben nicht um Realbetriebe,

---

1) Beispielsweise stellen Arbeitstiere die kostenintensivsten Produktionsmittel dar; ein Zugochse kostet etwa 800 TK und wird nach einer unterstellten Nutzungsdauer von sechs Jahren für 200 TK verkauft. In den für zwei Arbeitstiere sich ergebenden Fixkosten von 200 TK pro Jahr sind die Futterkosten nicht enthalten, die aber sehr schwierig zu bemessen sind, da die Tiere nur sehr unzureichend auf der Basis des anfallenden Reisstrohes gefüttert werden, für das keine Opportunitätskosten anfallen. Eine zusätzliche Schwierigkeit stellt die übliche, unentgeltliche Verleihung von Arbeitstieren im Rahmen der patrilokalen Verwandtschaftsgruppen dar.
2) Der volle Umfang des AK-Einsatzes aller in Kap. 4.2 eingeführten Produktionsverfahren ist dafür ausschließlich als Fremd-Ak-Einsatz berücksichtigt.

sondern es sind für jeden der Betriebe die Durchschnittswerte aus der Spezialerhebung (n = 160) zugrunde gelegt. Jeder der Betriebstypen stützt sich also auf die Erhebungsergebnisse der je 40 Betriebe der vier unterschiedlichen Mechanisierungsstufen. Die Daten dieser synthetischen Betriebe sind aussagefähiger als es ausgewählte Einzelbetriebsdaten sein könnten. Für Realbetriebe nämlich ergeben sich durch betriebsspezifische Besonderheiten teilweise große Abweichungen von den Gruppendurchschnitten, die zu Verzerrungen der Ergebnisse geführt hätten.

Obwohl die gleiche Ausstattung mit Land in den vier Betriebstypen zugrunde liegt, ergeben sich als Folge der unterschiedlichen Technologieverwendung große Abweichungen in der Anbauintensität, die erhebliche Differenzierungen der Bruttoproduktion nach sich ziehen. Verstärkt wird diese Wirkung noch durch abweichende Reiserträge, die in den beiden Gruppen mit Bewässerung durch die Verwendung der sichereren Trockenzeit (mit fast ausschließlicher Verwendung von hochertragreichen Sorten - HYV) mehr als 20 v.H. höher als in den beiden Betriebsgruppen ohne Winterbewässerung liegen.

Die Preise für Reis unterliegen sehr stark der Angebotssituation am Markt. So ergaben sich innerhalb der Referenzperiode von Amon 1973/74 bis Aus 1974 bei den Erhebungen Preise von 100 TK bis 181 TK pro mound (md.). Diese Preise wurden noch übertroffen von den Reispreisen in der Boro- und Aus-Anbauperiode 1975 mit Spitzenpreisen bis zu 240 TK/md.

In Abhängigkeit von der Entwicklung des Reispreises ergeben sich auch für andere landwirtschaftliche Produkte Preisveränderungen, was insbesondere für pflanzliche Produkte zutrifft.

Um die allgemeine Aussagefähigkeit der Modellkalkulationen zu erhöhen, ist nicht von den Reispreisen ausgegangen worden, die in der Untersuchung erhoben wurden, weil die angespannte Versorgungslage die Preise in der Referenzperiode überdurchschnittlich hoch hielt. Stattdessen ist mit drei verschieden hohen Reispreisen kalkuliert worden.

Als erster Lösungsvorschlag für die Preisgestaltung bei Reis sind 170 TK/md. angenommen worden, wie er durchschnittlich 1973/74 realisiert wurde. In der Amon-Anbauperiode 1975/76 ergaben sich aufgrund einer sehr guten Ernte sehr niedrige Reispreise von 50 - 60 TK/md.

Als zweiter Lösungsvorschlag sind deshalb 60 TK/md. zugrunde gelegt worden. Dieser Preis erscheint aber unrealistisch, weil selbst die Regierungsaufkäufer einen Preis von 74 TK/md.[1] nicht unterschritten, weil zu befürchten steht, daß insbesondere größere Landbewirtschafter bei Preisen um 50 - 60 TK/md. nicht mehr gewillt sind, für den Markt zu produzieren. Sie würden sich auf Subsistenzniveau zurückziehen, bis es ihnen wieder attraktiv erschiene, für den Markt zu produzieren. Dies ist möglich, weil ihre Fixkosten so niedrig liegen, daß sie nicht gezwungen sind, sich mengenmäßig an gefallene Marktpreise anzupassen.

Als dritter Lösungsvorschlag ist mit einem Reispreis von 74 TK/md. ein Preisniveau gewählt worden, das sich für die nächste Zukunft als realistisch erweisen könnte, wenn relativ gute Reisernten erzielt werden und damit das Angebot am Markt hoch bleibt.

Dieser mittlere Reispreis ist für die folgenden Kalkulationen als Grundlage verwandt worden. Für andere pflanzliche Produkte sind ebenfalls niedrigere Preise zugrunde gelegt worden als in der Hochpreiszeit Mitte 1975 bestanden. In dem Maße, in dem sich Reis von Mitte 1975 bis zum Jahreswechsel 1975/76 verbilligte, ist ein Preisabschlag für Weizen, Sorghum und Sonnenblumen berücksichtigt.

Die durchgeführten Modellkalkulationen können keine Realität vortäuschen, die Grundlage für einen Landbewirtschafter sein

---

1) MIAN, M.S., Costs and Returns. A Study of Transplanted Amon Paddy Between HYV and LV (1975). BARD, Comilla 1976, p. 7.

könnte, sich durch die Wahl der Anbaukulturen an Produktpreise anzupassen. Es bleibt ein hohes Maß an Unsicherheit über zukünftige Preisentwicklungen, und deshalb kann festgestellt werden, daß sich Landbewirtschafter in Zeiten mit sehr hohen Reispreisen soweit wie möglich auf die Reisproduktion konzentrieren und in solchen Zeiten extrem hohe Gewinne erzielen[1].

Die Planungen der Betriebe wurden in Anlehnung an die auch in der praktischen Betriebsberatung in Deutschland erfolgreich verwendete Programmplanung[2] durchgeführt. Diese Methode der Annäherung an Optimallösungen wurde gewählt, weil sie übersichtlich bleibt, um die Fülle der notwendigen Annahmen, Präferenzen, sozialen Hindernisse und Umweltfaktoren mit in den Kalkulationen berücksichtigen zu können - ohne die Modellkalkulationen für Betriebe in Entwicklungsländern in der Regel noch nicht sinnvoll durchgeführt werden können[3].

Notwendigerweise schränken diese Prämissen die Vergleichbarkeit der Modellkalkulation mit der betrieblichen Wirklichkeit mehr oder weniger stark ein. Hinzu kommt, daß ein Landbewirtschafter im Regelfall wegen geringer Liquidität dazu tendiert, mit geringerer Intensität zu arbeiten als nach Kosten-Ertragsrelationsberechnungen angeraten scheint.

Mit Ausnahme möglicher saisonaler Engpässe gibt es im allgemei-

---

1) Die staatlich festgelegten Preise für Inputs sind nämlich relativ stabil geblieben,und entgegen der allgemeinen Vorstellung, daß sich Löhne an die Marktpreise anpassen, konnte bei größeren Landbewirtschaftern der gegenteilige Effekt beobachtet werden. Da in der Regel ein Teil der Bezahlung in Naturalien (Reismahlzeiten) erfolgt, wurde dieser Teil wegen des gestiegenen Reispreises höher bewertet, was zu Abzügen bei den Bargeldauszahlungen führte.
2) SCHULZE, K.-D., Bundeseinheitliche Programmplanungsmethode (Sonderdruck), Hess. Ldw. Beratungsseminar. 2. Aufl., Rauischholzhausen, o.J.
3) Aus der Fülle der Probleme seien beispielsweise erwähnt: Geringes Angebot und mangelhafte Infrastruktur beschränken das Angebot von Inputs zu kalkulierbaren Preisen; krasse Ernteschwankungen und unzureichende Vermarktungsmöglichkeiten führen zu nicht kalkulierbaren Produktpreisschwankungen; fehlende Saatgutgesetze erschweren oder verhindern die Verwendung ertragreicher Hybridsorten; tradierte Nahrungsgewohnheiten beschränken das Angebot möglicher Anbaukulturen etc.

nen einen hohen Arbeitskräfteüberschuß auf dem Lande. Im Gegensatz zur Programmplanung, wie sie in Deutschland angewendet wird, ist die Verwendung menschlicher Arbeitskraft deshalb nicht als knapper Faktor berücksichtigt worden.

Die allgemein große Landknappheit in Bangladesh ist im Untersuchungsgebiet besonders gravierend. Da Landreserven praktisch nicht existieren (zumindest im Untersuchungsgebiet nicht), liegt für den einzelnen Landbewirtschafter neben der möglichen Ertragssteigerung vor allem in einer Erhöhung der Anbauintensität der Schlüssel zur Produktionssteigerung. Dieser Umstand ist auf Betriebsebene berücksichtigt worden durch den Versuch, besonders in der Trockenzeit (Winter) durch Diversifikationen des Pflanzenanbaus eine höhere Anbauintensität zu erzielen. Als zusätzlicher Wettbewerbsmaßstab sind die je Anbauperiode erzielbaren Leistungen in Kalorien und Protein pro acre für mittlere Erträge (aus praktischen Feldversuchen in Bangladesh) in die Kalkulation mit eingegangen (siehe Tab. 43). Solange allerdings die Produktpreise nicht mit der ernährungswirtschaftlichen Bedeutung der jeweiligen pflanzlichen Produkte in Einklang gebracht sind (Flächenleistung je Zeiteinheit), wird dieser für die Nahrungsversorgung makroökonomisch bedeutsame Tatbestand für die Entscheidung bei der Wahl der Anbaukultur auf Betriebsebene keine Rolle spielen.

Im Untersuchungsgebiet stellt Reis das mit Abstand wichtigste Anbauprodukt dar. Für die pflanzliche Produktion ergeben sich für die drei möglichen Anbauperioden und die vier Mechanisierungstypen für 160 Betriebe folgende Anbauintensitäten[1]:

---

1) Vergl. dazu Kap. 3.2.2.

Tab. 28 **Anbauintensität und Reisertrag nach Anbauperiode und Mechanisierungstyp in 160 Betrieben[a)]**

(in TK pro Betrieb)

a) **Pflanzliche Produktion insgesamt (in v.H.)**

Anbau-periode	Mechanisierungstyp[b)]			
	I	II	III	IV
Amon 1973	67	83	82	85
Boro/Rabi 1973/74	26	8	50	54
Aus 1974	75	58	43	37
Anbauintensität (in v.H.)	168	149	175	176
Reisanteil (in v.H.)	85	95	95	96

b) **Reis (in v.H.)**

	I	II	III	IV
Amon 1973	67	83	82	85
Boro 1973/74	-	-	42	47
Aus 1974	75	58	43	37
Anbauintensität (in v.H.)	142	141	167	169
Reisertrag (in mds./acre)	22	18	27	25

a) proportionaler Anteil der einzelnen Anbauperioden an der Gesamtanbauintensität und der Anbauintensität für Reis;
b) Mechanisierungstyp: I = unbewässert, Ochsen;
II = unbewässert, Schlepper;
III = Tiefbrunnen, Ochsen;
IV = Tiefbrunnen, Schlepper.

Quelle: eigene Erhebungen

Neben Reis wird in der Boro-Anbauperiode im Untersuchungsgebiet Gemüse angebaut, wobei der Kartoffel, die als Gemüse verwendet wird, mit 72 v.H. Anbauflächenanteil die größte Bedeutung zukommt.

Vereinfachend wird in der Kalkulation, die der Tab. 29 zugrunde liegt, angenommen, daß neben Reis ausschließlich Kartoffeln angebaut werden (in Wirklichkeit sind es weitere 14 Anbaukulturen).

Die Produktionsmittelkosten variieren für Reissaatgut je nach den zugrunde gelegten Reispreisen. Für die pflanzliche Produktion ergeben sich auf der Basis der gegebenen Anbauintensität und der Durchschnittserträge in den Betrieben der verschiedenen Mechanisierungstypen für einen acre LN die in Tab. 29 ausgewiesenen Aufwendungen.

Für den Ist-Zustand der pflanzlichen Produktion wurden die in Tab. 30 aufgeführten Flächenleistungen und variable Produktionskosten zugrunde gelegt.

In den nachfolgenden Kalkulationen wird für Reis der staatliche Aufkaufpreis von 74 TK/md zugrunde gelegt (Amonernte 1975/76). Bei der ermittelten Anbauintensität und den Gruppendurchschnittserträgen (siehe Tab. 30) ergeben sich wegen der niedrigen Reiserträge in den Betrieben des Mechanisierungstyps II (Schlepperverwendung) gegenüber den traditionell mit Zugochsen arbeitenden Betrieben (Mechanisierungstyp I) ein um 38 v.H. höherer Dekkungsbeitrag, obwohl die veränderlichen Kosten um 9 v.H. höher liegen[1]. Gemessen an den traditionell bewirtschafteten Betrieben liegen die Deckungsbeiträge in den Bewässerungsbetrieben um 54 (Mechanisierungstyp III) bzw. 30 v.H. (Mechanisierungstyp IV) höher. Die Differenzen ergeben sich hauptsächlich aus den unterschiedlichen Erträgen und aus den um 16 v.H. höheren Aufwendungen für Fremdarbeitskräfte der Betriebe des Mechanisierungstyps IV (Tab. 29).

Tab. 31 weist aus, daß der Ernteanteil, der über der Produktionsschwelle liegt, in den Betrieben der verschiedenen Mecha-

---

1) Insbesondere auf die höheren Ausgaben für Düngemittel und die gegenüber der stark subventionierten Bodenbearbeitung mit Schleppern kostenintensive Verwendung von Zugochsen zurückzuführen.

Tab. 29 Kosten für Produktionsmittel, Bodenbearbeitung, Bewässerung und Fremd-AK für Reis- und Kartoffelanbau in 160 Betrieben verschiedener Mechanisierungstypen

(in TK)

Variable Kosten (in TK)	Reis[a)]				Kartoffeln[a)]
	Mechanisierungstyp[h)]				Mech.-Typ[h)]
	I	II	III	IV	I bis IV (Durchschnitt)
1	2	3	4	5	6
Saatgut[b)]					
- Höchstpreis	102	102	120	122	
- Niedrigpreis	37	37	43	44	800
- staatl.Aufkaufpr.	44	44	52	52	
Düngemittel[c)]	276	147	177	188	141
Pflanzenschutz	14	14	17	18	-
Bodenbearbeitung[d)]	204	165	240	185	144[f)]
Bewässerung[e)]	-	-	72	85	-[g)]
veränderl.AK-Kosten (gewichtet nach Anbauperiode)	491	575	798	929	972

Annahmen:

a) Basis: 1 acre ergibt für Mechanisierungstyp I bis IV eine Bruttobodennutzung von 1,42; 1,41; 1,67 und 1,69 acre respektive; der durchschnittliche Ertrag pro acre liegt bei 22; 18; 27 und 25 mds./acre respektive; Kartoffeln: eine Ernte pro Jahr, Basis: 1 acre;

b) Höchstpreis entspricht 170 TK/md., Niedrigpreis 60 TK/md. und der staatliche Aufkaufpreis 74 TK/md.; für Kartoffeln ist von einem kalkulierten Marktpreis von 50 TK/md. ausgegangen;

c) die Kosten für Düngemittel stellen die staatlich nicht kontrollierbaren Preise am 'freien Markt' dar und lassen keine Rückschlüsse auf die tatsächlich verwendeten Mengen zu (siehe dazu Kap. 3.2.4);

d) Schlepper durchschnittlich 60 TK/acre; für Zugtier-Bodenbearbeitung kalkulatorischer Ansatz (3/4 des Marktpreises = 144 TK/acre), weil Marktpreis nicht die tatsächlichen Kosten, sondern den tatsächlichen Ausnutzungsgrad reflektiert;

e) 180 TK/acre durchschnittlich;

f) traditionelle Bodenbearbeitung mit Zugtieren;

g) traditionelle Bewässerung, für die keine direkten Kosten für Wasser anfallen, sondern sehr hohe AK-Kosten, die in den Kosten für Arbeitskräfte enthalten sind;

h) Mechanisierungstyp: I = unbewässert, Ochsen (traditionell); II = unbewässert, Schlepper; III = Tiefbrunnen, Ochsen; IV = Tiefbrunnen, Schlepper.

Quelle: eigene Erhebungen und Berechnungen

Tab. 30 Pflanzliche Produktion (Reis und Kartoffeln) von 160 Betrieben verschiedener Mechanisierungstypen
- Basis: 1 acre[a] -
(Kosten bzw. Leistungen in TK)

Produktionskosten/ Flächenleistung	kalkulatorisches Preisniveau[b]	Reis				Kartoffeln
		Mechanisierungstyp[c]				Mech.-Typ[c]
		I	II	III	IV	I - IV (Durchschn.)
1	2	3	4	5	6	7
Jahresflächenleistung (in mds.)[d]		31	25	45	42	80
Marktleistung (Rohertrag)	Höchstpreis	5311	4315	7665	7183	
	Niedrigpreis	1874	1523	2705	2535	4000
	staatlicher Aufkaufpreis	2312	1878	3337	3127	
Summe veränderlicher Kosten	Höchstpreis	1087	1003	1424	1527	
	Niedrigpreis	1022	938	1347	1449	2057
	staatlicher Aufkaufpreis	1029	945	1356	1457	
Deckungsbeitrag	Höchstpreis	4224	3312	6241	5656	
	Niedrigpreis	852	585	1358	1086	1943
	staatlicher Aufkaufpreis	1283	933	1981	1670	
Produktionsschwelle[e] (in mds.)	Höchstpreis	6	6	8	9	
	Niedrigpreis	17	16	22	24	41
	staatlicher Aufkaufpreis	14	13	18	20	

a) 1 acre LN ergeben eine Bruttoflächenleistung in Betrieben der Mechanisierungstypen I bis IV von 1,42; 1,41; 1,67 und 1,69 acre respektive;
b) Höchst- und Niedrigpreis von 170 bzw. 60 TK/md.; staatlicher Aufkaufpreis 74 TK/md.; Kartoffeln 50 TK/md.;
c) Mechanisierungstyp: I = unbewässert, Ochsen (traditionell); II = unbewässert, Schlepper; III = Tiefbrunnen, Ochsen ; IV = Tiefbrunnen, Schlepper;
d) unter Zugrundelegung der Gruppendurchschnittserträge von 22; 18; 27 und 25 md/acre in den Betrieben der Mechanisierungstypen I bis IV und der durchschnittlichen Anbauintensität [siehe Anm. a)]; Kartoffeln eine Ernte pro Jahr;
e) lediglich variable Spezialkosten berücksichtigt (Fixkosten = 0 angenommen und für Betriebe der Mechanisierungstypen I bis IV als gleich angenommen); Produktionsschwelle = Summe veränderlicher Kosten/Preis pro md..

Quelle: eigene Erhebungen

Tab. 31 **Anteil der Reisernte über der Produktionsschwelle und relative Flächenleistungen in Betrieben verschiedener Mechanisierungstypen**

(in v.H.)

Produktionsleistung	Mechanisierungstyp[a)]			
	I	II	III	IV
Ernteanteil über Produktionsschwelle[b)]	55	48	60	52
relative Flächenleistung[c)]	100	81	145	135

a) Mechanisierungstyp: I = unbewässert, Ochsen;
II = unbewässert, Schlepper;
III = Tiefbrunnen, Ochsen;
IV = Tiefbrunnen, Schlepper;
b) lediglich variable Kosten; Fixkosten = 0 gesetzt, weil in Betrieben der Mechanisierungstypen I bis IV als gleich unterstellt;
c) Jahreserträge für Reis; Flächenleistung der Betriebe des Mechanisierungstyps I = 100.

Quelle: eigene Erhebungen

nisierungstypen um maximal 12 v.H. auseinanderliegen und damit lediglich Abweichungen von 5 v.H. nach oben bzw. 7 v.H. nach unten auftreten (gemessen an dem Anteil der Betriebe des Mechanisierungstyps I). Demgegenüber liegen die Flächenleistungen bis zu 45 v.H. über bzw. 19 v.H. unter denen der Betriebe des Mechanisierungstyps I.

Auf der Grundlage der oben dargestellten Produktionsbedingungen ergeben sich für die pflanzliche Produktion eines Durchschnittsbetriebes von 1,7 acres folgende Flächenleistungen und variable Produktionskosten:

Tab. 32 Kalkulatorische Deckungsbeitragsberechnung für die Reisproduktion in 160 Betrieben verschiedener Mechanisierungstypen
- Basis: 1,7 acre[a] -
(Kosten bzw. Leistungen in TK)

Flächenleistung/ Produktionskosten	Mechanisierungstyp[c]			
	I	II	III	IV
Marktleistung[b] (Rohertrag)	3930	3193	5673	5316
Summe veränderlicher Kosten	1750	1608	2305	2478
Deckungsbeitrag	2180	1585	3368	2838

a) Bruttobodennutzung in den Betrieben der Mechanisierungstypen I bis IV von 2,41; 2,40; 2,84 und 2,87 acres respektive;
b) Preis 74 TK/md. unter Zugrundelegung der Gruppendurchschnittserträge von 22; 18; 27 und 25 mds./acre;
c) Mechanisierungstyp: I = unbewässert, Ochsen (traditionell); II = unbewässert, Schlepper; III = Tiefbrunnen, Ochsen; IV = Tiefbrunnen, Schlepper.

Quelle: eigene Erhebungen

Tab. 33 Kalkulatorische Deckungsbeitragsberechnung für die Kartoffelproduktion in 84 Betrieben verschiedener Mechanisierungstypen
(Kosten bzw. Leistungen in TK)

Produktionsbasis, Produktionskosten und Flächenleistung	Mechanisierungstyp[a]			
	I	II	III	IV
verfügbare Restfläche[b] für Winteranbau (acres)	1,26	1,56	0,85	0,78
genutzte Fläche für Winteranbau (acres)	0,44	0,14	0,14	0,12
Marktleistung[c] (Rohertrag)	1760	560	560	480
Summe veränderlicher Kosten	905	288	288	247
Deckungsbeitrag	855	272	272	233

a) Mechanisierungstyp: I = unbewässert, Ochsen (traditionell); II = unbewässert, Schlepper; III = Tiefbrunnen, Ochsen; IV = Tiefbrunnen, Schlepper;
b) verfügbare Fläche minus genutzte Fläche (einschl. Reisanbaufläche in der Boro-Anbauperiode);
c) Ertrag 80 mds./acre bei 50 TK/md..

Quelle: eigene Erhebungen

Da die für den Winteranbau verfügbare Restfläche identisch ist mit der unbewässerten Fläche (traditionelle und mechanisierte Bewässerung) soll deren bessere Ausnutzungsmöglichkeit im Mittelpunkt der folgenden Diskussion stehen (Kap. 4.2.1 bis 4.2.3). Aus operationalen Gesichtspunkten wird deshalb für die Boro-Anbauperiode nach Reis- und Nicht-Reiskulturen unterschieden.

Für die Darstellung des Ist-Zustandes der pflanzlichen Produktion ist besonders hervorzuheben, daß die traditionell bewirtschafteten Betriebe nahezu den gleichen Gesamtdeckungsbeitrag erreichen wie die Betriebe, die am stärksten mechanisiert sind (Mechanisierungstyp IV)[1]. Das liegt einerseits an der wesentlich höheren Verwendung von Fremdarbeitskräften für die Reisproduktion in den Betrieben des Mechanisierungstyps IV (etwa 90 v.H. mehr als in Betrieben des Mechanisierungstyps I) und in der vergleichsweise starken Ausnutzung der Trockenzeit (in Betrieben des Mechanisierungstyps I) zur Kartoffelproduktion unter Verwendung arbeitsintensiver traditioneller Bewässerungsverfahren. Gemessen an den Gesamtdeckungsbeiträgen der Betriebe des Mechanisierungstyps I liegen die Betriebsergebnisse des Mechanisierungstyps II um 39 v.H. niedriger und die des Mechanisierungstyps III um 20 v.H. höher.

4.2 Alternative Betriebsplanungen

Im folgenden wird an Hand von Modellkalkulationen untersucht, wie eine entwicklungskonforme Mechanisierung im Untersuchungsgebiet ausgestaltet sein könnte. Dafür werden zunächst die Auswirkungen einer besseren Ausnutzung der gegebenen Technologie dargestellt (Kap. 4.2.1). Daran anschließend wird die selektive Mechanisierung vorgestellt, durch die bestehende Engpässe bei der Bewässerung und Bodenbearbeitung für eine beabsichtigte Anbauintensitätssteigerung überwunden werden können (Kap. 4.2.2). Auf der Basis der in Kap. 4.2.2 neu eingeführten selektiven

---

1) Summe der Deckungsbeiträge aus den Tabellen 32 und 33, 1 v.H. Abweichung.

Mechanisierung werden in Kap. 4.2.3 Umstellungen in der pflanzlichen Produktion eingeführt. In Kap. 4.2.4 schließlich wird diskutiert, inwieweit zusätzlich zu der Diversifikation der pflanzlichen ProduktionUmstellungen in der tierischen Produktion möglich sind und welche Kosten und Ertragsauswirkungen dabei entstehen.

4.2.1 Bessere Ausnutzung der gegebenen Technologie

Die von der Zentralgenossenschaft (KTCCA) neu angeschafften 14 Schlepper (47,5 PS) waren im ersten Nutzungsjahr durchschnittlich 555 Stunden je Schlepper für die Bodenbearbeitung und zusätzlich durchschnittlich 232 Stunden für Transportarbeiten eingesetzt.

Sollen drei Anbauperioden pro Jahr angestrebt werden, so verbleiben für die Bodenbearbeitung pro Anbauperiode 21 Tage. Auf der Basis von 10 Einsatzstunden pro Tag[1] ließe sich für die zur Bodenbearbeitung zur Verfügung stehende Zeit eine um 29 v.H. größere Fläche bearbeiten[2].

Ein höherer Ausnutzungsgrad der verfügbaren Schlepper würde aber bei dem augenblicklich praktizierten Schlepperverleihsystem nicht zu einer Schlagkrafterhöhung und damit zu einer Anbauintensitätssteigerung führen. Eine Flächenausdehnung der Schlepper bearbeiteten Fläche würde die Anbauintensität, wenn überhaupt, nur unwesentlich steigern, weil die hoch subventionierte mechanisierte Bodenbearbeitung nur alternativ zur traditionellen Bodenbearbeitung mit Zugochsen erfolgen würde und somit keine Ertragsauswirkungen zu erwarten sind[3].

Demgegenüber würde sich eine Effizienzerhöhung der vorhandenen

---

1) Ohne Wegezeiten mit zwei Schlepperfahrern je Schlepper.
2) Für die 14 Schlepper wurden nach Aufzeichnungen in der KTCCA 4853 acres im Beobachtungsjahr bearbeitet und für insgesamt 63 Tage (drei Anbauperioden) könnten 6791 acres bearbeitet werden.
3) Vergl. dazu die Ergebnisse der empirischen Untersuchungen in Kap. 3.

mechanisierten Bewässerung ertragsbeeinflussend bemerkbar machen, und deshalb sollen im folgenden lediglich die Auswirkungen einer Verbesserung der Bewässerung auf Betriebsebene dargestellt werden.

Eine effizientere Wasserausnutzung der vorhandenen Pumpen kann durch zwei Maßnahmen erreicht werden:

- Optimaler Beginn der Bewässerung (Anfang Januar) und damit eine bessere Ausnutzung der sichereren Winteranbauzeit;
- Erhöhung der täglichen Bewässerungszeit auf 12 Stunden je Tag und Brunnen.

Nach eigenen Erhebungen bewässern 35,4 v.H. der Betriebe im März oder später (24,0 v.H. erst im April). Für diese Betriebsgruppe können Ertragseinbußen gegenüber dem optimalen Bewässerungsbeginn von etwa 50 v.H. angenommen werden[1].

Unabhängig von der Überwindung allgemein technischer Schwierigkeiten kann die Pumpenkapazität allein schon angehoben werden, indem die tägliche Bewässerungszeit verlängert wird. In einem Sample von 48 Tiefbrunnen ergab sich für Boro 1974/75 eine durchschnittliche Bewässerungszeit von 6,6 Stunden pro Tag. Würden durchschnittlich 12 Stunden pro Tag und Brunnen erreicht, könnte mit dem zusätzlich gepumpten Wasser eine um 45 v.H. größere Fläche bewässert werden[2], so daß damit in den Gruppen der Mechanisierungstypen III und IV 85 bzw. 92 v.H. der Gesamtfläche bewässert werden könnte[3].

Da in der Regel eine Risikominimierung in den Betrieben mit Winterbewässerung beobachtet werden kann, in deren Folge der Reisanbau in der Aus-Anbauperiode zugunsten des Boro-Winteranbaus eingeschränkt wird, soll dieser empirisch belegbare Tat-

---

1) BARI, F., a.a.O., BARD, Comilla 1975, p. 4f.
2) Auf der Basis von 48 Pumpen ergab sich für die Bewässerungszeit Boro 1974/75 durchschnittlich 31,2 acres pro (2-cusec-) Pumpe (eigene Zustammenstellungen aus Unterlagen von BADC und KTCCA).
3) Unter der vereinfachenden Annahme, daß die zusätzlich bewässerbaren Flächen auf die Besitzer der Betriebe mit Bewässerung (Mechanisierungstyp III und IV) entfielen.

Tab. 34 Kosten- und Ertragsauswirkungen für die Reisproduktion (in prozentualer Abweichung zum Ist-Zustand) durch bessere Ausnutzung bestehender Bewässerungsanlagen[a)b)]

Ausgewählte Kosten und Erträge	Mechanisierungstyp	
	III Tiefbrunnen u. Ochsen	IV Tiefbrunnen u.Schlepper
Marktleistung (Rohertrag)	+ 14,8	+ 32,7
Kosten für Bewässerung	+ 114,8	+ 95,4
Summe veränderlicher Kosten	+ 8,2	+ 11,4
Deckungsbeitrag	+ 19,3	+ 52,2

a) Angaben in v.H. zu den Betriebsergebnissen im Ist-Zustand der Reisproduktion (= 100) in Betrieben mit 1,7 acre Betriebsfläche;
b) gleiche Anbauintensität in Mechanisierungstyp III (167) und um 7 v.H. höhere Anbauintensität in Mechanisierungstyp IV (176); kein Anbau in Aus.

Quelle: Kalkulationen auf der Basis eigener Erhebungen

bestand auch für die folgende Kalkulation (Tab. 34) angenommen werden. Es erfolgt deshalb kein Reisanbau in Aus, und durch die Ausdehnung der Bewässerungsfläche liegt dann für die Betriebe des Mechanisierungstyps III die gleiche Anbauintensität vor wie im Ist-Zustand (167), während die Ausdehnung der Bewässerungsfläche in den Betrieben des Mechanisierungstyps IV eine Erhöhung der Anbauintensität um 7 v.H. auf 176 nach sich ziehen würde.

Da für die Betriebe der Mechanisierungstypen I und II keine Änderungen und für die der Mechanisierungstypen III und IV Änderungen lediglich in der Reisproduktion angenommen werden, bezieht sich die Tab. 34 lediglich auf die prozentualen Veränderungen gegenüber dem Ist-Zustand in der Reisproduktion in den Betrieben der Mechanisierungstypen III und IV.

Die Ertragssteigerungen durch den optimalen Bewässerungszeitpunkt und die Kapazitätsausweitung der bestehenden Bewässerungsanlagen durch Verlängerung der Bewässerungszeit um 82 v.H. kann zu einer Steigerung des Deckungsbeitrages der Reisproduktion in den Betrieben der Mechanisierungstypen III und IV von 19,3 bzw. 52,2 v.H. führen. Die Betriebe mit traditioneller Mechanisierung bzw. die, die für die Bodenbearbeitung Schlepper verwenden, werden durch diese Veränderungen nicht berührt und bleiben auf dem Niveau der pflanzlichen Ist-Produktion (Kap. 4.1).

4.2.2 Selektive Mechanisierung

Wegen der herrschenden Landknappheit können Steigerungen in der pflanzlichen Produktion im wesentlichen nur durch eine Erhöhung der Anbauintensität und eine Anhebung der noch relativ niedrigen Flächenerträge erzielt werden. Ertragssteigerungen durch erhöhten Einsatz von chemischen Inputs können unabhängig von Mechanisierungsmaßnahmen erreicht werden.

Die beiden kritischen Engpässe, die einer Anbauintensitätserhöhung im Wege stehen, sind vornehmlich in einer

- Beschränkung der bewässerbaren Fläche in der trockenen Boro-Anbauperiode und der
- niedrigen Schlagkraft und unzureichenden Zugkraft bei der Bodenbearbeitung

zu sehen.

Gilt die Verfügbarkeit von Bewässerungswasser als Voraussetzung für den Winteranbau für alle Betriebe gleichermaßen, gibt es betriebsgrößenspezifische Unterschiede bei der Zugkraftausstattung. Geht man davon aus, daß ein dreimaliger Anbau pro Jahr als optimale Bodennutzung angesehen werden kann, so verbleiben pro Anbauperiode maximal drei Wochen für die Bodenbearbeitung. Aber auch dort, wo nur ein zweimaliger Anbau möglich ist, ergibt sich aus klimatischen Gründen der Zwang zur Minimierung der Bodenbearbeitungszeit, so daß auch in diesem Fall eine dreiwöchige Frist nicht überschritten werden sollte. Trotz des sich statistisch ergebenden Überbesatzes mit Zugvieh in den Klein- und Kleinstbetrieben[1] sind besonders die Betriebe mit weniger als einem acre LN in der Regel auf das Ausleihen von Tieren angewiesen[2].

Auf der Basis des gerade noch zu vertretenden Großviehbesatzes (siehe Fußnote 1) ergibt sich, daß in den Kleinstbetrieben (unter 0,5 acre LN) 47 v.H. der Fläche motormechanisch, also entweder mit Ein- oder Zweiachsschleppern, bearbeitet werden müßten, wenn die Bodenbearbeitung innerhalb von drei Wochen erledigbar sein soll. Für die anderen Betriebsgrößenklassen ergibt sich unter Zugrundelegung der Arbeitsleistung der verfügbaren Arbeitstiere, daß 27 v.H. der Gesamtfläche motormechanischer Bodenbearbeitung bedarf. Je 100 acres Betriebsfläche müßten danach 28 acres durch Ein- oder Zweiachsschlepper bearbeitet werden. Das hieße, daß pro 625 acres ein Schlepper (Bodenbearbeitung mit Fräse) oder pro 118 acres ein Einachsschlepper erforderlich wären.

Für die Verwendung von Einachsschleppern spricht im Vergleich zum Einsatz von Schleppern

- geringerer Kapital- und insbesondere Devisenbedarf für Anschaffung und Unterhalt,

---

1) Besonders in Kleinbetrieben ist Reisstroh die fast ausschließliche Futtergrundlage; auf der Basis durchschnittlicher Erträge (23 mds/acre bei 150 v.H. Anbauintensität, Korn-Stroh-Verhältnis 1 : 1,7) sind für einen durchschnittlich 200 kg wiegenden (bengalischen) Arbeitsochsen täglich etwa 5 kg Trockenmasse (TM) erforderlich. Unter der Annahme einer 90 prozentigen Deckung des Futterbedarfes durch Reisstroh (88 v.H. TM) können pro acre etwa 1,2 Ochsen ernährt werden (bei geringer Arbeitsleistung wegen zu geringen Angebotes an verdaulichem Eiweiß), was dem durchschnittlichen Besatz in den untersuchten Betrieben entspricht. Die Betriebe mit weniger als 2 acres LN weisen allerdings einen Überbesatz auf, der bei den Betrieben mit weniger als 1 acre LN 37 v.H. und bei den Betrieben zwischen 1 und 2 acres LN um 25 v.H. über dem zu vertretenden Großviehbesatz pro acre liegt. Vergl. dazu Kap. 3.2., Tab. 8.

2) Meist muß zur Vervollständigung eines Arbeitsgespannes ein zusätzliches Tier ausgeliehen werden.

- organisationstechnische Überlegenheit durch Einsatz auf Bari- und Teildorfebene,
- Kompatibilität des eingesetzten Gerätes mit den vorherrschenden Kleinstflächen,
- geringe Schwierigkeiten durch schlechte Infrastruktur (Transport mit Boot etc.) und
- zusätzliche Einsatzmöglichkeit in der Trockenzeit durch Antreiben einer Bewässerungspumpe (hohe Auslastung).

Als Leistung für einen 10-stündigen Arbeitstag (reine Arbeitszeit) ist für einmaliges Fräsen mit dem Schlepper[1] eine Tagesleistung von 8,3 acres zugrunde gelegt worden. Das ergibt für 21 Tage eine Flächenleistung von 175 acres, für dreimaligen Anbau pro Jahr (insgesamt 9 Wochen Bodenbearbeitung) eine Jahresleistung von 525 acres pro Schlepper. In den Untersuchungsbetrieben wurden 60 TK/acre für Schlepperbearbeitung gezahlt.

Ein Einachsschlepper kann an einem 10-stündigen Arbeitstag (ebenfalls reine Arbeitszeit) 1,6 acre bearbeiten; das ergibt eine Flächenleistung von 33 acres pro Anbauperiode (21 Tage für Bodenbearbeitung) und bei dreimaligem Anbau pro Jahr eine Leistung von 99 acres pro Einachsschlepper. Die Kosten liegen auf Betriebsebene bei 60 TK/acre[2].

Wegen der Landknappheit und des Nahrungsproduktionsdefizits erfolgt kein Futteranbau, weil Mensch und Tier direkt um die Fläche konkurrieren. Wenn die Pflanzenerträge gesteigert würden, so daß Futteranbau möglich wird, und wenn durch Züchtung leistungsfähigere Arbeitstiere eingesetzt werden könnten, wäre in

---

1) Für die vollständige Bodenbearbeitung ist zusätzlich ein zweimaliges Schleppen (laddering) mit Arbeitstieren mit eingerechnet.
2) Sowohl Schlepper als auch Einachsschlepper sind hoch subventioniert, indem lediglich die Betriebskosten und die Kosten für den Schlepperfahrer berücksichtigt werden; Daten für Einachsschlepper von der Catholic Mission in Padrishipur/ Barisal.

Zukunft durch bessere Anspannung und leistungsfähigere Geräte die Bodenbearbeitung mit tierischer Zugkraft durchführbar[1]. Für die nächste Zeit aber wird es keine Alternative zu der kapitalintensiven, Devisen erfordernden mechanisierten Bodenbearbeitung geben, wenn der Engpaß bei der Bodenbearbeitung bei anzustrebender Erhöhung der Anbauintensität überwunden werden soll.

Demgegenüber gibt es für die Bewässerung Alternativlösungen mit unterschiedlich hohem Kapital- und Devisenbedarf. Die kapitalintensive Bewässerung durch Tiefbrunnen bedingt gleichzeitig eine sehr hohe Devisenbelastung. Da durch die Förderung der Winterbewässerung eine Senkung der Nahrungsmittelimporte beabsichtigt wird, erfolgt eine hohe Subventionierung. In Comilla Kotwali Thana, wo (2-cusec-) Tiefbrunnen installiert sind, werden durchschnittlich 181 TK/acre für die Bewässerung berechnet[2]. Eine Kalkulation der tatsächlichen Kosten (ohne Abschreibung und Zinsanspruch) ergibt mit 323 TK/acre um 78 v.H. höhere Kosten[3].

Solange eine Kostenkalkulation mit Schattenpreisen nicht angewendet wird, sind die kapitalintensiven Lösungen diejenigen mit den geringsten Kosten pro Flächeneinheit (je arbeitsintensiver das Bewässerungsverfahren, desto höher die Kosten, siehe Tab. 35).

Die zu niedrigen Wasserkosten aber führen zu einer unökonomischen Wasserverwendung. Es gibt keine Anreize, die Bewässerungsfläche auszudehnen, und je größer das Bewässerungsprojekt, desto größere Schwierigkeiten der Zusammenarbeit, Organisation, Bereitstellung von Land für Be- und Entwässerungskanäle etc.

---

1) Im Punjab rechnet man etwa 12 acres pro Ochsengespann, während in Bangladesh etwa 2,1 acres durch ein Gespann bearbeitet werden können (Bodenbearbeitungszeit 21 Tage pro Anbauperiode).
2) Durchschnitt eigener Erhebungen.
3) Auf der Basis von 51 acres bewässerter Fläche pro Brunnen; in Comilla lag die durchschnittliche Bewässerungsfläche aber bei 31 acres (Basis 48 Tiefbrunnen, Quelle: KTCCA und BADC).

Tab. 35 Reisbewässerung in Bangladesh mit unterschiedlich kapitalintensiven Verfahren (Leistungen in Gallons pro Stunde bzw. bewässerbare Fläche in acre und Kosten in TK)

Art der Bewässerung	Leistung (gal./h)	Flächenleistung (acre)[a]	Betriebskosten (TK/acre)[b]	Kapital- und Devisenbelastung
1	2	3	4	5
Tiefbrunnen, groß (6-cusec., ca. 37 PS)	ca. 160 000	152[c]	161 (336)[d]	beides sehr hoch[h]
Tiefbrunnen, klein (2-cusec., ca. 12 PS)	ca. 53 000	51[c]	323 (564)[d]	beides sehr hoch[i]
Brunnen mit kleiner Dieselpumpe[e] (0,6-cusec., ca. 7 PS)	ca. 14 000	13[c]	482 (883)[d]	Kapitalbelastung mittel, Devisenbelastung relativ gering, weil nur Betriebsmittel importiert (Pumpe und Motor in Bangladesh hergestellt)[k]
Pedalpumpe (0,02-cusec., Bedienung mit Muskelkraft)	ca. 480	0,4[f]	2919 (3735)[g]	beides sehr niedrig; sehr arbeitsintensiv, Kosten zum überwiegenden Teil Arbeitskosten[l]

a) Flächenleistung in acre bei 900 mm Bewässerung nach Methode BLANEY-CRIDDLE;
b) Kosten für Betriebsmittel (9 TK/gal. subventionierter Dieselpreis, Arbeitskräfte und Transportkosten (für Betriebsmittel) - kostendeckender Preis in TK;
c) 12 Stunden Pumpzeit pro Tag;
d) Kosten in () zusätzlich Abschreibung (25 v.H. pro Jahr für Pumpe, 6,25 v.H. pro Jahr für Brunnen, 6,25 v.H. pro Jahr für Zinsanspruch);
e) Motor und Pumpe mobil; bei voller Auslastung je 4 Brunnen pro Motor und Pumpe;
f) 10 Stunden Bewässerung pro Tag;
g) 20 v.H. Abschreibung für Brunnen und Pumpe und 6,25 v.H. Zinsanspruch;
h) Brunnen etc. und Pumpenhaus: ca. 24 000 TK; Pumpe u. Motor ca. 100 000 TK, ca. 80 v.H. Devisenanteil;
i) Brunnen etc. und Pumpenhaus: ca. 24 000 TK; Pumpe u. Motor ca. 16 000 TK, ca. 70 v.H. Devisenanteil;
k) Bambusbrunnen ca. 900 TK, Pumpe und Motor ca. 9 000 TK; ca. 20 v.H. Devisenanteil;
l) Bambusbrunnen ca. 900 TK, Pumpe ca. 250 TK; ca. 10 v.H. Devisenanteil.

Quelle: Zusammenstellung und Berechnung nach eigenen Erhebungen

müssen überwunden werden.

Da gegenwärtig erst etwa 7 v.H. der LN kontrolliert bewässert werden können[1], werden kapitalintensive Bewässerungsmöglichkeiten kurz- und mittelfristig nur für einen relativ kleinen Teil der Landbewirtschafter bereitgestellt werden können[2]. Andererseits sind die mit Muskelkraft zu nutzenden Pedalpumpen gegenwärtig noch zu wenig effektiv in ihrer Pumpleistung, als daß sie sich - abgesehen von sehr kleinen Bewässerungsflächen - in der Praxis durchsetzen könnten[3]. Eine Weiterentwicklung dieser arbeitsintensiven Bewässerungsmethode dürfte sich wegen des geringen Kapitalbedarfs und insbesondere wegen der positiven beschäftigungspolitischen Auswirkungen ihres Einsatzes für die Zukunft verstärkt anbieten[4].

Kurzfristig jedoch wird als realistisch für einen großflächigen Einsatz für die (noch) nicht durch kapitalintensive Bewässerung erfaßten Flächen eine Verwendung von Bambusbrunnen angesehen (siehe Tab. 35). Mit diesem Bewässerungstyp wird in 4.2.3 eine Betriebsplanung für die nicht durch kapitalintensive Bewässerung abgedeckten Flächen bei einer Diversifizierung des Pflanzenanbaues durchgeführt.

Soll die Anbauintensität maximiert werden, muß die Feldräumung nach der Ernte rasch erfolgen, damit die Anbaukultur für die folgende Anbauperiode nach möglichst kurzer Zeit eingebracht werden kann. Neben den Engpässen bei der Bodenbearbeitung (siehe oben) ergeben sich bei der traditionellen Bewirtschaftungsweise Schwierigkeiten, wenn die für die Bodenbearbeitung benötigten Zugtiere für den Drusch des Erntegutes verwendet werden. Hier bieten sich jedoch in der Verwendung von einfachen Pedal-

---

1) Government of The People's Republic of Bangladesh, Planning Commission, Five Year Plan 1973 - 78. Dacca 1973, p. 85.
2) Die Vervierfachung der Fläche unter kontrollierter Bewässerung, die im Fünf-Jahresplan bis 1977/78 vorgesehen war, wird als zu optimistischer Planungsansatz angesehen.
3) Für die Bewässerung von 1 acre wären 2,7 AK erforderlich (Reis).
4) Vergl. die Ausführungen in Anhang 4 über die makroökonomischen Auswirkungen arbeitsintensiver Bewässerungsverfahren.

dreschern Alternativlösungen, die im Bedarfsfall einfach zu implementieren sind und sich in der Praxis bereits bewährt haben.

Da es sich um keine kapitalintensiven, sondern um lokal produzierbare, relativ einfache Geräte handelt, sollen sie für diese Betrachtung unberücksichtigt bleiben[1].

4.2.3 Selektive Mechanisierung mit Umstellungen in der pflanzlichen Produktion

Während der Trockenheit im Winter bleiben in Bangladesh wegen fehlender Bewässerungsmöglichkeiten etwa 80 v.H. der landwirtschaftlichen Nutzfläche brach liegen. Als Ansatzpunkte zur Ausdehnung der pflanzlichen Produktion in dieser Anbauperiode (Boro) bieten sich drei Möglichkeiten:

- Ausdehnung der Bewässerungsfläche,
- Anbau von Kulturen ohne Bewässerungsbedarf,
- sparsame Verwendung des beschränkt verfügbaren Bewässerungswassers durch Reduzierung der Anbaufläche von Kulturen mit hohem Wasserbedarf zugunsten von solchen mit relativ niedrigem auf den nicht bewässerten Flächen.

Eine umfassende, rasch zu verwirklichende Ausdehnung der Bewässerungsfläche durch kapitalintensive Großbewässerungsprojekte ist wegen des allgemeinen Kapital- und insbesondere Devisenmangels vorerst nur in beschränktem Maße denkbar. Schneller und organisatorisch leichter dagegen lassen sich Kleinprojekte mit kleinen, mobilen Dieselpumpen realisieren, die in Bangladesh

1) Gleiches gilt für die Implementierung relativ einfacher Erntegeräte wie beispielsweise der Sense, die gegenüber der gebräuchlichen Sichel eine schnellere Feldräumung ermöglichen könnte. Obgleich ihre Einführung in Bangladesh bereits propagiert wurde, hat sie sich aus verschiedenen Gründen nicht durchsetzen können, und solange ein Überangebot an Erntearbeitern verfügbar ist, dürfte auch noch kein Engpaß bei der Ernte entstehen. Anders verhält es sich mit der sachgemäßen Trocknung des Erntegutes, insbesondere während der Regenzeit, der im Zuge einer Anbauintensivierung größere Aufmerksamkeit geschenkt werden muß, da die Verluste durch suboptimale Lagerung schon heute auf etwa 20 v.H. der Erntemenge geschätzt werden.

gefertigt werden können und auf der Basis von einfachen Bambusbrunnen betrieben werden sollen.

Dennoch dürfte durch eine solche Bewässerungskonzeption die bewässerbare Fläche erst allmählich ausgedehnt werden können. Mit großem Nachdruck sollte daher durch praktische Feldversuche geprüft werden, welche trockenresistenten Kulturen sich unter bengalischen Bedingungen für einen Winteranbau eignen[1]. Erste Versuche mit Sonnenblumen und Sorghum sind recht erfolgversprechend, obgleich die Ergebnisse bisher nicht verallgemeinert werden dürfen[2].

Der Wasseranspruch der unter Bewässerung angebauten Kulturen ist sehr unterschiedlich. So verhält sich beispielsweise der mittlere Wasserverbrauch von Sonnenblumen bzw. Sorghum zu Wei-

---

1) Sorghum weist einen vergleichbaren Kaloriengehalt, jedoch einen höheren Gehalt an Protein, Kalzium und Eisen als Reis auf. Ein großes Adaptionsvermögen (Kälte-, Flut-, Trocken- und leichte Salztoleranz) ermöglicht den Anbau auf einem weiten Spektrum verschiedener Böden. Darüber hinaus ist die Pflanze relativ unempfindlich gegen Krankheiten und Schädlinge. Die kurze Anbauzeit (90 Tage) ermöglicht eine gute Einpassung in die verbreiteten Fruchtwechsel (kann im Herbst bis Mitte Oktober oder von Mitte Januar bis Mitte März angebaut werden).
Sonnenblumen liefern hochwertiges Pflanzenöl (besonders stark im Defizit in Bangladesh) und die Rückstände ergeben gutes, proteinhaltiges Futter für Geflügel und Vieh. Die Pflanze zeichnet sich durch hohe Trocken- und Salztoleranz und geringe Krankheits- und Schädlingsanfälligkeit aus und benötigt im Winter nicht unbedingt eine Bewässerung. Sonnenblumen eignen sich zum Verpflanzen (2 - 3 Wochen im Saatbeet) und passen sich sehr gut in die Amon-Aus-Fruchtfolge ein, indem sie über eine flexible Aussaatzeit zwischen September und Januar und kurze Anbauzeit (weniger als 100 Tage) verfügen.
Weizen sollte möglichst früh ausgesät werden, um die Restfeuchte im Boden zu nutzen. Eine Bewässerung - zumindest in kritischen Wachstumsphasen - ist aber unumgänglich, da sich ohne Bewässerung lediglich Erträge um 4 mds. pro acre in Feldversuchen ergaben. Der günstigste Aussaattermin liegt zwischen Mitte Oktober und Ende November, und erst eine ausreichende Bewässerung (etwa 400 mm) dürfte einen Anbau nach der Amon-Ernte ermöglichen.

2) Siehe dazu: Mennonite Central Committee, Agricultural Program - Progress Report No. 2. Dacca 1975, p. 30ff, p. 47ff.

Tab. 36 Bewässerbare Fläche für vier Kulturpflanzen mit unterschiedlichem Wasseranspruch[a] (nach Art der Bewäserung)

Art der Bewässerung[b]	Flächenleistung (acres)			
	Reis	Weizen	Sorghum	Sonnenblumen
1	2	3	4	5
Tiefbrunnen, groß (6-cusec., ca. 37 PS)	152	341	682	682
Tiefbrunnen, klein (2-cusec., ca. 12 PS)	51	114	227	227
Brunnen mit kleiner Dieselpumpe (0,6-cusec., ca.7 PS)	13	29	59	59
Pedalpumpe (0,02-cusec.,Bedienung mit Muskelkraft)	0,4	0,8	1,7	1,7

a) Wasseranspruch für Reis 900 mm, Weizen 400 mm, Sorghum und Sonnenblumen je 200 mm für Trockenzeit in Bangladesh (nach Methode BLANEY-CRIDDLE);
b) zugrunde gelegte Pumpleistung, Pumpzeit pro Tag und Kosten siehe Tab.35 bzw. Tab.37.

Quelle: eigene Erhebungen und Berechnungen

zen und zu Reis wie 1 : 2 : 4,5. Da Reis auch in der Winter-Anbauperiode die wichtigste Anbaukultur darstellt, könnte eine Einschränkung der Reisfläche beispielsweise zugunsten von Weizen mit vergleichbaren Flächenerträgen, Inhaltsstoffen und Marktpreisen wie Reis bei konstantem Bewässerungswasserangebot zu einer Flächenausdehnung und einer Ausweitung der pflanzlichen Produktion führen. Eine Umstellung der Anbaukultur dürfte jedoch in den bestehenden großen Bewässerungsprojekten auf der Basis leistungsfähiger Tiefbrunnen zu organisatorischen Schwierigkeiten führen. Die Nutznießer des Bewässerungswassers hätten zunächst keine Vorteile davon zu erwarten, da das Wasser nicht nach Quantität bezahlt wird, sondern durch die großflächigere Wasserverteilung könnten kurzfristig sogar Nachteile für sie entstehen. Zudem unterstützen weder die Administration noch der Beratungsdienst solcherlei Initiativen, so daß sogar Furcht vor Fehlschlägen bei den individuellen Landbewirtschaf-

Tab. 37 **Bewässerungskosten für vier Kulturen mit unterschiedlichem Wasserbedarf[a)] (nach Art der Bewässerung)**

Art der Bewässerung[b)]	Bewässerungskosten (TK/acre)[c)]			
	Reis	Weizen	Sorghum	Sonnenblumen
1	2	3	4	5
Tiefbrunnen, groß (6-cusec., ca. 37 PS)	336	149	75	75
Tiefbrunnen, klein (2-cusec., ca. 12 PS)	564	251	125	125
Brunnen mit kleiner Dieselpumpe (0,6-cusec., ca.7 PS)	883	392	196	196
Pedalpumpe (0,02-cusec., Bedienung mit Muskelkraft)	3735	1660	830	830

a) Wasseranspruch während der Trockenzeit in Bangladesh (nach Methode BLANEY-CRIDDLE); Reis 900 mm, Weizen 400 mm, Sorghum und Sonnenblumen je 200 mm;
b) zugrunde gelegte Pumpenleistung, Pumpzeit pro Tag und Flächenleistungen, siehe Tab. 35 bzw. Tab. 36;
c) Betriebsmittel (9 TK/gal. subventionierter Dieselkraftstoffpreis), Personal- und Transportkosten einschl. Reparaturkostenanteil (für Betriebsmittel bzw. kleine Dieselpumpe), einschl. Abschreibung (25 v.H. pro Jahr für Pumpe, je 6,25 v.H. für Brunnen und Zinsanspruch bzw. 20 v.H. für Brunnen und Pumpe und 6,25 v.H. als Zinsanspruch für die Pedalpumpe) und Zinsanspruch.

Quelle: eigene Erhebungen und Berechnungen

tern besteht. Eine Diversifikation des Pflanzenanbaues ist daher am ehesten in Neuprojekten zu realisieren und hier wiederum am leichtesten in kleinen Bewässerungsprojekten, an denen nur eine beschränkte Anzahl von Landbewirtschaftern beteiligt ist.

Die bewässerbare Fläche für die in Kap. 4.2.2 (Tab. 35) vorgestellten Bewässerungsarten ist durch den unterschiedlichen Wasseranspruch der ausgewählten Anbaukulturen verschieden groß, wie Tab. 36 ausweist.

Abhängig von der unterschiedlichen Flächenleistung der einzelnen Pumpen je nach Anbaukultur, ergeben sich auch unterschiedliche Kosten für die Bewässerung. In der nachfolgenden Tabelle werden lediglich die Gesamtkosten einschließlich Abschreibung und Zinsanspruch ausgewiesen. Der kostendeckende Preis für die Betriebsmittel, Personal- und Transportkosten (letztere für den Transport der Betriebsmittel) ist für die motorgetriebenen Pumpen nur zu etwa 50 v.H. an den Gesamtkosten beteiligt[1], während dieser Anteil bei der muskelkraftbetriebenen Pedalpumpe durch den hohen Arbeitskraftekostenanteil bei 78 v.H. liegt.

Für die neben oder statt Reis für den Winteranbau vornehmlich infrage kommenden Kulturen Weizen, Sorghum und Sonnenblumen ergeben sich unter Bewässerung die in Tab. 38 ausgewiesenen Dekkungsbeiträge.

Je nach der Art der Bewässerung ergeben sich unterschiedlich hohe Deckungsbeiträge[2]. Aus entwicklungspolitischen und organisationstechnischen Erwägungen sollen die folgenden Kalkulationen für die zusätzlich zu bewässernden Flächen auf der Basis einer Kleinflächenbewässerung mit lokal erstellbaren Bambusbrunnen und mobilen Kleindieselpumpen bengalischer Produktion erfolgen (je Pumpe vier Bambusbrunnen für alternierende Bewässerung). Zwar liegt deren Dieselverbrauch im Verhältnis zu den großen Dieselmotoren für die kleinen und großen Tiefbrunnen um etwa zwei Drittel höher[3], aber da neben den Betriebsmitteln keine

1) Wegen des hohen Kapitalbedarfs decken die Betriebskosten nur 48, 57 und 55 v.H. der Gesamtkosten für die großen und kleinen Tiefbrunnen und die kleinen Dieselpumpen respektive.
2) Bei Weizen beispielsweise für große Tiefbrunnen pro acre 1829 TK, für kleine Tiefbrunnen 1727 TK (s.o.) und für Pedalpumpen lediglich 318 TK wegen der sehr hohen AK-Kosten. Stehen genügend Familien-Arbeitskräfte zur Verfügung, kann diese Bewässerungsart - besonders für kleinere Flächen - dennoch sehr interessant sein.
3) Eine wesentlich kostengünstigere Verwendung von Elektromotoren ist erst dann möglich, wenn die ländliche Elektrifizierung wesentlich weiter fortgeschritten ist (gegenwärtig sind etwa 200 von insgesamt etwa 65 000 Dörfern an das Elektrizitätsnetz angeschlossen).

Tab. 38 Kalkulatorische Deckungsbeitragsberechnungen für die Weizen-, Sorghum- und Sonnenblumenproduktion unter Bewässerung für den Winteranbau
Basis: 1 acre

(Kosten bzw. Leistungen in TK)

Flächenleistung/ Produktionskosten	Produktionsverfahren		
	Weizen	Sorghum	Sonnenblumen
1	2	3	4
Marktleistung[a)] (Rohertrag)	2800	1800	2400
Saatgut	100	9	12
Düngemittel	130	120	155
Bodenbearbeitung[b)]	192	192	192
variable AK-Kosten[c)]	400	400	400
Bewässerung[d)]	392	196	196
Summe veränderlicher Kosten	1214	917	955
Deckungsbeitrag	1586	883	1445
Produktionsschwelle (mds.)	15,2	10,2	8,0

a) Weizen 35 mds./acre für 80 TK/md.; Sorghum 20 mds./acre für 90 TK/md. und Sonnenblumen 20 mds./acre für 120 TK/md.;
b) variable Kosten für Zugvieh (pauschal);
c) Pauschalbetrag, da keine eigene Messung für AK-Bedarf;
d) jeweils 4 Bambusbrunnen mit einer Pumpe und einem kleinen Dieselmotor; Kosten und Leistungen siehe Tab. 35.

Quelle: eigene Kalkulationen

weiteren nennenswerten devisenbelastenden Importe notwendig sind, wird diesem Lösungsvorschlag Präferenz eingeräumt. Zusätzlich ermöglicht diese Bewässerungsart eine weit größere Teilbarkeit der Innovation und setzt beispielsweise für die Weizenbewässerung lediglich voraus, daß je Bambusbrunnen jeweils nur 7,3 acres zusammenhängende Fläche für die Bewässerung vorhanden sein müssen (3,3 acres für die Reisbewässerung und 14,6 acres für Sorghum und Sonnenblumen), und die einzelnen Brunnen relativ weit voneinander entfernt liegen können. Die vorherrschenden Kleinstflächen verlangen also im Verhältnis zu den größeren Bewässerungsprojekten die Kooperation von nur relativ wenigen Landbewirtschaftern, und ein Kleinbewässerungsprojekt fördert den Selbsthilfegedanken der Betroffenen

Tab. 39 **Bodennutzung nach Diversifizierung der pflanzlichen Produktion in 160 Betrieben verschiedener Mechanisierungstypen - Basis: 1,7 acre -**

(in acre)

Kulturen[a]	Mechanisierungstyp[b]			
	I	II	III	IV
Reis	2,41	2,40	2,84	2,87
Kartoffeln	0,44	0,14	0,14	0,12
Weizen	0,41	0,71	0,36	0,33
Sonnenblumen	0,41	0,71	0,35	0,33
insgesamt	3,67	3,96	3,69	3,65
Anbauintensität[c] (in v.H.)	216	233	217	215

a) für Reis siehe Tab. 32, für Kartoffeln Tab. 33, für Weizen und Sonnenblumen Tab. 38;
b) Mechanisierungstyp: I = unbewässert, Ochsen (traditionell); II = unbewässert, Schlepper; III = Tiefbrunnen, Ochsen;IV = Tiefbrunnen, Schlepper;
c) Steigerung gegenüber der Anbauintensität des Ist-Zustandes der Modellbetriebe (siehe Tab. 28) um 129, 156, 124 bzw. um 122 v.H..

Quelle: eigene Kalkulationen

insofern, als einer Eigeninitiative relativ geringe Organisationshindernisse entgegenstehen.

Für den Winteranbau soll die gesamte verfügbare Fläche genutzt werden. Wegen der großen Flurzersplitterung wird jedoch angenommen, daß 50 v.H. der im Ist-Zustand der Betriebe noch nicht genutzten Restfläche (siehe Tab. 33) lediglich im Trockenfeldbau mit Sonnenblumen (mit relativ niedrigem Ertrag) bebaut werden können. Auf der anderen Hälfte der noch verfügbaren Restfläche soll Weizen unter Klein-Bewässerung (kleine Dieselpumpe, Bambusbrunnen) angebaut werden. Diese Diversifizierung der pflanzlichen Produktion führt für die Modellbetriebe der verschiedenen Mechanisierungstypen zu der in Tab. 39 dargestellten Bodennutzung.

Tab. 40 Kalkulatorische Deckungsbeitragsberechnungen für den Weizenanbau unter Bewässerung[a] in Betrieben verschiedener Mechanisierungstypen

(Kosten bzw. Leistungen in TK)

Produktionsbasis, Produktionskosten und Flächenleistung	Mechanisierungstyp[b]			
	I	II	III	IV
verfügbare Restfläche für Winteranbau (acre)[c]	0,82	1,42	0,71	0,66
Anbaufläche für Weizen[d] (acre)	0,41	0,71	0,36	0,33
Marktleistung (Rohertrag)	1148	1988	1008	924
Summe veränderlicher Kosten	498	862	437	401
Deckungsbeitrag	650	1126	571	523

a) Kleinflächenbewässerung mit je einer mobilen Dieselpumpe für vier Bambusbrunnen;
b) Mechanisierungstyp: I = unbewässert, Ochsen (traditionell); II = unbewässert, Schlepper; III = Tiefbrunnen, Ochsen; IV = Tiefbrunnen, Schlepper;
c) verfügbare Fläche minus genutzte Fläche (genutzte Fläche = Fläche für Reis und Kartoffeln; für Kartoffeln: 0,44, 0,14 und 0,12 acre für die Betriebe des Mechanisierungstyps I bis IV respektive, siehe Tab. 33);
d) auf der Basis der Produktionsbedingungen in Tab. 38 für 50 v.H. der verfügbaren Restfläche.

Quelle: eigene Kalkulationen

Da bezüglich des Reisanbaues gegenüber den Anbauverhältnissen im Ist-Zustand der Betriebe keine Veränderungen geplant sind, ist die in den Modellplanungen sich ergebende Anbauintensität gegenüber den Ergebnissen im Ist-Zustand lediglich zwischen 122 und 156 v.H. angestiegen und liegt jetzt bei etwa 215 v.H. Zwar ist eine dreimalige Bodennutzung pro Jahr theoretisch denkbar, doch schon kleine Verzögerungen, die häufig außerhalb des Einflußbereiches des Landbewirtschafters liegen, können zu einer niedrigeren Anbauintensität führen. Überdies ist empirisch zu belegen, daß jene Landbewirtschafter, die in der Lage sind, die sichere Winteranbauperiode zu nutzen, sehr häufig auf die risikoreiche Aus- (Monsun-) Anbauperiode verzichten.

Tab. 41 Kalkulatorische Deckungsbeitragsberechnungen für den Sonnenblumenanbau ohne und mit Bewässerung für Betriebe verschiedener Mechanisierungstypen

(Kosten bzw. Leistungen in TK)

Produktionsbasis, Produktionskosten und Flächenleistung	Mechanisierungstyp[a]			
	I	II	III	IV
Anbaufläche für Sonnenblumen (acre)	0,41	0,71	0,35	0,33
1) ohne Bewässerung[b]				
Marktleistung (Rohertrag)	492	852	420	396
Summe veränderlicher Kosten	311	539	266	250
Deckungsbeitrag	181	313	154	146
2) mit Handbewässerung[c]				
Marktleistung (Rohertrag)	984	1704	840	792
Summe veränderlicher Kosten	651	1128	556	524
Deckungsbeitrag	333	576	284	268

a) Mechanisierungstyp: I = unbewässert, Ochsen (traditionell); II = unbewässert, Schlepper; III = Tiefbrunnen, Ochsen; IV = Tiefbrunnen, Schlepper;
b) Ertrag 10 mds./acre, also halbe Marktleistung gegenüber Kalkulation in Tab. 38 bei ansonsten gleichen Aufwendungen (exklusive Bewässerungskosten);
c) als Bewässerung, Pedalpumpe mit Handbetrieb; Kalkulationsbasis 830 TK/acre, siehe Tab. 37.

Quelle: eigene Kalkulationen

Auf der Basis der in Tab. 38 und 39 ausgewiesenen Kalkulationsgrundlagen ergeben sich für die Modellbetriebe der verschiedenen Mechanisierungstypen die in Tab. 40 angeführten Produktionskosten, Marktleistungen und Deckungsbeiträge.

Neben dem Sonnenblumenanbau im Trockenfeldbau werden in der Tab. 41 auch die jeweiligen veränderlichen Kosten, Marktleistungen und Deckungsbeiträge für den bewässerten Sonnenblumenanbau der Modellbetriebe der verschiedenen Mechanisierungstypen aufgeführt. Als zweiter Lösungsvorschlag nämlich ist auch eine Kleinstflächenbewässerung durch die sehr arbeitsintensive

Tab. 42 Deckungsbeitragsberechnungen der pflanzlichen Produktion durch Winterbewässerung und Anbaudiversifikation in Betrieben verschiedener Mechanisierungstypen

(Kosten und Erträge in TK und in v.H.)[a]

ausgewählte Kosten und Erträge	Mechanisierungstyp[b]							
	I		II		III		IV	
	abs. (inTK)	in v.H.	abs. (in TK)	in v.H.	abs. (in TK)	in v.H.	abs. (in TK)	in v.H.
1	2	3	4	5	6	7	8	9
Marktleistung (Rohertrag)	7822	137	7445	198	8081	130	7512	130
Summe veränderlicher Kosten	3804	143	3886	205	3586	138	3650	134
Deckungsbeitrag [c]	4018	132	3559	192	4495	123	3862	126

a) Angaben in TK bzw. in v.H. zu den Betriebsergebnissen im Ist-Zustand der Reis- und Kartoffelproduktion (= 100) in Betrieben mit 1,7 acre Betriebsfläche (für Ist-Zustand siehe Tab. 32 und 33); Sonnenblumen unter Bewässerung (Pedalpumpe mit Handbetrieb);
b) Mechanisierungstyp: I = unbewässert, Ochsen (traditionell); II = unbewässert, Schlepper; III = Tiefbrunnen, Ochsen; IV = Tiefbrunnen, Schlepper;
c) gegenüber den sich ohne Sonnenblumenbewässerung ergebenden Deckungsbeiträgen führt die Bewässerung der Sonnenblumen zu einer Steigerung der Deckungsbeiträge um 5, 15, 3 und 4 v.H. in den Betrieben des Mechanisierungstyps I bis IV respektive.

Quelle: eigene Kalkulationen

Handbewässerung denkbar, durch die sich die Deckungsbeiträge für die Sonnenblumenproduktion gegenüber dem Anbau ohne Bewässerung um 84 v.H. steigern lassen.

An Hand ausgewählter Kosten und Erträge sind die durch die Einführung selektiver Bewässerungsmechanisierung und die Diversifikation des Pflanzenanbaues sich gegenüber den Betriebsergebnissen im Ist-Zustand (siehe Kap. 4.1) ergebenden Kosten- und Ertragsauswirkungen in Tab. 42 wiedergegeben.

Während die Betriebe des Mechanisierungstyps III und IV schon im Ist-Zustand über (hoch subventionierte) Bewässerung verfügten, die etwa 50 v.H. der jeweiligen LN abdeckte, ist die nicht subventionierte Winterbewässerung für die Betriebe des Mechanisierungstyps I und II durch die Modellkalkulationen neu eingeführt worden. So ist auch erklärlich, daß die Steigerungen der Gesamtdeckungsbeiträge der pflanzlichen Produktion gegenüber dem Ist-Zustand für die Betriebe der Mechanisierungstypen I und II überproportional ausgefallen sind. Insbesondere für die Betriebe des Mechanisierungstyps II mit ursprünglich sehr geringem Winteranbau ist die Steigerung sehr hoch. Beträgt die Steigerung der Deckungsbeiträge in den Betrieben des Mechanisierungstyps III und IV jeweils etwa ein Viertel im Vergleich zum Ist-Zustand, so beträgt sie für Betriebe des Mechanisierungstyps I etwa ein Drittel und für die des Mechanisierungstyps II nahezu das Doppelte. In allen Betrieben steigen die veränderlichen Kosten im Verhältnis zu den jeweiligen Deckungsbeiträge überproportional an, weil die Innovationen mit Ausnahme der Kreditierung der Investitionen (leichte Verfügbarmachung von Krediten zu subventionierten Zinsen) nicht mehr subventioniert sein sollen.

Die in Kap. 4.2.1 angesprochene bessere Ausnutzung der gegebenen Technologie ist in diesen Berechnungen nicht berücksichtigt worden, weil sie nicht Voraussetzung ist für die Implementierung selektiver Mechanisierung unter Nutzung der Vorteile einer Umstellung der pflanzlichen Produktion. Dennoch ist eine bessere Ausnutzung der bestehenden Bewässerungsanlagen komplementär sehr erwünscht und sollte in keinem Falle vernachlässigt werden.

Wie in Kap. 4.2.2 ausgeführt, bildet auch die Bodenbearbeitung einen Engpaß für die Steigerung der Anbauintensität. Um die oben dargestellte Diversifikation des Winteranbaues realisieren zu können, muß für 28 v.H. der LN eine mechanisierte Bodenbearbeitung erfolgen.

Die Kosten für die Bodenbearbeitung sind für das Verwenden von Einachsschleppern in den Kalkulationen nicht gesondert ausgewiesen, weil die tatsächlichen Kosten einschließlich Abschreibung und Zinsanspruch mit 157 TK/acre[1] um lediglich 9 v.H. über dem kalkulatorischen Ansatz für die Bodenbearbeitung mit Zugtieren liegen, und die variablen Kosten dadurch nur unerheblich verändert würden. Die Fixkosten würden sich noch verringern, wenn der Einachsschlepper zusätzlich für die Bewässerung genutzt würde.

Der Einachsschlepper, der in der Bewässerungszeit auch zusätzlich für die Bodenbearbeitung benutzt würde, wäre in diesen 21 Tagen für Bodenbearbeitung pro Tag 22 Stunden im Einsatz[2]. Zusätzlich kämen 69 Tage Bewässerung zu je 12 Stunden pro Tag[3] und bei einer Anbauintensität von 215 v.H. insgesamt 25 Tage zu je 10 Stunden[4].

Als Jahresauslastung ergeben sich daraus 115 Einsatztage und 1540 Betriebsstunden pro Jahr und Einachsschlepper.

Da es in der Winteranbauperiode, wenn eine Doppelbelastung des Einachsschleppers durch Bodenbearbeitung und Bewässerung vorliegt, sicherlich zu Engpässen kommen wird, ist dem Einachsschlepper mehr eine Reserve- und Unterstützungsfunktion für die ansonsten zur Bewässerung eingesetzten mobilen Dieselpumpen zuzubilligen. Die Bewässerungsfunktion kann demgegenüber bei einer kleineren Anzahl (ein bis zwei) von zugeordneten Bambusbrunnen eher durch einen Einachsschlepper zusätzlich übernommen werden.

Bei der Bewässerung der gesamten Nicht-Reisfläche im Winter ist für die Modellbetriebe eine nur relativ kleine Bewässerungs-

---

1) 10 000 TK für einen Einachsschlepper mit Fräse, Lebenserwartung des Gerätes 8 Jahre, Zinsanspruch 6,25 v.H. pro Jahr; mit Abschreibung ergeben sich 97 TK/acre, Betriebs- und Personalkosten und anteilige Reparaturkosten 60 TK/acre.
2) 10 Stunden für die Bodenbearbeitung und 12 Stunden zum Bewässern, d.h. 3 Stunden je Brunnen und Tag; insges. 462 Stunden pro Jahr.
3) Insgesamt 828 Stunden pro Jahr.
4) Insgesamt 250 Stunden pro Jahr.

fläche je Betrieb vorhanden, wenn das Fruchtartenverhältnis des Ist-Zustandes weiterhin fortbesteht und somit die Reisfläche (im Winter) nicht eingeschränkt werden soll. Soll beispielsweise für die gesamte verfügbare Nicht-Reisfläche Weizen unter Bewässerung angebaut werden, so bedeutet das, daß sich jeweils 24, 19, 35 bzw. 38 Betriebe des Mechanisierungstyps I bis IV in eine Pumpe teilen müssen, um eine volle Auslastung des mobilen Dieselmotors mit den dazugehörigen vier Bambusbrunnen zu erreichen. Könnte im Winter auf den Reisanbau zugunsten von Weizen verzichtet werden, ergäbe sich statistisch, daß lediglich 17 Landbewirtschafter notwendig wären, um die Pumpe auszulasten.

Die Beschäftigungsauswirkungen durch die Einführung von selektiver Mechanisierung mit Umstellungen in der pflanzlichen Produktion fallen weniger stark aus als die Deckungsbeitragssteigerungen (vergl. dazu Tab. 42, die Steigerungen zwischen 23 und 92 v.H. ausweist).

Die durch selektive Mechanisierungsmaßnahmen ermöglichten Umstellungen in der pflanzlichen Produktion werden in bezug auf ihre Beschäftigungsauswirkungen in der nachfolgenden Tab. 43 erfaßt, indem ausschließlich Fremdarbeitskräfteeinsatz unterstellt wird[1]. Neben den direkten, sich durch die Ausweitung der pflanzlichen Produktion (Weizen- und Sonnenblumenanbau) ergebenden Beschäftigungsauswirkungen (Tab. 43a) sind zusätzlich die indirekten Beschäftigungsauswirkungen durch die eine Diversifizierung ermöglichenden Bewässerungs- und Bodenbearbeitungsmaßnahmen zu berücksichtigen (Tab. 43b).

Wie auch bei den Ertragsauswirkungen zu beobachten war, sind die stärksten direkten Beschäftigungsauswirkungen in den Betrieben des Mechanisierungstyps II (plus 36 v.H.) und I (plus 20 v.H.) festzustellen, während sich die Zunahme des Arbeits-

1) Für den Ist-Zustand (Kap. 4.1) war lediglich der sich empirisch aus dem jeweiligen Gruppendurchschnitt ergebende Fremd-AK-Einsatz berücksichtigt, der zusätzlich zum Familien-AK-Einsatz verwendet wurde; vergl. auch Kap. 3.2.1.

Tab. 43a **Direkte Beschäftigungsauswirkungen der pflanzlichen Produktion durch Winterbewässerung und Anbaudiversifikation in Betrieben verschiedener Mechanisierungstypen[a)]**

(in Arbeitstagen und in v.H. vom Fremd-AK-Einsatz der Betriebe im Ist-Zustand [= 100])

Kulturen[b)]	Mechanisierungstyp[c)]							
	I		II		III		IV	
	abs.	in v.H.	abs.	in v.H.	abs.	in v.H.	abs.	in v.H.
1	2	3	4	5	6	7	8	9
Reis[d)]	118	73	138	91	227	94	267	96
Kartoffeln	43	27	14	9	14	6	12	4
Ist-Zustand Gesamt:	161	100	152	100	241	100	297	100
Weizen	16	10	28	18	14	6	13	5
Sonnenblumen	16	10	28	18	14	6	13	5
Soll-Zustand Gesamt:[e)]	193	120	208	136	269	112	305	110

a) ohne Berücksichtigung der Auswirkungen selektiver Mechanisierungsmaßnahmen, siehe dazu Tab. 43b;
b) Bruttoanbaufläche und deren Verteilung auf Reis-, Kartoffel-, Weizen- und Sonnenblumenfläche nach Mechanisierungstypen, siehe Tab.39;
c) Mechanisierungstyp: I = unbewässert, Ochsen (traditionell); II = unbewässert, Schlepper; III = Tiefbrunnen, Ochsen; IV = Tiefbrunnen, Schlepper;
d) Fremd-AK-Einsatz für Reis gewichtet nach Anbau-Saison, siehe Tab. 29, für Kartoffeln Tab. 29 bzw. Kap. 3.2.1; für Weizen und Sonnenblumen siehe Tab. 38;
e) AK-Einsatz für selektive Mechanisierung mit Umstellungen der pflanzlichen und tierischen Produktion; entspricht dem AK-Einsatz für die Ergebnisse der Tab. 42; alle zusätzlichen Arbeiten (Soll-Zustand minus Ist-Zustand) durch Fremd-AK.

Quelle: eigene Erhebungen und Berechnungen

kräfte-Einsatzes in den Betrieben der Mechanisierungstypen III und IV auf lediglich 12 bzw. 10 v.H. beläuft.

Der für die Verwendung des Einachsschleppers zusätzlich benötigte Arbeitseinsatz ist jedoch erheblich geringer als die durch den Einsatz des Einachsschleppers kompensierte Bodenbearbeitung durch Arbeitstiere, die auch durch den zusätzli-

Tab. 43b Indirekte Beschäftigungsauswirkungen durch den Einsatz selektiver Mechanisierung für Winterbewässerung und Bodenbearbeitung zur Diversifikation des Anbaues in Betrieben verschiedener Mechanisierungstypen

(in v.H.[a])

Art der Mechanisierung	Mechanisierungstyp[b]			
	I	II	III	IV
Einachsschlepper[c]	+ 1,3	+ 1,4	+ 1,3	+ 1,3
Bodenbearbeitung durch Ochsen[d]	- 8,1	- 8,7	- 8,1	- 8,1
Weizen-Bewässerung[e]	+ 2,2	+ 0,7	+ 0,7	+ 0,6
Gesamt (ohne Sonnenbl.-Bewässerung)	- 4,6	- 6,6	- 6,1	- 6,2
Sonnenblumenbewässerung[f]	+28,3	+ 49,0	+ 24,2	+ 22,8
Gesamt (mit Sonnenbl.-Bewässerung)	+23,7	+ 42,4	+ 18,1	+ 16,6

a) positive (+) und negative (-) Abweichungen durch den Einsatz von Einachsschleppern und Bambusbrunnen/Kleinpumpen-Bewässerung gegenüber dem Arbeitseinsatz in Tab. 43a;
b) Mechanisierungstyp: I = unbewässert, Ochsen (traditionell); II = unbewässert, Schlepper; III = Tiefbrunnen, Ochsen; IV = Tiefbrunnen, Schlepper;
c) anteilig auf 28 v.H. der Bruttoanbaufläche, siehe Kap. 4.2.2; für zehn stündigen Arbeitstag 1,6 acre Bearbeitungsfläche durch zwei Fahrer;
d) auf der durch Einachsschlepper bearbeiteten Fläche entfällt ein viermaliges Pflügen durch Ochsen ≙ 7,9 Arbeitstage/acre;
e) anteilige Weizenbewässerung für Bambusbrunnen/Kleinpumpen-Bewässerung ≙ 5 AK/acre;
f) Sonnenblumenbewässerung: 69 Arbeitstage pro acre für Pedalpumpe.

Quelle: eigene Kalkulationen

Tab. 43c Gesamt-Beschäftigungsauswirkungen selektiver Mechanisierung mit Umstellungen in der pflanzlichen Produktion in Betrieben verschiedener Mechanisierungstypen

(in v.H. zum AK-Einsatz der Betriebe im Ist-Zustand [= 100])

Art der Bodennutzung	Mechanisierungstyp[a]			
	I	II	III	IV
Reis/Kartoffeln	100	100	100	100
Weizen/Sonnenblumen[b]	115	129	106	104
Weizen/Sonnenblumen[c]	144	178	130	127

a) siehe Tab. 43b, Fußnote b);
b) Sonnenblumen ohne Bewässerung;
c) Sonnenblumen mit Pedalpumpen- (Hand-) Bewässerung.

Quelle: eigene Kalkulationen

chen Arbeitsbedarf für die Weizen-Bewässerung nicht aufgefangen werden kann. Aus diesem Grunde ist die Gesamt-Beschäftigungsauswirkung durch Art und Umfang der verwendeten selektiven Mechanisierung (siehe Tab. 43 b) um 5 bis 7 v.H. niedriger als die direkten Beschäftigungsauswirkungen durch die Ausdehnung der pflanzlichen Produktion um die Weizen- und Sonnenblumenanbaufläche ausweisen. Ohne Sonnenblumen-Bewässerung ergibt sich daher ein um insgesamt 29 bzw. 15 v.H. höherer Arbeitseinsatz als im Ist-Zustand für die Betriebe der Mechanisierungstypen II bzw. I. Der erforderliche höhere AK-Einsatz für die Betriebe der Mechanisierungstypen IV und III liegt dagegen lediglich 4 bzw. 6 v.H. über dem Beschäftigungsniveau der Betriebe im Ist-Zustand. Erst wenn die sehr arbeitsintensive Pedalpumpen-Bewässerung für die anteilige Sonnenblumenanbaufläche verwendet wird, ergibt sich ein um 27 v.H. bzw. 30 v.H. höherer AK-Einsatz (Mechanisierungstypen IV bzw. III), oder gar eine Steigerung um 44 bzw. 78 v.H. (Mechanisierungstypen I bzw. II) gegenüber dem Ist-Zustand(siehe dazu Tab. 43c).

4.2.4 Selektive Mechanisierung mit Umstellungen der pflanzlichen und tierischen Produktion

In Kap. 4.2.2 ist ausgeführt worden, daß ein allgemeiner Überbesatz an Großvieh in den Untersuchungsbetrieben festgestellt wurde, der in den Kleinbetrieben besonders ausgeprägt ist. Die verbreitete Landknappheit wird deshalb nicht nur eine Ausdehnung des Großviehbestandes verhindern, sondern mittelfristig wohl eine Reduzierung des Rindviehbestandes unumgänglich machen. Zwar bleibt auch unter diesen Bedingungen eine Leistungssteigerung der Viehhaltung durch Verbesserung der Futtergrundlage[1], veterinär-medizinische und züchterische Maßnahmen denkbar, doch unter den augenblicklichen Verhältnissen kurzfristig wenig wahrscheinlich. Es fehlt den Viehhaltern an der für diese Maßnahmen notwendigen Kaufkraft und umfassenden Beratung, und darüber hinaus würden Leistungssteigerungen bei der Fleisch- und Milchproduktion auf geringe Marktaufnahme durch die allgemein

1) Vornehmlich Zukauf von Leistungsfutter.

niedrige kaufkräftige Nachfrage stoßen, die lediglich im Umkreis der größeren Städte ansteigt.

Vergleichbares gilt auch für andere tierische Produkte wie Ziegen- und Hühnerfleisch, für die einerseits ein unzureichendes Futterangebot für die Tiere und andererseits beschränkte Marktaufnahme gelten. Obwohl Rindfleisch im wesentlich durch die nicht mehr als Zugtiere verwendbaren Rinder bzw. Ochsen anfällt, trägt es nach wie vor am stärksten zur Fleischlieferung bei[1]. Eine Verbesserung der Eigenversorgung mit Fleisch ist am ehesten durch eine Intensivierung der Hühnerhaltung möglich, wenn die Vermarktungsaussichten in Zukunft verbessert werden können. Auch die Hühnereiproduktion ist so niedrig, daß der durchschnittliche Eierverbrauch pro Kopf und Jahr auf nur vier Eier geschätzt wird[2].

Wegen traditioneller Präferenz für Hühner- und Ziegenfleisch ist eine Ausbreitung der Entenhaltung kurzfristig nicht möglich. Da die insbesondere in Südost- und Ostasien sehr verbreitete flächenunabhängige Schweinefleischproduktion[3] aus religiösen Gründen nicht in Betracht kommt, ist als einziger kurzfristig zu aktivierender tierischer Produktionszweig die Fischzucht in intensiver Teichhaltung anzusehen. Die große Verbreitung von Teichen und Weihern und die gegenwärtig noch zu beobachtende weitgehende Vernachlässigung der Fischproduktion in den dörflichen Teichen läßt hohe Produktionsreserven für die notwendige Erhöhung des Proteinangebotes erwarten. Werden mittlere Erträge beispielsweise durch die Haltung indischer Karpfen (Catla catla) zugrunde gelegt[4], so ergeben sich mögliche Deckungsbei-

---

1) Das Verhältnis von Rind- zu Ziegen- und Hühnerfleisch entspricht etwa 15 : 4 : 1.
2) IBRD (ed.), a.a.O., 1972, Vol. IV, Technical Report No. 12, p. 7.
3) Schweine als Allesfresser (Küchenabfälle, Wasserhyazinthen (Eichhornia crassipes) oder Chlorella-Algen) mit hoher Futterverwertung bilden regional die Grundlage für Teichfischhaltung durch Verwendung von Schweinedung als Fischfutter.
4) 16,2 mds. pro acre und Jahr (entspricht 605 kg); ein angenommener Rohertrag 5463 TK/acre bei 2185 TK/acre variablen Kosten (Futter, Dünger, Nachzucht, Unkrautkontrolle, Bekämpfung von Krankheiten etc.) erbringt einen Deckungsbeitrag von 3278 TK/acre und Jahr.

träge von mehr als 3000 TK pro acre und Jahr.

Im Durchschnitt aller 160 Untersuchungsbetriebe ergab sich je Landbewirtschafterfamilie eine Teichfläche (ererbter Anteil der Bari-Pondfläche) von 0,15 acre. Diese Fläche würde bei der oben zugrunde gelegten Kalkulationsgrundlage (siehe Fußnote 4 auf der vorigen Seite) einen Deckungsbeitrag von 491 TK erbringen.

Im Gegensatz zu der möglichen Diversifikation des Pflanzenanbaues, hat eine Veränderung der Mechanisierungsgrundlage keine Auswirkungen auf die tierische Produktion. Zwar wäre bei Ausweitung der Mechanisierung der Bodenbearbeitung eine Steigerung der Milchviehhaltung zu Lasten des Zugviehbestandes denkbar, doch folgende Gründe sprechen gegen eine solche Konzeption:

- für eine leistungsfähige Milchproduktion ist die Eigenfutterproduktion in den vorherrschenden Kleinbetrieben nur sehr beschränkt möglich,
- die kaufkräftige Nachfrage nach Milch- und Milchprodukten ist außerhalb größerer Städte nur gering, und
- Bodenbearbeitungsmechanisierung ist wegen Kapital- und insbesondere Devisenknappheit zunächst nur als Komplementärmaßnahme zu der Bodenbearbeitung mit Zugvieh denkbar.

Die oben dargestellte Intensivierung der Fischnutzung in Teichhaltung ist unabhängig von Mechanisierungsmaßnahmen und würde eine mögliche Steigerung der Deckungsbeiträge der Modellbetriebe des Mechanisierungstyps I bis IV gegenüber dem Ist-Zustand (siehe Kap. 4.1) um 16, 26, 13 bzw. 16 v.H. respektive (Deckungsbeiträge der Betriebe im Ist-Zustand = 100) bedeuten[1].

In Tab. 44 erfolgt eine Zusammenfassung der verschiedenen in Kap. 4.2 diskutierten Formen der Bodennutzung. Als einzelbetrieb-

---

1) Zugrundegelegt sind für alle Betriebe die sich durchschnittlich ergebenden 0,15 acre Teichfläche je Betrieb als Produktionsgrundlage, deren Größenabweichungen zwischen den Gruppen der Betriebe der vier verschiedenen Mechanisierungstypen unerheblich ist.

Tab. 44 Erfolgsanalyse unterschiedlicher Formen der Bodennutzung

Art der Bodennutzung	mittlerer Ertrag[a] (mds./acre)	Kcal pro acre (in 000)	Protein[b] pro acre in g	Deckungsbeitrag		
				Beitrag zum Rohertrag (in v.H.)	im Verhältnis	
					zu variablen Produktions-kosten (in v.H.)	zum Bodenwert[c] (in v.H.)
1	2	3	4	5	6	7
Reis						
- lokale Sorte (tradi.geschält)	9	1 172	16 965	17	20	0,3
- hochertragreiche Sorte (mech.geschält)	25	2 970	35 450	58	138	2,7
Weizen	25	3 079	69 975	59	143	2,9
Kartoffeln	80	2 269	37 619	52	109	5,2
Sonnenblumen[d] (ganze Samen)	10	2 090	51 500	46	84	1,6
Sorghum	20	2 477	45 143	60	150	2,7
Sojabohnen[e]	15	2 256	121 470	35	55	1,6
Fisch (Catla catla) intensive Teichhaltung	16	799	113 740	60	150	8,2

a) mittlere Erträge für Bangladesh;
b) in Gramm verwertbares Protein;
c) Bodenpreis (Reisland) 1974/75 etwa 40 000 TK/acre in Comilla;
d) Sonnenblumen als ölliefernde Pflanze mit etwa 25 v.H. Ölausbeute unter lokalen Bedingungen;
e) Sojabohnen liefern unter lokalen Bedingungen etwa 10 v.H. Öl.

Quelle: National Institute of Nutrition (ed.), Nutrition Value of Indian Foods. Hyderabad o.J.; International Bank for Reconstruction and Development (ed.), Land and Water Resources Sector Study. Vol. IV, o.O. 1972; FAO (ed.), Food Consumption Tables - Minerals and Vitamins for International Use. Rome 1954; eigene Berechnungen.

lich relevante Produktivitätsgröße ist der jeweils pro acre erzielbare Deckungsbeitrag miteinander verglichen worden. Da aber kleinen Landbewirtschaftern auf mehr oder weniger Subsistenzniveau in der Regel die notwendige Liquidität fehlt, ist als ein Vergleichsmaßstab der verschiedenen Formen der Bodennutzung der Beitrag des Deckungsbeitrages zum Rohertrag und das Verhältnis zu den variablen Produktionskosten mit berücksichtigt worden. Die extrem hohen Bodenpreise rechtfertigen auch einen Vergleich der jeweils erzielbaren Deckungsbeiträge im Verhältnis zum Bodenwert. Da für gesamtwirtschaftliche Überlegungen die erzielbaren Flächenleistungen an Kalorien und Protein von großer Wichtigkeit sind, ist in Tab. 44 auch eine Ertragsanalyse auf der Basis durchschnittlich erzielbarer Erträge in Bangladesh durchgeführt worden.

Der Vergleich zwischen der Fischproduktion und verschiedenen Kulturpflanzenarten weist (neben der klimatisch schwierigen Sojabohnenproduktion) das hohe Eiweißlieferungsvermögen durch Fischhaltung aus. Auch liegt der Anteil des Deckungsbeitrages zum Rohertrag und zu den variablen Produktionskosten zusammen mit den entsprechenden Kenngrößen der Sorghumproduktion am höchsten. Setzt man den erzielbaren Deckungsbeitrag ins Verhältnis zum Bodenwert, so ist durch die Fischproduktion der bei weitem höchste Deckungsbeitrag zu erzielen.

4.3 Voraussetzungen für eine Implementierung der Betriebsumstellungen

Die Sicherheit des Zugangs zum Mechanisierungsangebot (Kap. 4.3.1) und die Sicherheit des Angebots sonstiger Betriebsmittel (Kap. 4.3.2) sind unmittelbar Voraussetzung für eine erfolgreiche Einführung des in Kap. 4.2 dargestellten Mechanisierungsangebotes. Erst der in Kap. 4.3.3 angesprochene Zugang zu Beratung und Information schafft die Voraussetzung für die Durchführung der im Rahmen dieser Mechanisierungskonzeption vorgesehenen Betriebsumstellungen.

Investitionen in Mechanisierungsprojekte scheinen allerdings bei hohem Bevölkerungsdruck auf dem Lande und somit großer Knappheit an Boden erst gerechtfertigt, wenn durch Düngerverwendung[1] eine bestimmte Mindestgrenze der Bodennutzungsintensität erreicht ist. Im Landesdurchschnitt jedoch werden diese chemischen Innovationen, die sich durch Erhöhung und Sicherung der Flächenproduktivität direkt und indirekt bodensparend auswirken, in solch geringem Umfang verwendet, daß deren marginale Produktivität pro Flächeneinheit sehr hoch ist[2]. Dieser Umstand weist den chemischen und den ebenfalls bodensparend wirkenden und erst in geringem Maße eingesetzten biologischen Inputs (hochertragreiche Sorten) im Landesdurchschnitt (zunächst) eine weit höhere Priorität zu als die Einführung technischer Neuerungen ('medium-term-inputs'), wie sie in Kap. 4.2 diskutiert wurden. Eine erfolgreiche Einführung technischer Hilfsmittel kann erst erwartet werden, wenn vorher oder zumindest gleichzeitig ein Bündel flankierender Maßnahmen ('package-approach') angeboten und eingesetzt werden.

Als Hauptbestandteile dieses 'package-approach' sollen hier kurz angeführt werden:

- landesweite Intensivierung der landwirtschaftlichen Beratung etwa in Anlehnung an den Comilla Approach;

---

1) In den Betriebsplanungen in Kap. 4.2 sind für biologische und chemische Inputs keine Alternativrechnungen für unterschiedlich hohen Einsatz dieser Betriebsmittel durchgeführt, sondern es ist vielmehr von den in Kap. 4.1 dargestellten Bedingungen im Ist-Zustand ausgegangen worden. Diese Vorgehensweise scheint gerechtfertigt, weil der jeweilig unterschiedliche Grad der Verwendung von 'short-term-inputs' wie Düngemittel und Pestizide die Modellrechnungen zusätzlich belastet hätte, und außerdem der Umfang der Verwendung dieser Inputs im Untersuchungsgebiet relativ zum Landesdurchschnitt sehr groß ist.

2) Von dem im Fünf-Jahres-Plan empfohlenen Düngemitteleinsatz wurde 1974 im Landesdurchschnitt für N, P und K lediglich 1,1 , 0,9 und 0,2 v.H. verwendet; lediglich auf 16 v.H. der Reisanbaufläche wurden HYV-Reissorten angebaut und nur 12 bis 15 v.H. der LN wurden mit Pestiziden behandelt; vergl. Government of the People's Republic of Bangladesh, a.a.O., Dacca 1973, p. 86, 96.

- Verteilung von chemischen und biologischen Inputs incl. dazu notwendiger Kleingeräte (z.B. Spritzgeräte für Pestizidausbringung);
- Schaffung dörflicher Lagerungsmöglichkeiten für Inputs und Reis;
- Verbesserung der Infrastruktur und Kommunikation (besonders über Beschaffung und Absatz);
- Bereitstellung von Krediten (insbesondere für Kleinst-Bewirtschafter).

Erst dieses Bündel von Maßnahmen, das neben einer Verbesserung des Mechanisierungsangebotes auf Dorfebene geschaffen werden muß[1], kann die Voraussetzung für eine erfolgreiche Einführung selektiver Mechanisierung mit dem Ziel einer Bodennutzungsmaximierung schaffen, durch die der Übergang von der Subsistenz zur profitorientierten Landwirtschaft beschleunigt werden kann[2].

Im folgenden wird lediglich kurz auf die am wichtigsten erscheinenden Bestandteile dieses Package-Approaches eingegangen, nachdem in Kap. 4.3.1 die sozialpolitischen, betriebswirtschaftlichen und organisatorischen Auswirkungen eines unterschiedlichen Grades des Zuganges zum Mechanisierungsangebot diskutiert werden.

4.3.1 Sicherheit des Zuganges zum Mechanisierungsangebot

Die in Kap. 4.2.2 vorgeschlagene Einführung selektiver, kapitalintensiver Mechanisierung bezog sich auf die Verwendung kleiner, mobiler Dieselpumpen für die Winterbewässerung und von Einachsschleppern, mit deren Hilfe 27 v.H. der landwirtschaft-

1) Vergl. dazu auch: McPHERSON, W.W. and B.F. JOHNSTON, Destinctive Features of Agricultural Development in the Tropics. In: SOUTHWORTH, H.M. and B.F. JOHNSTON (eds.), Agricultural Development and Economic Growth. 4th Edition. Ithaca and London 1973, p. 214f.
2) Diese Neuerungen eröffnen Möglichkeiten zur Verbesserung, bergen aber auch das Risiko einer Verschlechterung. Vergl. dazu: KUHNEN, F., Landwirtschaft und anfängliche Industrialisierung: West Pakistan. Sozialökonomische Untersuchungen in fünf pakistanischen Dörfern. Opladen 1968, S. 157ff.

lichen Nutzfläche bearbeitet werden sollte[1]. Da die bis heute übliche Organisation des Einsatzes von Bewässerungspumpen und Schleppern keinen gleichberechtigten Zugang für alle Landbewirtschafter sicherstellt, soll nachfolgend ein veränderter Einsatzplan für die selektive Mechanisierung diskutiert werden.

Um die einseitige Begünstigung der einflußreicheren Landbewirtschafter beim Zugang zum Mechanisierungsangebot mit den in Kap. 3 dargestellten negativen sozialpolitischen und wirtschaftlichen Auswirkungen abzubauen, wird auf der Organisations- und Einsatzebene in Kap. 4.2 ein veränderter Vermietungsmodus der Maschinen zugrunde gelegt. Danach sollen die Maschinen bariweise und überbetrieblich angeboten werden. Traditionell nämlich findet beispielsweise für Zugtiere ein gegenseitiger, kostenloser Austausch innerhalb der patrilokalen Verwandtschaftsgruppe statt. In Anlehnung an diese Tradition könnte die Organisation für den Einsatz der neu einzuführenden selektiven, kapitalintensiven Mechanisierung an der jeweiligen Bedarfslage eines Baris ansetzen.

Bariweise werden beispielsweise für die Festlegung des notwendig werdenden Umfanges einer Bodenbearbeitung durch Einachsschlepper zunächst die Zugkraftausstattung durch Arbeitstiere und die gesamt verfügbare landwirtschaftliche Nutzfläche, für die ein Anbau in der nächsten Saison geplant ist, festgestellt. Nach dem mindestens vier Monate vorher einzureichenden und zu genehmigenden Anbauplan, der auf eine Maximierung der Anbauintensität abzielt, wird ermittelt, wie hoch der mit Einachsschleppern zu bearbeitende Anteil der LN für die kommende Anbauperiode ist. Innerhalb des Baris erfolgt nach

1) Die Auswahl eines zielkonformen Mechanisierungsgrades wird durch die alternativen Betriebsplanungen (Kap. 4.2) unterstellt. Als gelöst wird die Frage der Auswahl geeigneter Maschinen und Geräte angenommen, und auch die eine Mechanisierungsmaßnahme erst ermöglichende staatliche Agrarpolitik (mit Festlegung von Zöllen, Steuern, Subventionen etc.) wird vorausgesetzt. Auch wird die Errichtung einer gut ausgestatteten Zentralwerkstatt mit geschultem Wartungs-, Reparatur- und Bedienungspersonal unterstellt.

wie vor ein kostenloser Austausch von Zugtieren, aber gleichzeitig werden die Einachsschlepper in einem solchen Umfang eingesetzt, daß die gesamte, für die Bodenbearbeitung zu verwendende Zeit maximal drei Wochen dauert[1]. Die bariweise Verfügbarmachung der Einachsschlepper schließt die bevorzugte Behandlung einzelner insofern aus, als die gesamte Bodenbearbeitung in einer vertretbaren Zeitspanne abgeschlossen werden kann, ohne daß es von Belang wäre, auf wessen Land der Einachsschlepper nun tatsächlich zum Einsatz käme.

Voraussetzung für diesen Einsatzplan ist, daß für die eingesetzten Maschinen und Geräte keine Reparatur- und Ersatzteilprobleme bestehen. Dies muß zum einen durch eine entsprechend ausgerüstete Zentralwerkstatt, in der notwendige Reparaturen vor den jeweiligen Hauptbeanspruchungszeiten durchgeführt werden können, und zum anderen durch eine entsprechende Ersatzteilhaltung und die Bereithaltung von Reservemaschinen und -geräten abgesichert werden.

Der Einsatz von Maschinen für die Bodenbearbeitung kann effizienter gestaltet werden, wenn im Gegensatz zur heutigen Praxis eine Umstellung der Bezahlung nach Zeiteinheiten erfolgt. Dadurch wird auch bei den Landbewirtschaftern ein Interesse für hohe Flächenleistungen geweckt. Bariweise sollte ein für das Anmieten von Einachsschleppern Verantwortlicher bestimmt werden, der im vorhinein die Schleppermiete hinterlegt und zusammen mit dem Fahrer eine Sicherheit stellt, mit der selbstverschuldete Schäden abgedeckt werden können[2].

Die hier vorgeschlagene Organisationsform auf Bariebene soll in entsprechender Weise auch auf den Einsatz der Klein-Bewässerungspumpen übertragen werden. Auf dieser Einsatzebene sind aufgrund der leichten Überschaubarkeit relativ geringe Organi-

---

1) Vergl. Kap. 4.2.2; für die Untersuchungsbetriebe ergab sich durchschnittlich ein Flächenanteil von 27 v.H. der LN, der durch Einachsschlepper bearbeitet werden müßte.
2) In Anlehnung an das in der A.D.C. Padrishibpur sehr bewährte Organisationsprinzip für das Vermieten von Einachsschleppern.

sationswiderstände zu erwarten und die gegenseitige Verantwortlichkeit innerhalb der Verwandtschaftsgruppe minimiert die Gefahr eines Mißbrauches der Maschinen und Geräte auf Kosten anderer, meist ohnehin weniger stark Begünstigter, ohne daß die Initiative zur Selbsthilfe geschwächt zu werden braucht.

Allgemein ist für überbetrieblich eingesetzte Mechanisierung zu fordern, daß sie in Zukunft schwerpunktmäßig den Kleinstlandbewirtschaftern mit weniger als 1,2 acre[1] LN zugute kommen sollte. Denn insbesondere in den Kleinbetrieben treten Engpässe bei der Bodenbearbeitung auf und sind Produktionssteigerungen durch Ausweitung der Winterbewässerung besonders vordringlich.

Eine Verschiebung zugunsten einer auf die Bedürfnisse von Kleinstbewirtschaftern ausgerichteten Förderung ist jedoch nur durch eine korruptionsfreie Organisation des Maschinen- und Geräteverleihes denkbar, in der schwerpunktmäßig die Interessen der Kleinstbewirtschafter verankert sind.

4.3.2 Sicherheit des Angebotes sonstiger Betriebsmittel

Die in der Vergangenheit immer wieder aufgetretenen Engpässe bei der Versorgung der Pumpen mit Betriebsmitteln (insbesondere Dieselkraftstoff) und deren relativ hohen Kosten haben häufig zu Unterbrechungen bzw. zu Verkürzungen der täglichen Bewässerungszeiten geführt und somit einen nicht zu vertretenden, niedrigen Ausnutzungsgrad der kapitalintensiven Pumpen nach sich gezogen (vergl. Kap. 4.2.1). Unterbrechungen der Stromversorgung haben bei den ohnehin wenigen mit Elektrizität betriebenen Bewässerungspumpen häufig zu längeren Ausfallzeiten geführt. Besonders in rückständigen Regionen führt die schlechte Infrastruktur zu zusätzlicher Benachteiligung bei der Verteilung von Betriebsmitteln.

---

1) Etwa die Subsistenzgrenze, unter der nur durch Zuverdienst der Lebensunterhalt einer Familie gesichert werden kann.

Diese Aussage gilt allerdings generell und hat bei ungleicher Versorgung insbesondere mit Düngemitteln und Pestiziden sehr viel weitreichendere Auswirkungen für die betroffenen Landbewirtschafter. Die Sicherheit des Angebotes chemischer Inputs ist regionsspezifisch sehr unterschiedlich, wirkt sich jedoch auch innerhalb derselben Region stark betriebsgrößenspezifisch aus, wie in Kap. 3.2.4 gezeigt werden konnte.

Kapitalintensive Mechanisierungsmaßnahmen müssen überall dort als zweitrangig eingestuft werden, wo die Bodennutzungsintensität infolge niedriger Düngerverwendung, veralteter Anbautechniken, Verwendung wenig ertragreicher Sorten etc. so niedrig liegt, daß allein durch größeren Einsatz dieser 'short-term-inputs' hohe Flächenproduktivitätssteigerungen erzielbar sind. Erst nach einer deutlichen Verringerung der marginalen Produktivitätszuwächse[1] kann eine Investition in kapitalintensive Mechanisierung gerechtfertigt werden. Die Steigerung der Bodennutzungsintensität durch intensivere Input-Verwendung mit eventuell notwendig werdenden Umstellungen im Anbauplan (vergl. Kap. 4.2.3) und in der Anbautechnik ist somit die Voraussetzung für die Einführung jeglicher kapitalintensiver Mechanisierung in Gebieten mit Bodenknappheit.

Insbesondere das Angebot an chemischen Inputs muß deshalb vergrößert und stabilisiert und durch entsprechende Programme[2] besonders für den Kleinbewirtschafter zugänglich gemacht werden.

---

1) Etwa wenn der Wert des pflanzlichen Mehrertrages gegenüber den für diese Flächenproduktivitätssteigerungen aufgewendeten Maßnahmen (Value/Cost-Ratio) unter 2,5/1 sinkt; vergl. dazu: Food and Agriculture Organization of the United Nations (FAO), Privisional Indicative World Plan for Agricultural Development. Rome 1970, Vol. I, p. 199f.
2) Beispielsweise durch Kreditprogramme oder gezielte Subventionierungen für Klein- und Kleinstbewirtschafter.

4.3.3 Zugang zu Beratung und Information

Wie in Kap. 3.2.4 festgestellt werden konnte, ist ein betriebsgrößenspezifisches Übernahmeverhalten bei der Einführung neuer Sorten und der Anwendung von Düngemitteln und Pestiziden nicht festzustellen gewesen[1].

Demgegenüber hat sich ein stark genossenschaftsspezifisches Übernahmeverhalten bei biologischen und chemischen Inputs nachweisen lassen. Die im Comilla Approach verankerte fortwährende Weiterbildung einzelner für Beratung verantwortlicher, dorfansässiger 'model farmers' scheint sich prinzipiell bewährt zu haben[2], doch ergeben sich offensichtlich große Differenzierungen zwischen den Genossenschaften.

Als Voraussetzung für die Einführung der in Kap. 4.2.3 vorgeschlagenen Umstellungen in der pflanzlichen Produktion sind verbindliche Anbauplanungen auf Einzelbetriebs- und Bariebene unerläßlich, deren rechtzeitige Festlegung und genaue Einhaltung über den Erfolg der beabsichtigten Flächenproduktivitätssteigerungen[3] und der geplanten selektiven Mechanisierungsmaßnahmen entscheiden. Es ergeben sich also steigende Anforderungen an die Qualität der Beratung und Information, um die Voraussetzungen für erfolgreiche Betriebsumstellungen zu schaffen.

Zumindest für die Umstellungsphase bei der Einführung neuer Mechanisierungsmaßnahmen mit den dazu notwendigen Änderungen der Anbaupläne müßte dorfexterne, qualifizierte Beratung die

---

1) Nach dem Grad der Mechanisierung ist die Anwendung von Pestiziden zuerst in den Betrieben mit stärkerer Verwendung kapitalintensiver Mechanisierung und zuletzt in den traditionell mechanisierten Betrieben erfolgt.

2) Vergl. dazu beispielsweise: KHAN, A.H., Reflections on the Comilla Rural Development Project. Overseas Liaison Committee, American Council on Education (OLC), Paper No. 3, o.O., March 1974, p. 17f., 44ff.

3) Maximierung der Anbauintensität und Erträge hochwertiger Anbauprodukte mit guter Vermarktbarkeit.

genossenschaftlichen 'model farmers' unterstützen. Dies gilt umso mehr, als die Beratung sich schwerpunktmäßig den Interessen der Kleinstlandbewirtschafter verpflichtet fühlen müßte, was in der nach dem 'Comilla Approach' konzipierten Beratung nur in beschränktem Umfang erreicht werden kann.

Im Zuge einer stärkeren Marktintegration der Betriebe werden verstärkt Beratungsaktivitäten und verbesserte Information auch für die Vermarktung von Agrarprodukten und für die Beschaffung von Betriebsmitteln notwendig.

4.4 Zusammenfassung

Auf der Basis der Betriebsergebnisse in Kap. 3 wurden für die vier Mechanisierungstypen die durchschnittlichen Ergebnisse als Grundlagen für die Modellkalkulationen verwendet. Zugrunde gelegt wurden jeweils 1,7 acre LN für jeden der Modellbetriebe der vier Mechanisierungstypen. Durch die in Kap. 3 ausgewiesenen Differenzierungen zwischen den Betrieben der jeweiligen Mechanisierungstypen wurden jeweils unterschiedliche Anbauintensitäten und Flächenerträge berücksichtigt, durch die erhebliche Differenzierungen der Bruttoproduktion entstanden.

Um den Gesamtdeckungsbeitrag der Modellbetriebe zu erhöhen, wurden zunächst die Auswirkungen einer verbesserten Ausnutzung der gegebenen Technologie untersucht, mit deren Hilfe eine Erhöhung der Anbauintensität beabsichtigt war. Die Ergebnisse der empirischen Untersuchungen (Kap. 3) hatten ergeben, daß eine Ausdehnung der Bodenbearbeitung durch Schlepper nicht zu einer Erhöhung der Anbauintensität beiträgt. Demgegenüber könnte durch einen optimalen Beginn der Bewässerung und Erhöhung der täglichen Bewässerungszeit eine um 45 v.H. größere Fläche bewässert werden. Für die Modellbetriebe der Mechanisierungstypen III und IV würde das für die Reisproduktion zu einer Erhöhung der Deckungsbeiträge um 19,3 bzw. 52,2 v.H. führen (vergl. Kap. 4.2.1).

Bei der gezielten Überwindung der einer Anbauintensitätserhöhung hinderlichen kritischen Engpässe (selektive Mechanisierung, Kap. 4.2.2) müssen 28 v.H. der Fläche motormechanisch bearbeitet werden, wenn die Bruttoanbaufläche maximiert werden soll. Die restlichen 72 v.H. der Fläche können innerhalb der verfügbaren Bearbeitungszeit mit den vorhandenen Zugochsen bearbeitet werden.

Für die Ausdehnung der Winterbewässerung wurden vier verschiedene kapitalintensive Verfahren vorgestellt. Als entwicklungskonforme Art der Bewässerung wurden Kleinbewässerungsprojekte auf der Basis von Bambusbrunnen und kleinen Dieselpumpen identifiziert. Durch eine Diversifizierung der pflanzlichen Produktion zugunsten von Kulturpflanzen mit relativ geringem Bewässerungsbedarf kann die Ausnutzung des knappen Wassers sehr erhöht werden. Durch eine Ausdehnung des Weizen- und Sonnenblumenanbaues ist in den vier Modellbetrieben ein Anstieg der Anbauintensität gegenüber dem Ist-Zustand um jeweils 29, 56, 24 bzw. um 22 v.H. möglich (vergl. Tab. 39).

Durch die Winterbewässerung und die Anbaudiversifikation könnten die Deckungsbeiträge zwischen 23 und 92 v.H. gesteigert werden. Die Beschäftigungsauswirkungen dieser Umstellungen wären ebenfalls positiv und beliefen sich auf 4 bis 29 v.H. zusätzlichen AK-Bedarf, wenn keine Sonnenblumenbewässerung berücksichtigt würde. Mit zusätzlicher Pedalpumpenbewässerung für Sonnenblumen würde sich ein um 27 bis 78 v.H. höherer AK-Bedarf einstellen.

Die in Kap. 4.2.4 zusätzlich zu den Umstellungen der pflanzlichen Produktion diskutierten Veränderungen der tierischen Produktion lassen mögliche Deckungsbeitragssteigerungen vornehmlich durch intensivierte Fischhaltung in den im Untersuchungsgebiet reichlich vorhandenen Teichen zu. Die Fischhaltung kann unabhängig von Mechanisierungsmaßnahmen intensiviert werden und gegenüber den jeweiligen Deckungsbeiträgen der Modellbetriebe im Ist-Zustand eine Steigerung zwischen 13 und 26 v.H. erbringen.

Als wichtigste Voraussetzungen für die Implementierung der Betriebsumstellungen werden in Kap. 4.3 die Sicherheit des Zuganges zum Mechanisierungsangebot, die Sicherheit des Angebotes sonstiger Betriebsmittel (insbesondere Düngemittel) und insbesondere eine auf die Bedürfnisse der Klein- und Kleinstbetriebe abgestellte Beratung auf Bari-Ebene angesehen.

5 Folgerungen für eine entwicklungskonforme Mechanisierungskonzeption in Ländern der Dritten Welt

5.1 Integrierte Technologie als Voraussetzung zur Förderung von Kleinbewirtschaftern

Die Frage nach Art und Umfang einer Mechanisierung der Landwirtschaft in Entwicklungsländern kann nicht losgelöst vom jeweiligen Entwicklungsstand des Agrarsektors beantwortet werden. Dabei muß zugleich auch eine Gewichtung der Bedeutung anderer agrartechnischer Maßnahmen mit erfolgen. Maßstäbe für die Aufstellung einer zeitlichen Abfolge möglicher Entwicklungsmaßnahmen für den Agrarsektor sind:

- die lokal bestehenden Faktorproportionen und
- das lokal vorhandene Produktionssteigerungs- und Rationalisierungspotential.

Die herrschenden Faktorproportionen entscheiden über die optimale Zusammensetzung der Produktionsfaktoren Arbeit, Boden und Kapital mit dem Ziel, die relativ knapperen und damit höher bewerteten Faktoren möglichst sparsam zu verwenden. Das vorhandene Produktionssteigerungs- und Rationalisierungspotential bestimmen, welchen produktionssteigernden und/oder produktionskostensenkenden Verfahren[1] der relative Vorzug einzuräumen ist.

Eine entwicklungskonforme Mechanisierungskonzeption sollte die Einführung neuer Maschinen und Geräte nur im Rahmen der wirklichen Faktorproportionen zulassen. In Ländern mit Beschäftigungs-, Devisen- und Kapitalproblemen hieße dies, daß kapitalintensive, importierte Maschinen lediglich in einem geringen Umfang eingesetzt würden[2]. Diese Vorgehensweise scheint schon deshalb gerechtfertigt, weil neben arbeitssubstituierenden Effekten die hoch subventionierten technokratischen Reformkonzepte in der Vergangenheit zumindest tendenz-

---

1) Verwendung biologischer und/oder chemischer Inputs für Ertragssteigerungen; Verwendung chemischer Inputs für Ertragssicherung; Verwendung arbeitstechnischer Verfahren zur Produktionssteigerung und/oder -sicherung und/oder -kostensenkung.

2) Vergl. dazu die makroökonomischen Auswirkungen von Mechanisierungsmaßnahmen unter Einbeziehung von Schattenpreiskalkulationen im Anhang 4.

weise die bereits besser gestellten, größeren Landbewirtschafter begünstigten[1].

Die Festlegung von relativ zu bevorzugenden Inputs für eine angepaßte zeitliche Abfolge (und gegebenenfalls Kombination) von produktionstechnischen Maßnahmen, kann nur für eine definierte Region und für einen bestimmten Zeitraum erfolgen und muß permanent einer Überprüfung unterzogen werden. Damit soll deutlich zum Ausdruck gebracht werden, daß kein allgemein gültiges Mechanisierungskonzept formuliert werden kann, sondern lediglich ein raum- und zeitbezogenes, durch das eine Anpassung an sich verändernde Faktorproportionen und auftretende Engpässe und Bedürfnisse möglichst rasch durchführbar sein muß. Dies bedeutet aber auch, daß sich die Technologie - und in diesem Fall die landwirtschaftliche Mechanisierung - den Erfordernissen innerhalb einer definierten Agrarsituation in einem bestimmten Kulturkreis anpassen muß und nicht umgekehrt die Landbewirtschafter einer nicht veränderbaren, importierten Fertigtechnologie[2].

Die allgemein verbreitete Vernachlässigung des 'rückständigen' Anteils der Landbewirtschafter ohne nennenswerte Marktintegration bei der Formulierung einer nationalen Mechanisierungspolitik hat vielerlei Ursachen. Die wichtigsten sind wohl in einer stark durch die Interessen der ländlichen Elite geprägten Agrarpolitik zu sehen, denen die häufig durch ausländische Entwicklungsexperten vertretenen

---

1) Vergl. die negativen sozialen Auswirkungen der 'Grünen Revolution' oder die negativen sozialen Effekte für Pächter und Landarbeiter durch die Einführung der hoch subventionierten Schlepper im Punjab; GRIFFIN, K., The Green Revolution: An Economic Analysis. United Nations Research Institute für Social Development, Geneva 1972; United Nations Research Institute für Social Development (UNRISD), The Social and Economic Implications for Large-scale Introduction of New Varieties of Foodgrain: Summary of Conclusions of a Global Research Project. Geneva 1974; RAO, V.K.R.V., Growth with Justice in Asian Agriculture. An Exercise in Policy Formulation. UNRISD, Geneva 1974; McINERNEY, J.P. and G.F. DONALDSON, The Consequences of Farm Tractors in Pakistan. IBRD, Bank Staff Working Paper No. 210, o.O. 1975, p. 48ff.

2) ONYEMELUKWE, C.C., a.a.O., London 1974, p.35.

Interessen einer am Export interessierten Landmaschinenindustrie aus den Industrieländern weitgehend entgegenkam[1].

Um auch für Kleinbetriebe die Vorteile verbesserter Mechanisierung nutzen zu können, ist von einer Notwendigkeit der Verwendung von 'Frontier Technology' (PEARSON Report), von 'Appropriate Technology' (Internationales Arbeitsamt), von 'Intermediate' oder 'Self-Help-Technology'[2] oder von der Notwendigkeit zur Einführung von Übergangstechnologien[3] gesprochen worden. Allen Bezeichnungen ist gemein, daß damit eine Technologie gemeint ist, die im Gegensatz zur kapitalintensiven Technologie der Industrieländer eine Produktionssteigerung durch arbeitsintensive und wenig Kapital erfordernde Methoden ermöglichen soll[4].

Gerade aber von Vertretern aus Entwicklungsländern sind die Konzepte einer angepaßten Technologie auch stark kritisiert worden. Das wichtigste Argument in diesem Zusammenhang ist wohl die vermeintliche Gleichsetzung von 'angepaßt' mit einfach, primitiv und veraltet, wodurch für eine an dem Entwicklungsvorbild der westlichen Welt ausgerichtete Gesellschaft der Eindruck einer Festschreibung oder sogar Vergrößerung der technologischen Ungleichheit zwischen Industrie- und Entwicklungsländern entstehen kann[5]. Hinzu kommt,

---

1) TSCHIERSCH, J.E., Agrartechnologie für Kleinbauern. "Entwicklung und Zusammenarbeit". Jg. 18, H. 2, Bonn 1977, S. 22; vergl. dazu auch: ders., Angepaßte Formen der Mechanisierung bäuerlicher Betriebe in Entwicklungsländern. Heidelberg 1975.
2) Vergl. SCHUMACHER, E.F., The Work of the Intermediate Technology Development Group in Africa. "International Labour Review". Vol. 106, Geneva 1972, p. 3ff.
3) GASCAR, P., Arbeit ist nicht alles ... "Forum"(Vereinte Nationen) Jg. 3, H. 4, Genf 1975, S. 2.
4) Auf eine ausführliche Diskussion der Argumente für oder gegen eine solche 'angepaßte' Technologie soll hier verzichtet werden. Eine gute Zusammenfassung der Hauptargumente findet sich in: International Labour Office (ed.), Employment Growth and Basic Needs: A One-World Problem. Tripartite World Conference on Employment, Income Distribution and Social Progress and the International Division of Labour. Geneva 1976, p. 141ff.
5) ONYEMELUKWE, C.C., a.a.O., London 1974, p. 26ff; Kübel Stiftung (Hrsg.), Technologietransfer oder Technologie der Entwicklungsländer. Ein Seminarbericht. Bensheim-Auerbach 1974.

daß das Konzept einer Anwendung angepaßter Technologie in der Regel mit einem hohen Absolutheitsanspruch vertreten wird und die Richtigkeit dieses Entwicklungsweges für alle Sektoren in gleichem Maße in Anspruch genommen wird.

Im folgenden soll deshalb von 'integrierter Technologie' gesprochen werden, wobei dieser Begriff deutlich machen soll, daß sich je nach Bedarfs- und Angebotslage regions-, sektor- und sogar intrasektorspezifisch eine unterschiedlich kapitalintensive Technologie als angemessen erweisen kann. Zumindest kurzfristig ist für viele Anwendungsbeispiele nur eine kapitalintensive, arbeitssparende Technologie verfügbar. Aber dennoch kann in der gleichen Region für ein anderes Arbeitsverfahren gleichzeitig ein kapitalextensives und arbeitsintensives Verfahren zum Einsatz kommen[1].

Es soll hier der Eindruck vermieden werden, daß entwicklungskonforme Mechanisierungskonzepte per se schon mit arbeitsintensiven Verfahren gleichgesetzt werden könnten. Langfristig kann nur durch kapitalintensive, 'moderne' Technologie eine Arbeitsproduktivitätssteigerung auch auf dem Lande erfolgen, ohne die eine Erhöhung der Pro-Kopf-Produktion und damit des Einkommens und Lebensstandards der ländlichen Bevölkerung nicht denkbar sind. Solange jedoch diese kapitalintensiven Technologien einerseits durch Kapital- und insbesondere Devisenmangel sich nur sehr langsam verbreiten können, und andererseits für viele Arten kapitalintensiver Mechanisierung Arbeitsfreisetzungen durch arbeitssubstituierende Wirkungen gegeben sind, müssen kurz- und mittelfristig integrierte, möglichst arbeitsintensive Technologien eingesetzt werden, auch wenn deren Wirkungsgrad in der Regel unter dem 'westlicher', kapitalintensiver Technologien liegt.

1) Vergl.: International Labour Office (ed.), Employment, Growth and Basic Needs ..., a.a.O., Geneva 1976, p. 55f.

5.1.1 Bedarf an integrierter Technologie

Jegliche traditionelle Technologie muß als ein integrierter Bestandteil der jeweiligen Sozialstruktur verstanden werden. Anders nämlich wird es nicht möglich sein, die zugrunde liegende Rationalität vieler einheimischer Produktionsmethoden zu verstehen, in denen die Kategorien Bedürfnis und Risiko weit stärker verankert sind als die westlichen Überlegungen einer Gewinnmaximierung[1]. Daraus folgt, daß die Bedarfsermittlung für Maschinen und Geräte lediglich regionsspezifisch vor dem Hintergrund der traditionellen Mechanisierung erfolgen kann. Neben den traditionellen und regionenspezifischen Faktoren müssen jedoch auch ökologische und insbesondere ökonomische Faktoren zur Bedarfsermittlung herangezogen werden, denn in Abhängigkeit von der jeweiligen Betriebsgröße können sehr unterschiedliche Anforderungen an eine integrierte Technologie gestellt werden.

Unter bengalischen Bedingungen sind etwa 50 v.H. der ländlichen Haushalte landlos oder quasi-landlos. Da alternative Arbeitsmöglichkeiten auf dem Lande praktisch nicht vorhanden sind, ist dieser Teil der ländlichen Bevölkerung auf Beschäftigungsmöglichkeiten in den größeren Betrieben angewiesen, wobei Beschäftigung saisonal unterschiedlich stark anfällt und gewöhnlich für weniger als ein Drittel des Jahres angeboten wird. Werden die saisonalen Arbeitsspitzen in den größeren Betrieben mit Hilfe arbeitssubstituierender Mechanisierung abgebaut, so ist die letzte Möglichkeit eines ohnehin sehr unvollkommen erzielbaren Ausgleiches der betriebsgrößenspezifischen Einkommensdisparität auf dem Lande vertan[2].

---

1) BODENSTEDT, A.A., Agrartechnologie und soziale Strukturen. "Entwicklung und Zusammenarbeit". Jg. 18, Nr.2, Bonn 1977, S. 17f.

2) Die neuen, hochertragreichen Reissorten erfordern etwa den doppelten Arbeitskräftebedarf wie die traditionellen Sorten, erhöhen jedoch dabei den Ertrag um das Drei- bis Vierfache. Infolge der hohen staatlichen Subventionen erhöhen sich die Landarbeiterlöhne jedoch weit unterproportional zum Produktionsanstieg, so daß nur etwa 10 v.H. des zusätzlich erzielten Einkommens auf die Landarbeiter entfallen; siehe dazu: STEPANEK, J.F., The Impact of Improved Agricultural Technology on Rural Employment in Bangladesh. Paper presented at "The National Workshop on Appropriate Agricultural Technology". February, 6 - 8, Dacca 1975, p.5.

Der Bedarf integrierter Technologie muß diesen sozialpolitischen Gegebenheiten Rechnung tragen und außerdem den Kapitaleinsatz für landwirtschaftliche Maschinen und Geräte minimieren und dabei, wenn möglich, die Produktion pro Flächeneinheit noch steigern.

Die im Rahmen einer beabsichtigten Erhöhung der Marktintegration immer wichtiger werdende Gewinnorientierung auf Betriebsebene, die ohnehin durch hohe staatliche Subventionen für die Beschaffung und Kreditierung notwendiger Inputs noch gefördert wird, läßt in Bangladesh die Formulierung einer ausschließlich auf Beschäftigungsausweitung angelegten Mechanisierungskonzeption nicht zu. Dennoch können Präferenzen für den Bedarf integrierter Technologie formuliert werden, die sowohl den einzelbetrieblichen Zielen gerecht wird, als auch die beschäftigungspolitischen Forderungen mit berücksichtigt.

Der größte Bedarf für integrierte Technologie ist sicherlich für folgende Anwendungsbereiche zu konstatieren:

- eine rasche Ausweitung der Winterbewässerungsmöglichkeiten, insbesondere durch lokal gefertigte, wenig kapitalintensive Bambusbrunnen,
- lokal zu fertigende, gegebenenfalls mobile Kleintrocknungsanlagen für Reis,
- verbesserte Lagerungsmöglichkeiten für Reis während der feucht-heißen Regenzeit und
- für die Effizienzsteigerung verwendeter Arbeitsgeräte für die Zugtieranspannung.

Ehe jedoch verbesserte Geräte für die tierische Anspannung zur Anwendung kommen können, muß die Leistungsfähigkeit der Arbeitstiere erhöht und das verwendete Zuggeschirr verbessert werden, denn eine Verbesserung der Arbeitsgeräte (besonders des Pfluges) setzt eine höhere Leistung und größere Ausdauer der Tiere voraus. Diese kann durch züchterische, aber auch durch rasch zu implementierende veterinärmedizinische Maßnahmen erzielt werden. Schon eine Entwurmung der Zugtiere dürfte deren Konstitution verbessern und zusammen mit einer verbesserten Fütterung das Leistungspotential der Tiere stark vergrößern.

Verbesserungen in den oben vorgeschlagenen Anwendungsbereichen durch die Verwendung integrierter Technologie dürfte sich nachhaltig im Sinne einer gesteigerten 'self-reliance'[1] auswirken, indem sich nämlich auf der Grundlage der vorhandenen Ressourcen mit verhältnismäßig niedrigem Kapitaleinsatz hohe Produktivitätssteigerungen bei gleichzeitig erzielbaren positiven Beschäftigungsauswirkungen erreichen lassen. Gleichzeitig dürfte es sich bei diesen Beispielen um Grundbedürfnisse handeln ('basic needs'), die in ihrer Mehrzahl auch von den betroffenen Landbewirtschaftern als solche empfunden werden ('felt needs'). Verbesserungen nämlich sind nur dort erfolgreich in die Praxis umzusetzen, wo den Grundbedürfnissen der Betroffenen in angemessener Weise Rechnung getragen wird.

5.1.2 Angebot integrierter Technologie

Das Angebot an integrierter Technologie für Bangladesh bezieht kapitalintensive Mechanisierung mit ein, deren Einsatz jedoch teilweise von dem bis heute üblichen abweicht. Danach werden Beispiele für arbeitsintensive Maschinen und Geräte gegeben, die bereits im Lande entwickelt wurden. Abschließend wird diskutiert, für welche Anwendungsbereiche in Bangladesh vordringlich arbeitsintensive Lösungen für technische Probleme in Kleinbetrieben gefunden werden müssen.

An kapitalintensiver Technologie bleibt die Verwendung von Tiefbrunnen (2-cusec-Pumpen) nach wie vor interessant für Großflächenbewässerung, wenngleich sich in der Praxis nie die optimale Nutzung dieser Pumpen hat erreichen lassen[2].

---

1) Als einer verstärkten Selbstbestimmung, Selbstbesinnung und Selbstverwirklichung; vergl. Begriffsverwendung in: GROENEVELD, S. und MAI, D., Lernen und Lehren in Bangladesh. Begründungen, Ansatzpunkte, Probleme. Universität Göttingen "Informationen", Nr. 9, Göttingen 1975, S. 17.
2) Siehe dazu: ALAM, M., a.a.O., Dacca 1974.

Auch für die Verwendung von importierten Schleppern ergeben sich sinnvolle Einsatzmöglichkeiten für Spezialaufgaben wie beispielsweise

- in großen staatlichen Saatgutvermehrungsbetrieben,
- für rasche Bodenbearbeitung auf den großen, unparzellierten Außendeichflächen am Golf von Bengalen (kein Privateigentum), die nur im Winter genutzt werden könnten und deren Böden schwer bearbeitbar sind,
- in den Teegärten für raschen Transport der frisch gepflückten Teeblätter zur Teeaufbereitungsanlage,
- für schwer bearbeitbares Land (Neuland, lange Zeit ungenutztes und vorher nicht bewässerbares Land, zur Anlage von Terrassen etc.).

Für die Erledigung vieler dieser Aufgaben sind jedoch Anbaugeräte einzusetzen, die in Bangladesh bisher nicht verbreitet sind (z.B. der Anbaupflug).

Als Vorbedingung für den Einsatz von Einachsschleppern, denen im Rahmen einer Engpaßüberwindung bei der Bodenbearbeitung hohe Präferenz eingeräumt wird (vergl. Kap. 4.2.2), ist ein in permanenter Nutzung befindlicher Boden zu nennen, der die Überwindung eines nur relativ geringen Bearbeitungswiderstandes bedarf (in der Regel Bodenbearbeitung nach Bewässerung). In diesem Zusammenhang ist auf die möglicherweise gute Verwendung der neuentwickelten, robusten IRRI-(International Rice Research Institute auf den Philippinen) Einachsschlepper zu verweisen.

Allgemein sollten die sich bietenden Möglichkeiten für eine vielseitigere Verwendung von Einachsschleppern und Schleppern als mobile Antriebsaggregate in praktischen Versuchen überprüft werden. Auf die mögliche Verwendung von Einachsschleppern für das Betreiben von Bewässerungspumpen ist bereits in Kap. 4.2.2 verwiesen worden, jedoch sind auch andere Anwendungsbereiche wie beispielsweise ein Einsatz in einer Getreidetrocknungsanlage denkbar.

Gerade jedoch auf dem Gebiet der entwicklungskonformen, wenig

Kapital erfordernden Mechanisierung ist in Bangladesh bereits seit Jahrzehnten intensive Forschungs- und Entwicklungsarbeit geleistet worden. So werden beispielsweise im Agricultural College, Dacca[1], seit 1928 vornehmlich landwirtschaftliche Kleingeräte entworfen, gebaut und getestet. Beispielsweise sind für die Winterbewässerung eine manuell zu bedienende Wasserhebevorrichtung (Iron Don - 1935), eine durch Ochsen angetriebene Pumpe (1939, 1951), einfache und doppelte Persische Wasserräder (1949, 1951), eine schlepperbetriebene Bewässerungspumpe für große Tiefbrunnen (1958), verschiedene motorgetriebene Pumpen für Tiefbrunnenbewässerung (1950), verschieden dimensionierte Zentrifugalpumpen (1957, 1967) und mit Muskelkraft zu bedienende Pedalpumpen (1967) entwickelt und getestet worden[2]. Diese Aufzählung soll lediglich einen Eindruck davon geben, wie viele Lösungsvorschläge im Laufe der Jahre nur für Bewässerungsprobleme auf wie vielen technologischen Stufen allein durch diese Institution entwickelt wurden.

Als andere bemerkenswerte Ansätze für die Entwicklung kostengünstiger landwirtschaftlicher Maschinen und Geräte durch dieselbe Institution sind besonders zu erwähnen[3]:

- eine Fülle verschiedener Pflüge für Ochsenanspannung,
- die Entwicklung einer einfachen Trommel für die chemische Behandlung von Saatgut,
- verschieden kapitalintensive Trocknungsanlagen für Reis - u.a. ein mobiler, pedalgetriebener Billigtrockner,
- eine Anzahl kleiner Hand-Hack- und Pflegegeräte für Jät- und Auflockerungsarbeiten,
- mit Muskelkraft betriebene Pedaldrescher und Windfegen incl. eines Kombinationsgerätes,

---

1) Division of Agricultural Engineering, Directorate of Agriculture.
2) HAQUE, M., Short History and Abstract Research Activities and Future Programme of Research Works on Appropriate Technology to be undertaken under the Agricultural Engineering Division - Directorate of Agriculture, Government of the People's Republic of Bangladesh. Dacca o.J., p. 8ff.
3) Ebenda, p. 23 - 33.

- eine muskelbetriebene Pedalpumpe, deren Hauptbestandteile auch für Drescharbeiten zu nutzen sind (Kombinationsgerät).

Auch wenn durch eine stärkere Verbreitung besserer Dreschmethoden die Dreschverluste verkleinert werden können, die für Aus auf gegenwärtig etwa 15 v.H. geschätzt werden[1], und die Trocknung verbessert werden kann, durch deren unvollkommene Durchführung in der Regenzeit nach Schätzungen bisweilen mehr als 20 v.H. der Ernte eingebüßt wird[2], so bleiben noch notwendige Verbesserungen der Lagerung für Reis ausstehen. Die traditionelle Lagerung im Betrieb[3] bietet kaum Schutz vor der hohen Luftfeuchtigkeit während der Regenzeit und begünstigt so das Verderben des Lagerungsgutes durch Pilzbefall oder Mikroorganismen. Auch Insektenbefall und Verluste durch Nagetiere (Schätzungen belaufen sich auf etwa 15 v.H. der eingelagerten Menge) können durch die übliche Lagerungsmethode kaum verhindert werden[4]. In manchen Jahren jedoch sind auch die Lagerungsbedingungen der staatlichen Lagerhäuser und der Bangladesh Agricultural Development Corporation (BADC) so unzureichend, daß das an die Landbewirtschafter verkaufte Saatgut nur zu etwa 30 v.H. keimfähig ist[5].

Unter Umständen können für dieses vordringliche Problem der besseren Lagerung von Getreide Erfahrungen aus anderen Ländern genutzt werden. So bietet beispielsweise der im Rahmen des United Nations Development Programme (UNDP) in Sambia entwickelte und inzwischen in zahlreichen afrikanischen und asiatischen Ländern eingesetzte, verbesserte Getreidebehälter

---

1) AHMED, R., Appropriate Technology in Agriculture. Paper presented at "The National Workshop on Appropriate Agricultural Technology". February 6 - 8, Dacca 1975, p. 5.
2) FAROUK, S.M., Probable Losses in Post Harvest Operations. How to Minimize Them. Paper presented at "The National Workshop on Appropriate Agricultural Technology". February 6 - 8, Dacca 1975, p. 2.
3) In teilweise mit Kuhdung und Lehm abgedichteten Bambusbehältern (Golas, Dulis und Juris), Tongefäßen (Motkas) oder Jutesäcken.
4) FAROUK, S.M., a.a.O., Dacca 1975, p. 3f.
5) Ebenda, p. 4.

'Ferrumbo' für die Landbewirtschafter eine Möglichkeit der verbesserten Lagerung[1]. Der leicht aus überall verfügbaren Materialien herzustellende Behälter aus Eisenzement kostet gegenwärtig für eine Tonne Lagerkapazität 20 US-Dollar und für 2,5 Tonnen 35 US-Dollar.

Dies soll nur ein Beispiel sein aus einer Fülle ähnlicher Entwicklungen aus verschiedenen Ländern für unterschiedlichste Einsatzbereiche, einschließlich teilweise völlig neuer technischer Wege zur Verbesserung der Ausnutzung der lokal reichlich verfügbaren Ressourcen wie Sonne und Wind[2]. Sicherlich gibt es auch eine kaum überschaubare Anzahl von Beispielen von Entwicklungen integrierter Technologien, durch die knappe Ressourcen weit besser als bisher ausgenutzt werden könnten. Warum jedoch sind diese Technologien (noch) nicht weit stärker verbreitet?

Grundsätzlich ist dazu zu bemerken, daß eine Technologie sich umso stärker auf handwerkliche Fertigkeiten stützen muß, je 'einfacher' sie ist. Umso stärker ist sie damit aber in die Kultur und Gesellschaft eingebunden, in der sie entstanden ist (vergl. Kap. 5.1.1), und desto schwieriger wird es sein, eine solche Technologie ohne Schwierigkeiten in einer anderen Region einzusetzen.

Soll ein solches Konzept des Technologietransfers in einem anderen Kulturkreis Erfolg haben, so ist eine örtliche Produktion nach eventuell notwendigen Modifikationen nur nach intensiver Erprobung und Beratung denkbar. Neben einer kontinuierlichen, am Bedarf ausgerichteten, kostengünstigen Produktion ist die Wartung und Reparatur unabdingbare Voraussetzung für eine erfolgreiche Implementierung der als an die örtlichen Bedingungen angepaßt eingestuften Technologie durch einen effizient

1) HANLEY, M.L., Ferrumbo bewahrt die Ernten. "UNDP in Aktion", Entwicklungsprogramm der Vereinten Nationen, Beilage zum Forum Vereinte Nationen. Genf März/April 1977, S. 1.
2) Vergl. dazu beispielsweise: BRUCHHAUS, E.-M., Sonne und Wind - die Energiequellen der Zukunft? "Entwicklung und Zusammenarbeit" Jg. 16, H.12, Bonn 1975, S. 22ff.

arbeitenden Beratungsdienst.

Wie hoch diese Forderungen für einen erfolgreichen Technologietransfer sind, mag aus der Tatsache deutlich werden, daß sich sogar die oben angesprochenen Maschinen und Geräte aus dem Agricultural College in Dacca durch eine Reihe institutioneller Engpässe kaum im Lande haben verbreiten können. Dies macht deutlich, daß selbst die Entwicklung im Inland noch keinerlei Gewähr für das Bekanntwerden und Einsetzen neu entwickelter Maschinen und Geräte bietet.

Aber auch wenn die Propagierung dieser neu entwickelten Technologie durch eine entsprechend ausgerichtete Politik getragen würde und sowohl auf der Produktions- wie auch auf der Vertriebsebene ein kontinuierliches Angebot für den Landbewirtschafter realisiert werden könnte, gibt es noch weitere Schwierigkeiten bei Herstellung und Betrieb von Maschinen und Geräten.

Schon die Erstellung kostengünstiger Geräte bereitet Probleme, wenn dringend benötigte Materialien knapp und damit teuer werden. So sind zwischen 1970 und 1974 'Rice-Weeder' und Pedaldrescher um jeweils 360 v.H. teurer geworden, weil sich die für die Herstellung notwendigen Materialien in der Zeitspanne zwischen 400 (Holz) und 850 v.H. (Kohle) verteuerten[1].

Hinzu kommt, daß die für den Einsatz motorgetriebener Geräte notwendigen Betriebsmittel auf Dorfebene nicht immer verfügbar sind. Zudem fehlen Standards für diese Betriebsmittel einschließlich deren Überwachung, die für den reibungslosen Betrieb von Motoren unumgänglich sind. Aber schon einfache Kerosin-Brenner für die Getreidetrocknung beispielsweise arbeiten

1) Gußeisen hat sich um 625, Stahl um 700 und Roheisen um 800 v.H. verteuert; vergl.: BOSE, A.R., Constraint in Establishment and Management of Agricultural Workshops. Paper presented at "The National Workshop on Appropriate Agricultural Technology". February 6 - 8, Dacca 1975, p. 2f.

infolge der geringen Kerosinqualität sehr unzureichend[1].

5.2 Potentielle Auswirkungen einer integrierten Technologie

Technologie ist kein exogener Faktor, der als gegeben hingenommen werden sollte[2]. Vielmehr ist sie steuerbar und erfüllt eine Hilfsfunktion im Produktionsprozeß für denjenigen, der Zugang zu dieser Technologie hat und somit sie kontrolliert. Wie bereits oben angesprochen, ist die Wahl der Technologie abhängig von der Frage, wem die entsprechende Technologie in erster Linie dienen soll, woraus sich gruppenspezifisch unterschiedliche Interessenlagen der ländlichen Bevölkerung ableiten lassen[3], wobei jedoch auch zwischen den Landbewirtschaftern je nach Betriebsgröße unterschiedliche Interessenlagen zu berücksichtigen sind. Daraus kann gefolgert werden, daß die Auswirkungen einer bestimmten Technologie sehr unterschiedlich sein werden und davon abhängen, welchen Zweck eine Technologie für wen erfüllen soll.

Grundsätzlich scheint zu gelten, daß sich die Gefahren technokratisch konzipierter Reformkonzepte - nämlich die ohnehin schon besser gestellten Landbewirtschafter zu begünstigen[4] - um so weniger auswirken, je einfacher und kostengünstiger eine neu eingeführte Technologie ist.

---

1) Verrußung mit Funkenflug birgt die Gefahr von Bränden; durch minderwertige Beimengungen (technische und pflanzliche Öle und Fette, Beimengungen von festen Bestandteilen wie Teer, Sand, Erde, Rost etc.), Verdünnungen durch Wasser (incl. wasserlösliche Verunreinigungen etc.) kommt es zu verschiedenen Brennpunkten mit hoher Beanspruchung von Legierungen (insbesondere des Brenners) etc.
2) BIGGS, S.D., Appropriate Agricultural Technology in Bangladesh. Issues, Needs and Suggestions. Paper presented at "The National Workshop on Appropriate Agricultural Technology". February 6 - 8, Dacca 1975, p. 2.
3) Zwischen Landbewirtschaftern als den direkten Anwendern von Technologie und Landarbeitern, die im Rahmen des gewählten technologischen Rahmens eine Beschäftigung durch die Landbewirtschafter anstreben, die ihrerseits diese Technologie kontrollieren.
4) Vergl. Kap. 3.

Daraus kann jedoch nicht der Schluß gezogen werden, daß aus einer entwicklungskonformen Mechanisierungskonzeption eine Strategie zur Überwindung von Unterentwicklung abgeleitet werden kann, denn dazu müßte eine solche Konzeption Elemente enthalten, die tendentiell strukturverändernde Wirkungen zeigten (wie beispielsweise eine Landreform)[1]. Dennoch kann eine solche integrierte Technologie auch kurzfristig einen Beitrag leisten zur Steigerung der Agrarproduktion pro Flächeneinheit bei gleichzeitiger Verwirklichung eines erhöhten Arbeitseinsatzes in dem Maße, in dem arbeitsintensive Methoden zum Einsatz kommen.

5.2.1 Auswirkungen auf die Beschäftigung

Die isolierte Betrachtung einzelner landwirtschaftlicher Tätigkeiten unter Verwendung einer unterschiedlich arbeitsintensiven Mechanisierung kann nur einen Anhaltspunkt für die wirklich zu realisierenden Beschäftigungsauswirkungen für Landarbeiter sein. Solange eine umfangreiche Agrarreform nicht durchgeführt werden kann[2], bleibt die Beschäftigung der Landarbeiter die einzige Möglichkeit der Umverteilung von steigendem Einkommen auf dem Lande, das durch Produktionssteigerungen erzielt wird und vornehmlich den Landbewirtschaftern zugute kommt. Die Landbewirtschafter ihrerseits sind jedoch aufgrund ihres eigenen, im Verhältnis zum Landbesitz sehr hohen Familienarbeitskräftepotentials in der Lage, ziemlich elastisch auf höheren Arbeitskräftebedarf zu reagieren. Auch wenn arbeitsintensive Methoden neu eingeführt würden, gäbe es also keine Gewähr für eine im Verhältnis zum Mehrbedarf an Arbeitskräften steigende Beschäftigungsrate für Landarbeiter. Daß in Bangla-

---

1) Vergl. dazu: Kübel Stiftung (Hrsg.), a.a.O., Bensheim-Auerbach 1974, S. 68.

2) Auf die umfangreichen Gründe dafür soll hier nicht eingegangen werden; auch die Frage, inwieweit eine Landumverteilung bei der herrschenden Betriebsgrößenstruktur in Bangladesh eine Lösung der Probleme der landlosen und quasi-landlosen ruralen Bevölkerung bringen kann, soll hier nicht weiter verfolgt werden.

desh trotz hoher Unterbeschäftigung von Familienarbeitskräften in der Vergangenheit stark auf Fremdarbeitskräfte zurückgegriffen wurde, kann nur durch die extrem niedrige Bezahlung der Landarbeiter erklärt werden, die zwischen 1949 und 1975 real sogar noch um 30 v.H. zurückgegangen ist[1]. Sollten im Zuge eines wünschenswerten, stark ansteigenden Mehrbedarfs an Arbeitskräften auch die Lohnforderungen stark steigen, so kann nicht vorhergesehen werden, inwieweit Landbewirtschafter unter diesen Bedingungen an den sich bietenden Beschäftigungsmöglichkeiten beteiligt werden.

Verstärkte Forschungsanstrengungen zur Formulierung einer nationalen Mechanisierungskonzeption in Anwendung auf die regional und saisonal zu differenzierenden bengalischen Bedingungen sind dringend erforderlich. Eine solche Konzeption muß einerseits die Attraktivität auf Betriebsebene und andererseits eine weitestmögliche Kanalisierung des verstärkten Beschäftigungsbedarfs auf die Landarbeiter gewährleisten.

Wenn allerdings die stark verzerrten Faktorpreise für Landbewirtschafter in Form hoher Subventionen, Überbewertung der einheimischen Währung etc. weiter bestehen bleiben und sich technologisch arbeitssubstituierende Alternativen für einen gewinnorientierten Landbewirtschafter bieten, so wird dieser bestrebt sein, sich so weit wie möglich aus der Abhängigkeit von Landarbeitern zu befreien.

Wenn man von den 'Food-for-Work'-Programmen absieht, wird die Konzipierung eines reinen Beschäftigungsprogrammes[2] für die Absorption unterbeschäftigter Landarbeiter nicht realisierbar sein. Demgegenüber scheinen sich gerade für einfachere Technologien eine Fülle von Beschäftigungsmöglichkeiten für Herstellung, Vertrieb, Reparatur und, im Falle von mobilen Anlagen,

---

1) CLAY, E.J., Institutional Change and Agricultural Wages in Bangladesh. A Revised Version of a Paper Given at the A/D/C Seminar on Technology and Factor Markets, held at Singapore 9 - 10 August 1976. Dacca 1976, p. 7.
2) Ohne direkte Einbindung in die landwirtschaftliche Produktion.

teilweise auch Betrieb der Maschinen und Geräte für Handwerker bzw. allgemein für Landlose anzubieten. Diese 'linkage'-Effekte können aber nicht quantifiziert werden und sollten deshalb in zukünftigen Studien unbedingt mit untersucht werden.

5.2.2 Auswirkungen auf die agrarische Produktion

Im Rahmen der unter Kap. 5.1.1 genannten Anwendungsbereiche für den größten Bedarf integrierter Technologie werden Steigerungen der agrarischen Produktion in drei voneinander zu unterscheidenden Richtungen erwartet werden können:

- im Rahmen einer Anbauintensitätssteigerung durch die Ausweitung der Winterbewässerung,
- durch eine gezielte Engpaßüberwindung bei der Bodenbearbeitung, durch eine Effizienzsteigerung der Zugtierarbeiten mit unterschiedlich möglichen Auswirkungen: zum einen eine Erhöhung der Anbauintensität, zum anderen eine mögliche Ertragssteigerung durch Einhaltung optimaler Anbauzeiten; durch leistungsfähigere Zugtiere könnte auch der Gesamtbestand der Arbeitstiere zugunsten alternativ möglicher Nutztierhaltung in gewissem Maße reduziert werden;
- durch die Verbesserung der Trocknungs- und Lagerungsmöglichkeiten kann das heute realisierte Ertragspotential in einem höheren Maße ausgeschöpft werden.

Da sich jedoch nur wenige Studien dem Problem der Quantifizierung von Lagerverlusten gewidmet haben, ist eine Verallgemeinerung dieser Ergebnisse nicht möglich und soll deshalb auch größenordnungsmäßig an dieser Stelle unterbleiben. Vergleichbares gilt für quantitative Abschätzungen der möglichen Produktionsauswirkungen aus den beiden anderen Anwendungsbereichen, die ebenfalsse wissenschaftlicher Untersuchungen im Rahmen der Entwicklung und Erprobung angepaßter Technologien für landwirtschaftliche Maschinen und Geräte in dichtbesiedelten Entwicklungsländern bedürfen.

6 Zusammenfassung

Die vorliegende Studie basiert auf empirischen Erhebungen, die im Laufe eines Jahres (1974/75) in 160 landwirtschaftlichen Betrieben über Art, Umfang und Auswirkungen kapitalintensiver Mechanisierung durchgeführt wurden und auf Zeit- und Kostenerhebungen für verschiedene landwirtschaftliche Arbeiten im Rahmen der pflanzlichen Produktion auf verschiedenen Mechanisierungsstufen. Die Auswahl der 160 Untersuchungsbetriebe erfolgte nach einer in vier Dörfern mit insgesamt 497 Haushalten durchgeführten Grunderhebung. Nach dem Grad der Verwendung von Grundtechnologie für die Bodenbearbeitung und Winterbewässerung erfolgte eine Auswahl nach vier Mechanisierungstypen, für die jeweils 40 Betriebe ausgewählt wurden. Die als Kontrollgruppe dienenden traditionell mechanisierten Betriebe verwenden Ochsen für die Bodenbearbeitung und verfügen über keine künstliche Bewässerung (Mechanisierungstyp I). Die Betriebe des Mechanisierungstyps II verwenden Schlepper, haben aber ebenfalls keinen Zugang zu künstlicher Bewässerung, während die Betriebe des Mechanisierungstyps III die Bodenbearbeitung mit Ochsen erledigen und über Tiefbrunnenbewässerung verfügen, sind die Betriebe des Mechanisierungstyps IV durch Schleppernutzung und Tiefbrunnenbewässerung charakterisiert.

Die Betriebsergebnisse zeigen deutliche Auswirkungen der Winterbewässerung durch einen im Verhältnis zu den traditionell mechanisierten Betrieben höheren Beschäftigungsgrad von Fremdarbeitskräften, eine höhere Anbauintensität insbesondere für den Reisanbau und ein erhöhtes Produktionsvolumen[1]. Durch den unter kontrollierter Bewässerung möglichen Winteranbau werden durch die im Verhältnis zur Monsun-Anbauperiode sehr sicheren Produktionsbedingungen fast ausschließlich hochertragreiche Reissorten angebaut, die relativ stark gedüngt werden können, so daß

---

1) Vergl. die ausführlichere Zusammenfassung der empirischen Ergebnisse über die Auswirkungen der Mechanisierung in Kap. 3.3.

sich im Vergleich zu den Flächenerträgen der beiden anderen Anbauperioden (Aus und Amon) deutlich höhere Erträge realisieren lassen. Durch die besseren Produktionsbedingungen wird in den bewässernden Betrieben der risikoreiche Anbau während des Monsuns zu etwa der Hälfte durch den Winteranbau substituiert. Als Kompensation für die fehlenden Anbaumöglichkeiten für Winterreis unter künstlicher Bewässerung erfolgt in den traditionell mechanisierten Betrieben ein relativ intensiver Gemüseanbau auf der Grundlage traditioneller Handbewässerung.

Durch die Verwendung von Schleppern für die Bodenbearbeitung werden demgegenüber im wesentlichen nur die Arbeitsochsen durch Schlepper substituiert. Da das sich bietende Produktionspotential der Schlepper durch die im Vergleich zur tierischen Anspannung erhöhte Zug- und Schlagkraft nicht im Sinne einer Anbauintensitätserhöhung und dadurch einer Produktionssteigerung genutzt wird, führt die Verwendung der hoch subventionierten Schlepper zu einer gesamtwirtschaftlich negativ zu bewertenden Substitution von Arbeit. Die Arbeitsproduktivität durch Schlepper ist also zu früh erhöht worden, ohne daß sie durch Flächenproduktivitätssteigerungen in Form höherer Anbauintensität genutzt worden wäre.

Für Modellkalkulationen sind auf der Basis der Betriebsergebnisse der Untersuchungsbetriebe und der Zeit- und Kostenmessungen im Untersuchungsgebiet die Möglichkeiten einer entwicklungskonformen Mechanisierung für vier, jeweils einen Mechanisierungstyp repräsentierenden, Modellbetriebe in alternativen Betriebsplanungen untersucht worden. Für die angestrebte Erreichung einer Produktionssteigerung über eine Maximierung der Anbauintensität sind als wichtigste Engpässe ein zu niedriger Anteil der kontrolliert bewässerbaren Fläche und eine zu geringe Schlagkraft für eine termingerechte Bodenbearbeitung identifiziert worden. Als Ansatzpunkte zur Überwindung dieser beiden Engpässe ist als selektive, intermediäre[1] Bewässerungsme-

1) Im Sinne von mittel kapitalintensiven Mechanisierungsansätzen - im Gegensatz zu den hoch kapitalintensiven Mechanisierungsformen.

chanisierung die Einführung von mobilen Klein-Dieselpumpen auf der Basis von lokal erstellbaren, preisgünstigen Bambusbrunnen und für die Bodenbearbeitung der zusätzliche Einsatz von Einachsschleppern neben der tierischen Anspannung vorgeschlagen worden. Die Kalkulation dieses Mechanisierungskonzeptes ergibt bei gleichzeitig notwendig werdenden Umstellungen der pflanzlichen Produktion während des Winteranbaues gegenüber dem Ist-Zustand der Modellbetriebe eine mögliche Steigerung der Dekkungsbeiträge für die pflanzliche Produktion zwischen 23 und 92 v.H.[1] bei einer gleichzeitigen Erhöhung des Arbeitskräftebedarfs zwischen 27 und 78 v.H.

Da die bereits eingeführten kapitalintensiven Formen der Bewässerungs- und Bodenbearbeitungsmechanisierung vornehmlich den bereits besser gestellten Landbewirtschaftern zugute gekommen sind, bietet dieses Mechanisierungskonzept durch kleinere Einsatzeinheiten eine gezieltere Möglichkeit der Förderung von Kleinbewirtschaftern.

Durch organisationstechnische Veränderungen sollen die überbetrieblich angebotenen Maschinen und Geräte innerhalb der Bari-Verwandtschaftsgruppe eingesetzt werden, um damit den Solidaritäts- und Selbsthilfegedanken zwischen den Landbewirtschaftern zu fördern. Voraussetzung für diesen Ansatz bildet jedoch eine entsprechend ausgerichtete Organisation der Maschinen- und Gerätevermietung, durch die es gelingt, den zuvor ermittelten Bedarf rechtzeitig zu decken. Dies ist nur in Zusammenarbeit mit einem effizient arbeitenden Beratungsdienst denkbar, der sich insbesondere den Bedürfnissen kleiner Landbewirtschafter verpflichtet fühlen müßte. Eine weitere wichtige Voraussetzung für den Erfolg eines solchen Mechanisierungskonzeptes wird in der ausreichenden Verfügbarmachung bodensparender chemischer Inputs gesehen, ohne die Verbesserungen der Mechanisierung

---

1) Unter Zugrundelegung durchschnittlicher Erträge je nach Mechanisierungstyp der Betriebe.

nicht geplant werden sollten.

Neben den in den Betriebskalkulationen berücksichtigten Mechanisierungsformen bieten sich insbesondere für die Getreidetrocknung und Lagerhaltung und für die Effizienzerhöhung der für die Zugtieranspannung verwendeten Arbeitsgeräte für Bangladesh sehr relevante Verbesserungsmöglichkeiten. Doch die für die Bodenbearbeitung wichtigen Arbeitstiere bedürfen einer Leistungssteigerung, ehe die verbesserten Geräte mit höherem Zugkraftbedarf eingesetzt werden können.

Trotz kaum überschaubarer Ansätze für kapitalextensive technische Lösungsvorschläge in zahlreichen Ländern mit vergleichbaren Problemstellungen wie Bangladesh können deren auf die dortigen Verhältnisse zugeschnittenen Neuentwicklungen auf dem Gebiet der Agrarmechanisierung nur nach intensiver lokaler Erprobung in Bangladesh eingesetzt werden. Neben kapitalintensiver Import-Technologie ist die technische Ausstattung der Kleinbetriebe in den letzten Jahrzehnten kaum verbessert worden. Hier sollte eine 'integrierte' Technologiekonzeption ansetzen, die die Kluft zwischen der zumindest theoretisch möglich hohen Effizienz 'westlicher' Technologien und den Technologien der 'rückständig' wirtschaftenden Kleinbauern zu überbrücken hilft.

Anhang 1 Mechanisierungskosten und -leistungen in der Pflanzenproduktion für unterschiedliche Mechanisierungsstufen

Tab. 45 Kosten und Leistungen verschiedenartiger landwirtschaftlicher Arbeitsmaschinen und -geräte auf unterschiedlichen Mechanisierungsstufen

Maschinen und Geräte für die einzelnen Arbeitsgänge	Maschinen/ Gerätepreis (in TK)	Arbeitsleistung pro Stunde (in acre od. mds.)
1. Bodenbearbeitung		
- Hacke (Blatthacke)	75	0,19 acre
- Pflug		
- verbesserter leichter Eisenpflug	50	0,16 acre
- Standardpflug	60	0,14 acre
- Kishanpflug	100	0,11 acre
- Egge und Schleppe		
- Holzegge, -schleppe	30	0,06 acre
- Bambusschleppe (6-malig)	20	0,06 acre
- Einachsschlepper (5 PS, zapfwellen-getriebenes Krümelgerät)	9 000	0,25 acre
- Einachsschlepper (7 PS)	9 000	0,30 acre
- Schlepper (26 PS)	77 400	> 1 acre
2. Saatgutvorbereitung		
- Saatgutbeizgerät	150	0,50 md.
- Saatgutbeizgerät (Trommel)	1 500	3,00 mds.
3. Aussaat		
- Pflanzgerät		
- Dao (Holzkörper mit Eisenspitze)	10	-
- Algachi (Holzpflanzer)	5	-
- Doli (Holzpflanzer)	5	-
- Pflanzgerät mit Handeinlage	250	0,19 acre
- Pflanzgerät mit Handeinlage		
- einreihig	200	0,19 acre
- zweireihig	1 350	0,33 acre
- Drillmaschine		
- Drillmaschine mit Eigenantrieb (1,5 PS, zweireihig)	10 200	1,00 acre
- Drillmaschine mit Eigenantrieb (4,0 PS, zweireihig)	15 000	0,67 acre
- Drillmaschine für vorgekeimtes Saatgut, handbetrieben	900	0,37 acre
4. Bewässerung		
- Bewässerungskorb	-	-
- handbetriebene Pumpe	720	18 000 gal.
- Zentrifugal-Motorpumpe (5 PS, 2 200 U/min., 0,6-cusec.)	18 000	-
- transportable Motorpumpe	22 000	53 870 gal.
5. Unkrautbekämpfung		
- mechanische Unkrauthacke	65	0,19 acre
- Motorspritze (Mazhar)	-	2,17 acre
- Rückenmotorspritze (Knappsack, 1,5 PS)	6 750	-
6. Ernten		
- Binder (4 PS, zweireihig)	28 800	0,50 acre
- Mähdrescher (11 PS, zweireihig)	57 000	0,19 acre
- Kastentrockner (2 PS, Elektromotor)	9 000	4,6 - 6,8 mds.
(3 PS, Benzinmotor[a])	9 000	4,6 - 6,8 mds.
- Pedaltrockner	1 000	4,0 mds.
- Pedaldreschmaschine	5 000	4,0 mds.
- Windfege	400	20,0 mds.
- Häckseler (für Gemüse - handbetrieben)	2 000	10,0 mds.
(für Gemüse - motorbetrieben)	-	20,0 mds.
- Stengelschneider (für Zuckerrohr - motorbetrieben)	3 000	10,0 mds.

a) Trocknung von 20 auf 14 v.H. Feuchtigkeit

Quelle: unveröffentlichte Angaben des 'Agricultural Research Institute', Dacca, 1975

Tab. 46 Technische Daten verschiedener Pflüge

Pflugdaten	Verbesserter leichter Eisenpflug (Chashi)	Standardpflug	Landpflug[a] (Langal)	Kishanpflug	Pflug entworfen vom G.K.Projekt/ WAPDA
1	2	3	4	5	6
Arbeitstiefe (feet/inch)	5' 25''	5''	3,5''	4''	4' 10''
Arbeitsbreite (inch)	7''	7''	5,0''	6''	6' 25''
Bodenwiderstand (lbs./sq.in.)	3	5,7	6,0	3,5	7,08
Zugwiderstand (lbs.)	60 - 160	150 - 250	45 - 125	45 - 125	181
Bearbeitete Fläche pro Stunde (sq.ft.)	6 806	5 850	4 879	4 972	2 722
Bearbeitete Fläche pro 8 Stundentag (acre)	1,25	1,10	0,87	0,91	0,50
Preis (TK)	50,00	60,00	50,00	100,00	150,00

a) dreimaliges Pflügen ist für eine ausreichende Bodenbearbeitung erforderlich.

Quelle: unveröffentlichte Angaben des 'Agricultural Research Institute', Dacca, 1975

Anhang 2 Betriebsergebnisse eines landwirtschaftlichen Musterbetriebes des Mechanisierungstyps IV

Tab. 47a Aufwands-, Ertrags- und Arbeitsbedarfsanalyse für zwei Jahre von einem landwirtschaftlichen Musterbetrieb mittlerer Betriebsgröße des Mechanisierungstyps IV

(Berechnungen auf 1 acre Basis für die einzelnen Anbauperioden in mds. und TK)

Flächenleistung/ Produktionskosten	1973						1974					
	Boro		Aus		Amon		Boro		Aus		Amon	
	Ertrag/ Aufwand (in md.)	Kosten (in TK)	Ertrag/ Aufwand (in md.)	Kosten (in TK)	Ertrag/ Aufwand (in md.)	Kosten (in TK)	Ertrag/ Aufwand (in md.)	Kosten (in TK)	Ertrag/ Aufwand (in md.)	Kosten (in TK)	Ertrag/ Aufwand (in md.)	Kosten (in TK)
1	2	3	4	5	6	7	8	9	10	11	12	13
Ernteertrag	65,7		49,7		23,4		70,5		43,4		36,7	
Marktleistung (Rohertrag)		999		830		1 240		9 941		7 855		1 160
Saatgut	0,7	82	0,3	18	0,7	60	0,8	99	0,4	42	0,7	99
Düngemittel:												
- Harnstoff	0,8	8	0,8	18	0,6	18	0,8	26	0,7	32	0,5	24
- TSP	1,8	38	1,4	53	0,8	35	1,5	37	1,4	58	1,1	41
- 60er Kali	0,7	8	0,2	2	0,6	18	0,8	15	0,7	20	0,5	18
- Ölkuchen	4,9	165	4,4	154	1,0	110	5,5	149	4,8	112	3,5	173
- Kuhdung	77,2	3	-	-	-	-	113,0	125	-	-	-	-
Düngemittel (insges.)	85,5	222	6,8	227	3,0	181	121,6	352	7,6	222	5,6	256
Pflanzenschutz	-	40	-	37	-	24	-	40	-	25	-	10
Überbetriebl. Maschineneinsatz:												
- Schlepper (Fräsen)	-	36	-	51	-	69	-	-	-	140	-	140
- Bewässerung	-	65	-	-	-	28	-	141	-	-	-	-
Veränderliche AK-Kosten/manday	-	5,5	-	6	-	7	-	8,4	-	10,3	-	10,7
AK-Kosten insgesamt	-	423	-	431	-	307	-	694	-	788	-	618
Summe veränderlicher Kosten	-	868	-	764	-	669	-	1 326	-	1 217	-	1 123
Deckungsbeitrag	-	131	-	66	-	571	-	8 615	-	6 638	-	37

Quelle: Betriebliche Aufzeichnungen eines Betriebes von 2,0 acres in M.

Tab. 4,5 Aufwands-, Ertrags- und Arbeitsbedarfsanalyse für zwei Jahre von einem landwirtschaftlichen Musterbetrieb mittlerer Betriebsgröße des Mechanisierungstyps IV[a] - nach Anbauintensität

(Berechnungen in md. und TK)

Flächenleistung/ Produktionskosten	1973						1974					
	Boro		Aus		Amon		Boro		Aus		Amon	
	Ertrag/ Aufwand (in md.)	Kosten (in TK)	Ertrag/ Aufwand (in md.)	Kosten (in TK)	Ertrag/ Aufwand (in md.)	Kosten (in TK)	Ertrag/ Aufwand (in md.)	Kosten (in TK)	Ertrag/ Aufwand (in md.)	Kosten (in TK)	Ertrag/ Aufwand (in md.)	Kosten (in TK)
1	2	3	4	5	6	7	8	9	10	11	12	13
Ernteertrag (Reis)	61,1		46,2		20,6		65,6		40,4		32,3	
Marktleistung (Rohertrag)		929		772		1 092		9 250		7 312		1 021
Saatgut	0,7	76	0,3	17	0,6	53	0,8	92	0,4	39	0,6	87
Düngemittel:												
- Harnstoff	0,7	7	0,8	17	0,6	16	0,7	24	0,7	30	0,4	21
- TSP	1,7	35	1,3	49	0,7	31	1,4	34	1,3	54	1,0	36
- 60er Kali	0,7	7	0,2	2	0,5	16	0,7	14	0,7	19	0,4	16
- Ölkuchen	4,6	153	4,1	143	0,9	97	5,1	139	4,5	104	3,1	152
- Kuhdung	71,8	3	-	-	-	-	104,8	116	-	-	-	-
Düngemittel (insges.)	79,5	205	6,4	211	2,6	160	112,7	327	7,2	207	4,9	225
Pflanzenschutz	-	37	-	34	-	21	-	37	-	23	-	9
Überbetrieblicher Maschineneinsatz:												
- Schlepper (Fräsen)	-	33	-	48	-	61	-	-	-	130	-	123
- Bewässerung	-	60	-	-	-	25	-	132	-	-	-	-
Veränderliche AK-Kosten/manday	-	5,1	-	5,6	-	6,3	-	7,8	-	9,6	-	9,4
AK - Kosten insgesamt	-	393	-	401	-	270	-	645	-	733	-	544
Summe veränderlicher Kosten	-	804	-	711	-	590	-	1 233	-	1 132	-	988
Deckungsbeitrag	-	125	-	61	-	502	-	8 017	-	6 180	-	33
Summe veränderlicher Kosten/md.	-	13	-	15	-	29	-	19	-	28	-	31
Deckungsbeitrag/md.	-	2	-	1	-	24	-	122	-	153	-	1

a) Berechnungen erfolgen für eine Anbauintensität von 274 v.H. pro Anbaujahr, d.h. für Boro 0,93 acre (34 v.H.), für Aus 0,93 acre (34 v.H.) und für Amon 0,88 acre (32 v.H.); insgesamt wird ein acre LN 2,74 mal genutzt.

Quelle: Betriebliche Aufzeichnungen eines Betriebes von 2,0 acres in M.

Anhang 3 Grad der Ausnutzung des AK-Potentials in den vier Untersuchungsdörfern

Tab. 48 Gesamt-AK-Potential in 497 Haushalten in vier Dörfern in Comilla Kotwali Thana, 1974/75[a)]

a) nach Familien- und Fremd-Arbeitskräften (AK)

Haushaltstyp	Anzahl	Gesamt-AK[b)]	Familien-AK in Ldw.[c)]	Fremd-AK		insgesamt
				Klein-betriebe[d)]	Kleinst-betriebe[e)]	
1	2	3	4	5	6	7
Landbewirtschafter						
Mechanisierungstyp I (unbewässert, Ochsen)	210	403	273	26	67	93
Mechanisierungstyp II (unbewässert, Schlepper)	53	113	86	4	3	7
Mechanisierungstyp III (Tiefbrunnen, Ochsen)	72	151	116	5	8	13
Mechanisierungstyp IV (Tiefbrunnen, Schlepper)	83	186	146	3	5	8
Landarbeiter (Landlose)	79	103	-	-	-	79
Insgesamt	497	956	621	38	83	200

a) gesamt LN für vier Dörfer ist 726,2 acres für 418 landwirtschaftliche Betriebe (Durchschnitt: 1,7 acre pro Betrieb); die Bruttoanbaufläche beträgt 1 348,1 acres (entspricht einer Anbauintensität von 186 v.H.); 17,3 v.H. der Bruttoanbaufläche wird mit Schleppern bearbeitet und 21,3 v.H. der LN sind bewässert;
b) Anzahl erwachsener männlicher Familienmitglieder einschließlich permanent beschäf tigter Landarbeiter und nicht landwirtschaftlich tätiger Familienmitglieder, jedoch ohne außerhalb lebender und/oder arbeitender Familienmitglieder;
c) Potentiell verfügbare Familien-AK für Betriebe über 1,0 acre LN; ohne nicht-landwirtschaftliche Berufe, jedoch einschließlich permanent beschäftigter Landarbeiter;
d) AK aus Betrieben 0,5 - 1,0 acre LN mit 50 v.H. der Gesamt-AK-Ausstattung dieser Betriebe gewichtet;
e) AK aus Betrieben 0,5 acre LN mit 75 v.H. der Gesamt-AK-Ausstattung dieser Betriebe gewichtet.

Quelle: Grunderhebung von G.MARTIUS-v.HARDER und H.MARTIUS

Tab. 48 Gesamt-AK-Potential in 497 Haushalten in vier Dörfern in Comilla Kotwali Thana, 1974/75[a)]

b) nach Arbeitstagen in Familien- und Fremd-AK[b)]

Haushaltstyp	Gesamt-Familien-AK in Ldw.	Fremd-AK			
		Kleinbetriebe	Kleinstbetriebe	Landlose	Gesamt-Fremd-AK
1	2	3	4	5	6
Landbewirtschafter	192 510	11 780	25 730	-	37 510
Landarbeiter (Landlose)	-	-	-	24 490	24 490
gesamt	192 510	11 780	25 730	24 490	62 000

a) vergl. Anmerkungen von Tab. 48a;
b) ein Jahr mit 310 Arbeitstagen;

Quelle: eigene Berechnungen auf der Basis der Grunderhebung in vier Dörfern in Comilla Kotwali Thana von G. MARTIUS-v.HARDER und H. MARTIUS

Tab. 49 Einsatz von Arbeitskräften für die Reisproduktion und Grad der AK-Verwendung in vier Dörfern in Comilla Kotwali Thana nach Monaten, 1974/75

(in Arbeitstagen pro 14 Tage bzw. in v.H.)

Monat	AK-Verwendung				Ausschöpfung des dörflichen AK-Potentials[b)]	
	Familien-AK		Fremd-AK	insgesamt	männliche Familien-AK (in v.H.)	männliche Fremd-AK (in v.H.)[c)]
	Frauen[a)]	Männer				
	(in Arbeitstagen pro 14 Tage)					
1	2	3	4	5	6	7
Januar	5 650	1 520	1 010	8 180	19,0	36,1
	1 580	690	630	2 900	8,6	22,5
Februar	530	820	550	1 900	10,3	19,6
	-	1 770	1 210	2 980	22,1	43,2
März	-	2 110	1 400	3 510	26,4	50,0
	-	1 840	650	2 490	23,0	23,2
April	-	1 820	1 390	3 210	22,8	49,6
	-	1 180	910	2 090	14,8	32,5
Mai	-	1 980	1 540	3 520	24,8	55,0
	-	2 010	1 470	3 480	25,1	52,5
Juni	360	2 050	1 420	3 830	25,6	50,7
	290	2 320	1 560	4 170	29,0	55,7
Juli	170	2 880	1 970	5 020	36,0	70,4
	250	2 060	2 130	4 440	25,8	76,1
August	1 020	3 770	5 000	9 890	27,1	120,0
	1 080	3 770	5 010	9 860	47,1	178,9
September	3 560	3 730	3 290	10 580	46,6	117,5
	6 880	2 550	1 590	11 020	31,9	56,8
Oktober	3 470	1 550	1 150	6 170	19,4	41,1
	1 570	1 050	1 110	3 730	13,1	39,6
November	-	1 030	1 110	2 140	12,9	39,6
	-	1 060	630	1 690	13,3	22,5
Dezember	-	1 820	5 250	7 070	22,8	187,5
	290	4 590	2 070	6 950	57,4	73,9
Durchschnitt	1 075	1 996	1 767	4 838	25,0	54,6[d)]

a) nur Nacherntearbeiten;
b) nur männliche Arbeitskräfte (vergl. Tab. 48); Familien-AK-Potential pro 14 Tage ist 8 000 Arbeitstage und für Fremd-AK im Dorf ist 2 880 Arbeitstage;
c) ohne Wanderarbeiter, die quantitativ nicht erfaßt werden konnten;
d) über 100 v.H. bedeutet, daß zusätzlich Wanderarbeiter eingestellt sind, die allerdings den größten Teil des Jahres am Arbeitsmarkt sind und von vielen Landbewirtschaftern bevorzugt angestellt werden, so daß der Ausnutzungsgrad der dörflichen Fremd-AK in Wirklichkeit noch niedriger liegt; Angaben von mehr als 100 v.H. sind als volle Auslastung des Fremd-AK-Potentials (= 100 v.H.) in die Berechnung eingegangen.

Quelle: eigene Erhebungen und Berechnungen

Anhang 4: Makroökonomische Aspekte der Einführung von selektiver Mechanisierung

Da die Durchschnittserträge in Bangladesh auch in guten Erntejahren den Eigenbedarf an Nahrungsgetreide nicht zu decken vermögen, muß das Nahrungsmitteldefizit durch Getreideimporte ausgeglichen werden[1]. Unterstellt man für die nächste Zeit einen durchschnittlichen jährlichen Importbedarf von 1 Mio. t, so müßte die Anbaufläche um 0,892 Mio. acres ausgedehnt werden, wenn man durch Ausdehnung der Weizenfläche eine Importsubstitution erreichen wollte (unterstellter Durchschnittsertrag: 30 mds./acre). Die gegenwärtige durchschnittliche Anbauintensität von 143 v.H.[2] würde sich dadurch um 4 v.H. auf insgesamt 147 v.H. erhöhen.

Das Bevölkerungswachstum wird zu einer Steigerung der Nachfrage nach Nahrungsmitteln um jährlich etwa 3 v.H. führen. Im folgenden wird unterstellt, daß sich die zur Deckung des zusätzlichen Bedarfs notwendige Nahrungsmittelproduktionssteigerung erzielen läßt durch eine Erhöhung der Bodennutzungsintensität (verstärkter Düngemitteleinsatz, Pflanzenschutzmaßnahmen zur Ertragssicherung etc.).

Voraussetzung für einen winterlichen Weizenanbau ist:

- das Vorhandensein geeigneter Böden, die zwischen Anfang November und Ende April nicht hochwassergefährdet sein dürfen[3],
- die Schaffung von Bewässerungsmöglichkeiten,

---

1) Trotz einer Rekordernte von etwa 13 Mio. t wurden 1975/76 etwa 2 Mio. t Nahrungsgetreide im Wert von 358 Mio. US-Dollar importiert; vergl. dazu: BMZ (Hrsg.), a.a.O., Bonn 1976, S. 1402f.
2) Ministry of Agriculture (ed.), a.a.O., Dacca 1974, p. 46f.
3) BRAMMER, H. and M.R. RAHMAN, Land Suitability for HYV Rice and Wheat Cultivation in Bangladesh. Paper Presented at the 'International Seminar on Socio-Economic Implications of Introducing HYVs in Bangladesh". Comilla April, 9 - 11, 1975, p. 5.

- die Erhöhung der Schlagkraft bei der Bodenbearbeitung.

Nach BRAMMER und RAHMAN gibt es in Bangladesh noch etwa 2,95 Mio. acres für den Weizenanbau geeignete Fläche, die gegenwärtig im Winter brachliegt[1].

Für die Winterbewässerung sollen auf der Basis der Modellkalkulationen auf Betriebsebene (Kap. 4) die Kapital- und AK-Kosten für drei Arten der Bewässerung ermittelt werden:

- stationäre Dieselpumpen für (kleine) Tiefbrunnen (2-cusec., ca. 12 PS),
- kleine, mobile Dieselpumpen für Bambusbrunnen (0,6-cusec., ca. 7 PS) und für
- Pedalpumpen für Bambusbrunnen (0,02-cusec., mit Muskelkraft).

Auch für den Bedarf an Zugkraft sollen die Ergebnisse der betrieblichen Modellkalkulationen zugrunde gelegt werden. Für die in Ergänzung zu den vorhandenen Zugtieren benötigten Einachsschlepper wird analog zu den Ergebnissen in Kap. 4 unterstellt, daß 27 v.H. der Gesamt-Weizenanbaufläche (240 840 acres) durch Einachsschlepper bearbeitet werden müßten.

Für die Bewässerung ist je nach der Bewässerungsleistung eine unterschiedliche Anzahl von Pumpen für die insgesamt 0,892 Mio. acres Weizenbewässerungsfläche notwendig (vergl. Tab. 50).

Für die Bodenbearbeitung werden für 240 840 acres (27 v.H. der Gesamt-Weizenfläche) insgesamt 2 041 Einachsschlepper benötigt (118 acres je Einachsschlepper und Jahr). Pro Einachsschlepper sind 9 000 TK unterstellt, die genau wie die 1 652 TK für Betriebsmittel (pro Jahr) als Devisenbedarf anfallen.

---

1) In der Rajshai Division 1,39 Mio. acres,
in der Dacca Division 0,70 Mio. acres,
in der Chittagong Division 0,56 Mio. acres und
in der Khulna Division 0,30 Mio. acres.
Vergl. dazu: BRAMMER, H. and M.R. RAHMAN, a.a.O., Comilla 1975, p. 6; 1973/74 wurden 305 000 acres Weizen angebaut; Ministry of Agriculture (ed.), a.a.O., Dacca 1974, p. 27.

Tab. 50 Benötigte Anzahl von Pumpen für einen zusätzlichen Weizenanbau und Kosten pro Pumpeinheit und Jahr nach Art der Bewässerung

(Basis: 0,892 Mio. acres)

Art der Bewässerung	Flächenleistung pro Pumpe (acre)	Anzahl von Pumpeinheiten[a)]	Kosten pro Pumpeinheit u. Jahr (in TK)			
			Kapitalkosten[b)]		Betriebsmittel[c)]	AK-Kosten[d)]
			Landeswährung	Devisen		
1	2	3	4	5	6	7
Dieselpumpe/Tiefbrunnen (2-cusec., ca. 12PS)	114	7 820	12 000	28 000	7 884	1 200
kleine Dieselpumpe/ Bambusbrunnen (0,6-cusec., ca. 7 PS)	29	30 742	8 100	1 800[e)]	3 132	1 350[f)]
Pedalpumpe/Bambusbrunnen (0,02-cusec., mit Muskelkraft)	0,1	114 375	1 125	25[e)]	-	1 080[g)]

a) benötigte Anzahl von Pumpen und Brunnen für 0,982 Mio. acres Weizenbewässerung;
b) für Pumpen und Brunnen bzw. für Tiefbrunnen einschl. Pumpenhaus;
c) Betriebsmittel werden importiert, daher Kosten ausschließlich als Devisen;
d) einschl. Transport von Betriebsmitteln und Transport der kleinen, mobilen Dieselpumpen zu den je vier verschiedenen Bambusbrunnen (vergl. Kap. 4.2.2);
e) Devisenanteil lediglich für Pumpe, da Bambusbrunnen ohne Devisenkosten erstellbar;
f) für kleine Dieselpumpen wegen der höheren Transportkosten für die Pumpe insgesamt 15 TK/Tag für 90 Tage;
g) 12 TK/Tag für 90 Tage.

Quelle: eigene Berechnungen

Sowohl für die devisenbeanspruchenden Arbeitshilfsmittel bzw. die Betriebsmittel zum Betreiben dieser Arbeitshilfsmittel liegen die gesamtwirtschaftlichen Nutzungskosten über den Kosten, die nur inländisches Kapital beanspruchen[1)].

1) Vergl. dazu: RUTHENBERG, H., Landwirtschaftliche Entwicklungspolitik. Ein Überblick über die Instrumente zur Steigerung der landwirtschaftlichen Produktion in Entwicklungsländern. Frankfurt/Main 1972, S. 275ff.

Auch für die als jährlicher Importbedarf unterstellten 1 Mio. t Nahrungsgetreide sollen die Weltmarktpreise als gesamtwirtschaftliche Nutzungskosten in Anrechnung gebracht werden.

Für die Kalkulation der Schattenpreise soll folgendes unterstellt werden:

1. der Schattenpreis für Devisen soll doppelt so hoch liegen wie die offizielle Umtauschrate[1] (statt 14,50 TK pro US-Dollar sollen 29 TK für den Devisenanteil an den Kapitalkosten veranschlagt werden);

2. der Schattenpreis für den Lohnkostenanteil soll 75 v.H. unter dem Marktpreis für Löhne liegen[2].

Mit diesen beiden Annahmen für die Bestimmung der Höhe der Schattenpreise wird die gleiche Mechanisierungskonzeption, die auf der Betriebsebene in den Modellkalkulationen (Kap. 4) zugrunde gelegt wurde, auf der Makroebene durchkalkuliert. Durch

---

1) Vergl. dazu: NGUYEN, D.T. and M. ALAMGIR, A Social Cost-Benefit Analysis of Irrigation in Bangladesh. "Oxford Bulletin of Economics and Statistics", Vol. 38, Oxford 1976: 99 - 110, hier p. 102f. Die Autoren nennen mehrere Quellen (u.a. Weltbank), in denen die Schattenpreise mit 100 v.H. über dem offiziellen Wechselkurs angesetzt worden sind; sie haben den Schattenpreis doppelt so hoch wie die offizielle Umtauschrate festgesetzt.

2) Die Frage, ob als Opportunitätskosten für Arbeit Null angesetzt werden soll oder ob sich Opportunitätskosten unter oder sogar über den Marktpreisen ergeben, ist umstritten; vergl. dazu: HARBERGER, A.C., On Measuring the Social Opportunity Costs of Labour. "International Labour Review", Vol. 103, Geneva 1971, p. 559 - 579.
NGUYEN und ALAMGIR unterstellen Schattenpreise, die um 50 v.H. unter den Marktpreisen liegen; siehe oben, p. 103f. Wie in Anhang 3, Tab. 49 dargestellt, sind die Familien-AK in den vier Untersuchungsdörfern im Jahresdurchschnitt nur zu 25 v.H. ausgelastet - in den fraglichen Bewässerungsmonaten Januar bis März einschließlich sogar nur zu 18,2 v.H.. Dies bedeutet, daß auch für die sehr arbeitsintensive Bewässerung mit der Pedalpumpe genügend familieneigene AK unterstellt werden können. Dies gilt umso mehr, als in den Untersuchungsdörfern mit 186 v.H. Anbauintensität schon erheblich mehr Arbeit als im Landesdurchschnitt anfällt. Auch wenn unterstellt wird, daß familieneigene Arbeitskräfte nur zu 75 v.H. die anfallenden Bewässerungsarbeiten übernehmen würden, so verblieben für die Arbeitskosten 25 v.H. der Marktpreise für Lohnkosten.

Tab. 51a Kapital-, Betriebs- und Arbeitskosten für zusätzliche Weizenbewässerung nach Art der Bewässerung (Basis: 5 Anbaujahre mit 5 Mio.t Weizenproduktion auf 0,892 Mio. acres)

(in Mio. TK)

<u>mit Marktpreisen</u>

Art der Bewässerung	Investitionskosten			Betriebskosten		AK-Kosten	Gesamtkosten für Bewässerung		Gesamtkosten für Weizenproduktion[c]	Kosten/Nutzen-Rate [d]
	in Landeswährung	in Devisen	insgesamt	Reparaturkosten und Zinsen[a]	Betriebsmittel		Kapitalkosten[b] (4+5+6)	Kapital- u.Arbeitskosten		
1	2	3	4	5	6	7	8	9	10	11
Dieselpumpe/Tiefbr.(2-cusec., ca. 12 PS)	193,84	218,96	312,80	254,15	308,28	9,39	875,23	884,62	4 550,74	1 : 2,7
kl.Dieselp./Bambusbr.(0,6 cusec.,ca. 7 PS)	249,01	55,34	304,35	247,28	481,40	41,50	1 033,03	1 074,53	4 740,65	1 : 2,6
Pedalp./Bambusbr.(0,02-cusec., mit Muskelkraft)	1 253,67	28,61	1 282,28	464,83[e]	-	1 203,53	1 747,11	2 950,64	6 616,76	1 : 1,9

a) Instandhaltungs-, Ersatzteil- und Reparaturkosten durchschnittlich 10 v.H. der Kapitalkosten pro Jahr; Zinskosten durchschnittlich 6,25 v.H. pro Jahr für Devisen und Kapital in Landeswährung (vergl. Kap. 4);
b) Devisenanteil an den Kapitalkosten ist 60,2, 52,0 und 2,4 v.H. respektive;
c) Produktionskosten für 5 Mio.t Weizen = 3 666,12 Mio. TK (ohne Bewässerung, vergl. Tab.38);
d) Produktionswert für 5 Mio.t Weizen = 12 323,00 Mio. TK bei 170 US $/t CIF-Preis Chittagong und 14,50 TK = 1 US $;
e) Reparaturkosten 1 v.H. der Kapitalkosten pro Jahr; Zinskosten 6,25 v.H. pro Jahr (vergl. Kap. 4).

Quelle: eigene Berechnungen

Tab. 51b Kapital-, Betriebs- und Arbeitskosten für zusätzliche Weizenbewässerung nach Art der Bewässerung (Basis: 5 Anbaujahre mit 5 Mio.t Weizenproduktion auf 0,892 Mio. acres)

(in Mio. TK)

<u>mit Schattenpreisen</u>

Art der Bewässerung	Investionskosten			Betriebskosten		AK-Kosten	Gesamtkosten für Bewässerung		Gesamtkosten für Weizenproduktion b)	Kosten/Nutzen-Rate c)
	in Landeswährung	in Devisen	insgesamt	Reparaturkosten und Zinsen a)	Betriebsmittel		Kapitalkosten (4+5+6)	Kapital- u.Arbeitskosten		
1	2	3	4	5	6	7	8	9	10	11
Dieselpumpe/Tiefbr.(2-cusec., ca. 12 PS)	93,84	437,92	531,76	433,06	616,55	2,35	1 581,37	1 583,72	5 248,84	1 : 4,7
kl.Dieselp./Bambusbr.(0,6 cusec., ca. 7 PS)	249,01	110,67	359,68	292,24	962,80	10,38	1 614,72	1 625,10	5 291,21	1 : 4,7
Pedalp./Bambusbr.(0,02-cusec. m.Muskelkraft)	1 253,67	57,22	1310,89	475,20 d)	-	300,88	1 786,09	2 086,97	5 753,09	1 : 4,3

a) Instandhaltungs-, Ersatzteil- und Reparaturkosten durchschnittlich 10 v.H. der Kapitalkosten pro Jahr; Zinskosten durchschnittlich 6,25 v.H. pro Jahr für Devisen und Kapital in Landeswährung (vergl. Kap. 4);
b) Produktionskosten für 5 Mio.t Weizen = 3 666,12 Mio. TK (ohne Bewässerung, vergl. Tab. 38);
c) Produktionswert für 5 Mio.t Weizen = 24 650,00 Mio.TK bei 170 US $/t CIF-Preis Chittagong und 29,00 TK = 1 US $;
d) Reparaturkosten 1 v.H. der Kapitalkosten pro Jahr; Zinskosten 6,25 v.H. pro Jahr (vergl. Kap. 4).

Quelle: eigene Berechnungen

die niedrigen Schattenpreise für Löhne werden die kostenmäßigen Belastungen der arbeitsintensiven Bewässerungsmethoden relativ niedriger gehalten als die der kapitalintensiven Bewässerungsmethode.

Für einen Zeitraum von fünf Jahren soll anschließend eine Kosten/Nutzen Kalkulation durchgeführt werden. Diese Kalkulation bezieht sich lediglich auf einen Bereich innerhalb der landwirtschaftlichen Produktion, nämlich auf die sich im Rahmen einer Flächenausdehnung ergebende Kosten/Nutzen-Relation. Für die Berechnungen werden dabei auf der Kostenseite für fünf Jahre jeweils die deflationierten Kosten zu Markt- und mit Schattenpreisen veranschlagt. Auf der Nutzenseite wird gleichfalls für fünf Jahre der deflationierte Welthandelspreis für 5 Mio. t Weizen[1] zugrunde gelegt, wobei ebenfalls mit Markt- und Schattenpreisen kalkuliert wird.

Da die Kosten für mechanisierte Bodenbearbeitung erst relevant werden, wenn die entsprechende Fläche bewässert werden kann, werden die Kosten für die Bodenbearbeitung nicht gesondert ausgewiesen, sondern zusammen mit den Bewässerungskosten (Tab. 52).

Wie die Kosten-Nutzen-Analyse ergibt, ist die kapitalintensivste Bewässerungsmethode die kostengünstigste (Tab. 51a). Dies gilt sogar dann, wenn mit Schattenpreisen kalkuliert wird (Tab. 51b), wenngleich sich dabei nur noch relativ geringe Unterschiede zwischen den drei Bewässerungsmethoden ergeben.

Es gibt zwei Gründe, warum sich die muskelbetriebenen Pedalpumpen gegenüber den motorgetriebenen Bewässerungspumpen überproportional verteuern.

---

1) Jährliche Einsparung von 1 Mio. t Import-Weizen; CIF-Preis Chittagong: 170 US-Dollar je t. Vergl.: Department of State, Agency for International Development (ed.), Bangladesh Agricultural Inputs Project III. Project Paper. Dacca o.J., p. 43.

Tab. 52 Kapital-, Arbeits- und Produktionskosten für Bodenbearbeitung mit Einachsschlepper und nach Art der Bewässerung für die Weizenproduktion[a)]

Art der Bodenbearbeitung und Bewässerung	Kapitalkosten in Devisen	Reparaturkosten und Zinsen[b)]	Betriebskosten	Gesamtkapitalkosten für Einachsschl.	Gesamtkapitalkosten für Bewässerung und Bodenbearb. mit Einachsschl.[c)]	Produktionskosten für Weizenanbau[d)]	Gesamtproduktions- u. Kapitalkosten für Weizenanbau (6+7)	Kosten/Nutzen-Rate
1	2	3	4	5	6	7	8	9
1) Marktpreise Einachsschlepper (ca. 5 PS)	18,37	14,92	16,86	50,15[e)]	-	-	-	-
Dieselpumpe/Tiefbr. (2-cusec., ca. 12 PS)	218,96	254,15	308,28	50,15	925,38	3 654,42	4 579,80	1 : 2,7[f)]
kl. Dieselp./Bambusbr. (0,6-cusec., ca. 7 PS)	55,34	247,28	481,40	50,15	1 083,18	3 686,53	4 769,71	1 : 2,6
Pedalpumpe/Bambusbr. (0,02-cusec., mit Muskelkraft)	28,61	464,83	-	50,15	1 797,26	4 848,56	6 645,82	1 : 1,9
2) Schattenpreise Einachsschlepper (ca. 5 PS)	36,74	29,85	33,72	100,31	-	-	-	-
Dieselpumpe/Tiefbr. (2-cusec., ca. 12 PS)	437,92	433,06	616,55	100,31	1 681,68	3 647,38	5 329,06	1 : 4,6[g)]
kl. Dieselp./Bambusbr. (0,6-cu sec., ca. 7 PS)	110,67	292,24	962,80	100,31	1 715,03	3 655,41	5 370,44	1 : 4,6
Pedalpumpe/Bambusbr. (0,02-cusec., mit Muskelkraft)	57,22	475,20	-	100,31	1 886,40	3 945,91	5 832,31	1 : 4,2

a) Basis: 0,892 Mio. acres Weizenbewässerung, 240 840 acres Bodenbearbeitung mit Einachsschleppern, fünfjährige Weizenproduktion mit 5 Mio.t Gesamtproduktion; Angaben in Mio. TK;
b) Reparaturkosten 10 v.H. der Kapitalkosten pro Jahr; Zinskosten 6,25 v.H. der Kapitalkosten pro Jahr (vergl. Kap. 4);
c) für Bewässerungskosten vergl. Tab. 51;
d) Produktionskosten für 5 Mio.t Weizen (ohne Kosten für Bewässerung) = 3 666,12 Mio. TK, vergl. Tab. 38; einschl. AK-Kosten, die sich durch die Verwendung von Einachsschleppern anstelle von Zugochsen in 5 Jahren um 21,09 Mio. TK verringern;
e) 70,5 v.H. Devsienanteil;
f) als Nutzen 12 325 Mio. TK für 5 Mio.t Weizen, vergl. Tab. 51;
g) als Nutzen 24 650 Mio. TK für 5 Mio.t Weizen, vergl. Tab. 51.

Zum einen ist die Effizienz dieser Bewässerungsmethode so gering, daß trotz der niedrigen Lohnkosten in Bangladesh sehr hohe Arbeitskosten anfallen würden, wenn nicht unterbeschäftigte Familien-AK ohne Lohnansprüche für die Bewässerung eingesetzt werden können.

Zum anderen führt die geringe Flächenleistung dieser Pumpen dazu, daß für jede Pumpe ein Brunnen vorhanden sein muß. Obwohl für diese Bambusbrunnen keine Devisenkosten anfallen, sind sie doch relativ teuer. Dies zeigt sich auch in dem Unterschied der kleinen, mobilen Dieselpumpen zu den größeren, stationären Tiefbrunnen. Auch hier kann die Bambusbrunnenkapazität durch die Kleinpumpen nicht so günstig ausgenutzt werden wie bei den größeren Pumpen, obwohl für die Tiefbrunnen ein hoher Devisenbedarf besteht, der sich bei den Kalkulationen mit Schattenpreisen ungünstig auf die Kosten auswirkt.

Trotz dieser Schwierigkeiten ist jedoch 1976 von der Agency for International Development (USAID) die Zusage zur Finanzierung von 240 000 Handpumpen gegeben worden[1]. Unterstellt man einen jährlichen Importbedarf von 1 Mio. t Nahrungsgetreide, so würden diese Pumpen bereits 22 v.H. des Gesamtpumpenbedarfs abdecken (vergl. Tab. 50). Ein solches Kleinbewässerungsprogramm wird sicherlich auf einen hohen Bedarf an Kleinpumpen für die Bewässerung unzusammenhängender Kleinstflächen stoßen. Der geringe Devisenbedarf dieser Bewässerungsmethode wird die ohnehin stark negative Handelsbilanz nicht zusätzlich belasten,und auch die Schaffung von etwa 0,22 Mio. Arbeitsplätzen pro Jahr[2] (für jeweils drei Monate) ist entwicklungspolitisch sehr positiv zu werten. Denn neben der ausgewiesenen Kosten/Nutzen-Rate von 1 : 1,9 bzw. 1 : 4,3 bei Schattenpreiskalkulationen ist eine direkte Einkommenserhöhung in Kleinbetrieben zu erwarten und

1) Devisenzusage über 14 Mio. US-Dollar; siehe: Department of State, Agency for International Development, Bangladesh, Small Scale Irrigation I, Proposal and Recommendations for the Review of the Development Loan Committee. Project Paper. Washington, D.C. 1976.

2) Auf der Kalkulationsgrundlage in Tab. 51a.

daneben noch eine Änderung der Einkommensverteilung zu Gunsten von Landarbeitern, die in einem solchen Bewässerungsprogramm Beschäftigung fänden.

Eine abschließende Beurteilung ergibt, daß die Verwendung der arbeitsintensiven Handpumpenbewässerung im Verhältnis zu den beiden kapitalintensiveren Bewässerungsformen gesamtwirtschaftlich nur geringe Mehrkosten erfordert, so daß die hohen Arbeitsbeschaffungsmöglichkeiten und die geringe Störanfälligkeit dieser Bewässerungsform besonderes Gewicht bekommen. Dennoch kann dieses Bewässerungskonzept den Mechanisierungsbedarf für größere, zusammenhängende Flächen nicht decken. Die in der Praxis zu beobachtenden Organisationsschwierigkeiten für die Großflächenbewässerung mit Tiefbrunnen sprechen andererseits gegen eine Ausweitung dieses Bewässerungskonzeptes, das gleichzeitig eine sehr hohe Kapital- und insbesondere Devisenbelastung für das Land mit sich bringt.

Am ehesten wird deshalb eine Aufteilung der Mittel zwischen einer Kleinflächenbewässerung mit mobilen Dieselpumpen und einer Kleinstflächenbewässerung mit Pedal- bzw. Handpumpen den gesamtwirtschaftlichen Gegebenheiten entsprechen.

Literaturverzeichnis

1. Acharya, S.S. — Green Revolution and Farm Employment. "Indian Journal of Agricultural Economics", Vol. 28, No. 3, Bombay 1973: 30 - 45

2. Abdullah, A., Hossain, M. and R. Nations — SIDA/ILO Report on Integrated Rural Development Programme. IRDP, Bangladesh. Dacca 1974

3. Aggarwal, P.C. — The Green Revolution and Rural Labour. New Delhi 1973

4. Aggarwal, P.C. and M.S. Mishra — The Combine Harvestor and its Impact on Labour: A Study in Ludhiana. "Indian Journal of Industrial Relations", Vol. 9, New Delhi 1973; 293 - 309

5. Ahmad, B. — Farm Mechanization and Agricultural Development: The Case of the Pakistan Punjab. Ph. D. Thesis, Ann Arbor 1973

6. Ahmad, P. — Should We Mechanize Our Agriculture. "The Punjab University Economic Bulletin", Lahore 1972: 28 - 31

7. Ahmed, R.U. — Economic Analysis of Tubewell Irrigation on Bangladesh. Ph. D. Thesis, Ann Arbor 1973

8. Ahmed, B., Alam, M., Choudhury, A.W. and Z.H. Choudhury — Report on Evaluation of Thana Irrigation Programme, 1971 - 72. BARD, Comilla 1974

9. Ahmed, R. — Appropriate Technology in Agriculture. Paper presented at "The National Workshop on Appropriate Agricultural Technology", February 6 - 8, Dacca 1975

10. Ahsanullah, Md. — Economics and Management of Tubewell Irrigation in Comilla Kotwali Thana. BARD, Comilla 1972

11. Alam, M. — Capacity Utilization of Low-Lift Pump Irrigation in Bangladesh. Bangladesh Institute of Development Economy, New Series No. 17, Dacca 1974

12. Aurora, G.S. and W. Morehouse — The Dilemma of Technological Choice in India: The Case of the Small Tractor. "Minerva", Vol. 12, London 1974: 433 - 458

13. Bal, H.S. — Impact of Mechanization on Farm Labour Employment. "Agricultural Situation in India", Vol. 29, New Delhi 1974: 385 - 390

14. Banerji, R. — The Choice of Technological Change in Agriculture and the Conflict between Production and Employment Goals. In: K. Wohlmuth (ed.), Employment Creation in Developing Societies. - The Situation of Labor in Dependent Societies. New York 1973, p. 139 - 155

15. Baranson, J., Hönes, V., Menck, K.W., Schams, M.R. und A. Wieberdinck — Technologietransfer - Ausgewählte Beiträge. HWWA Report Nr. 20, Hamburg 1973

16. Bari, F. — Causes and Effects of Late Operations of Pumps and Tubewells in Comilla Kotwali Thana (1973 - 1974). BARD, Comilla 1975

17. Begum, U.A. — Statistical Digest (Supplement) 1968-69. PARD, Comilla 1970

18. Bergmann, Th. — Stand und Formen der Mechanisierung der Landwirtschaft in den asiatischen Ländern. Wissenschaftliche Schriftenreihe des BMZ, Bd. 5, Stuttgart 1966

19. Biggs, S. and C. Burns — Agricultural Technology and the Distribution of Output in a Traditional Rural System. A Study of Recent Change in the Kosi Region. IDS Discussion Paper No. 21, Brighton 1973

20. Biggs, S. — Appropriate Agricultural Technology in Bangladesh. Issues, Needs and Suggestions. Paper presented at "The National Workshop on Appropriate Agricultural Technology", February 6 - 8, Dacca 1975

21. Billings, M.H. and A. Singh — Mechanization and Rural Employment. With Some Implications for Rural Income Distribution. "Economic and Political Weekly", Vol. 5, No. 26, Bombay 1970: A61 - A72

22. Billings, M.H. and A. Singh — Labour and the Green Revolution. The Experience in Punjab. "Economic and Political Weekly", Vol. 4, No. 52, Bombay 1969: A221 - A224

23. Blanckenburg, P.v. Who Leads Agricultural Modernization? A Study of Some Progressive Farmers in Mysore and Punjab. "Economic and Political Weekly", Vol 7, No. 40, Bombay 1972: A94 - A112

24. Blick durch die Wirtschaft Frankfurt/Main 15.12.1976

25. Bodenstedt, A.A., Britsch, W.D., Tschakert, H. und J.E. Tschiersch Agricultural Mechanization and Employment. Heidelberg 1976

26. Bodenstedt, A.A. Agrartechnologie und soziale Strukturen. "Entwicklung und Zusammenarbeit". Jg. 18, Nr. 2, Bonn 1977: 17 - 18

27. Bondurant, B.L. Selective Mechanization and Labor Balance in Agricultural Development. ASAE-Paper No. 72-532, St. Joseph, Mich. 1972

28. Bose, A.R. Constraint in Establishment and Management of Agricultural Workshops. Paper presented at "The National Workshop on Appropriate Agricultural Technology", February 6 - 8, Dacca 1975

29. Bose, S.R. and E.H. Clark Some Basic Considerations on Agricultural Mechanization in West Pakistan. "Pakistan Development Review", Vol. 11, Karachi 1969: 273 - 308

30. Boshoff, W.H. Development of the Uganda Small Tractor. "World Crops", Vol. 24, London 1972: 238 - 242

31. Brammer, H. and M.R. Rahman Land Suitability for HYV Rice and Wheat Cultivation in Bangladesh. Paper Presented at the "International Seminar on socio-economic Implications of Introducing HYVs in Bangladesh". April 9 - 11, Comilla 1975

32. Brockhaus Enzyklopädie 17. Aufl., Vol. 18, Wiesbaden 1973

33. Bruchhaus, E.-M. Sonne und Wind - die Energiequellen der Zukunft? "Entwicklung und Zusammenarbeit", Jg. 16, Nr. 12, Bonn 1975: 22 - 24

34. Bundesministerium für wirtschaftliche Zusammenarbeit - BMZ - (Hrsg.) "Entwicklungspolitik, Materialien", Nr. 52, Bonn 1975

35. BMZ (Hrsg.) "Entwicklungspolitik - Spiegel der Presse", Nr. 45, Bonn 14.12.1976

36. Byerlee, D. and C.K. Eicher Rural Employment, Migration and Economic Development: Theoretical Issues and Empirical Evidence from Africa. African Rural Employment Paper Nr. 1. East Lansing, Mich. 1972

37. Chancellor, W.J. Mechanization of Small Farms in West Malaysia by Tractor Hire Services. "Malaysian Agricultural Journal" Vol. 48, No. 2, Kuala Lumpur 1971: 1 - 32

38. Chancellor, W.J. Tractor Custom Hire Service in Multiple Crop Farming. "Agricultural Mechanization in Asia", Vol. 4, Tokyo 1973: 66 - 68

39. Chawla, J.S. Green Revolution, Mechanization and Rural Employment - A Case Study in District Amritsar. "Indian Journal of Agricultural Economics", Vol. 27, Bombay 1972: 198 - 206

40. Chopra, K. Tractorisation and Changes in Factor Inputs. A Case Study of Punjab. "Economic and Political Weekly", Vol. 9, No. 52, Bombay 1974: A119 - A127

41. Clarke, R. The Great Experiment, Science and Technology in the Second United Nations Development Decade. United Nations Centre for Economic and Social Information, New York 1971

42. Clay, E.J. Equity and Productivity Effects of a Package of Technical Innovations and Changes in Social Institutions: Tubewells, Tractors and High-Yielding Varieties. "Indian Journal of Agricultural Economics", Vol. 30, No. 4, Bombay 1975: 74 - 87

43. Clay, E.J. The Impact of Tubewell Irrigation on Employment and Incomes in the Kosi Region, Bihar, India. Paper presented at "The A/D/C Staff Conference", Sri Lanka 1975

44. Clay, E.J. Fertilizer in Bangladesh; Recent Developments, Current Problems and Some Issues for Future Agronomic and Economic Research. First Annual Review Meeting of the East West Centre Inputs Project. Honolulu 1976

45. Clay, E.J. — Institutional Change and Agricultural Wages in Bangladesh. A Revised Version of a Paper Given at the "A/D/C-Seminar on Technology and Factor Markets", held at Singapore, August 9 - 10, Dacca 1976

46. Clayton, E.S. — A Note on Farm Mechanization and Employment in Developing Countries. "International Labour Review", Vol. 110, Geneva 1974: 57 - 62

47. Cline, W.R. — Cost-benefit Analysis of Irrigation Projects in Northern Brazil. "American Journal of Agricultural Economics", Vol. 55, Gainesville, Florida 1973: 622 - 627

48. Collinson, M.P. — Transferring Technology to Developing Economics. The Example of Applying Farm Management Economics in Traditional African Agriculture. European Regional Conference, Oxford 1973

49. Criddle, W.D. — Steuerung des Bewässerungseinsatzes bei beschränktem Wasserangebot. Mimeo, Bonn 1975

50. Crosson, P.R. — Institutional Obstacles to Expansion of World Food Production. "Science", Vol. 188, No. 4188, Washington 1975: 519 - 524

51. Dalrymple, D.G. — Development and Spread of High-Yielding Varieties of Wheat and Rice in the Less Developed Nations. Foreign Agricultural Economics Report No. 95, Washington 1976

52. Department of State, Agency for International Development (ed.) — Bangladesh Agricultural Inputs Project III. Project Paper. Dacca o.J.

53. Department of State, agency for International Development (ed.) — Bangladesh: Small Scale Irrigation I. Proposal and Recommendations for the Review of the Development Loan Committee Project Paper. Washington, D.C. 1976

54. Deutsche Botschaft Dacca (Hrsg.) — Wirtschaftsjahresbericht 1973/74. Dacca 1974

55. Dommen, A.J. — The Bamboo Tube Well: A Note on an Example of Indigenous Technology. "Economic Development and Cultural Change", Vol. 23, Chicago 1975: 482 - 489

56. Donovan, G.W. — Employment Generation in Agriculture. A Study in Mandya District, South India. Department of Agricultural Economics- Occasional Paper No. 71, Ithaca, N.Y. 1974

57. Duff, B. — Design, Development and Extension of Small-scale Agricultural Equipment. Seminar on Farm Mechanization in South East Asia, Penang and Alor Star (Malaysia) Nov. 27 - Dec. 2, 1972

58. Dumont, R. — Problems and Prospects for Rural Development in Bangladesh. Working Paper for Discussion, Second Tentative Report, Ford Foundation, Dacca 1973

59. Edwards, E.O. (ed.) — Employment in Developing Nations. Report on a Ford Foundation Study. New York and London 1974

60. Eicher, C.K. and G. Gemmill — The Economics of Farm Mechanization and Processing in Developing Countries. Report on an A/D/C/RTN Seminar held at Michigan State University, March 23 - 24, 1973, East Lansing, Mich. 1973

61. Eppler, E. — Technologie für die Dritte Welt. Auszüge aus einem Referat vom 18.1. 1971 in Köln. In: Kübel Stiftung (Hrsg.), Angepaßte Technologie. Ein Diskussionsbeitrag. Bensheim- Auerbach 1974, S. 36 - 39

62. Esmay, M.L. and C.W. Hall (eds.) — Agricultural Mechanization in Developing Countries. Tokyo 1973

63. Esmay, M.L. — Selective Mechanization Analysis Procedures for Developing Countries. FAO, Rome 1974

64. Faidley, L.V.W. — The Cooperative Approach to Agricultural Mechanization. A Study of the Operation of the Kotwali Thana Central Cooperative Association Tractor Station in Comilla, East Pakistan. M. Sc. Thesis, East Lansing, Mich. 1969

65. Farouk, S.M. — Probable Losses in Post Harvest Operations. How to Minimize Them. Paper presented at "The National Workshop in Appropriate Agricultural Technology", February 6 - 8, Dacca 1975

66. Food and Agricultural Organization of the United Nations (FAO) (ed.) — Food Consumption Tables - Minerals and Vitamines for International Use. Rome 1954

67. FAO (ed.) — Provisional Indicative World Plan for Agricultural Development. Vol. I, Rome 1970

68. FAO (ed.) — Production Yearbook 1971. Vol. 25, Rome 1972

69. FAO (ed.) — Meeting of Experts on the Mechanization of Rice Production and Processing. Paramaribo, Surinam, Sept. 27 - Oct. 2, 1971, Rome 1972

70. FAO (ed.) — The State of Food and Agriculture 1973. Rome 1973

71. FAO (ed.) — Agricultural Employment in Developing Countries. Agricultural Planning Studies No. 16, Rome 1973

72. FAO (ed.) — Production Yearbook 1974. Vol. 28, Rome 1975

73. FAO (ed.) — Annual Fertilizer Review. Rome 1976

74. Fairchild, H.W. — The Comilla Rural Mechanization Experiment, its Philosophy, Underlying Hypotheses, and Usefulness as a Rural Development Model. "Monthly Bulletin of Agricultural Economics and Statistics", Vol. 17, No. 6, Rome 1968: 1 - 6

75. Ford Foundation (ed.) — Agricultural Mechanization in India. New Delhi 1972

76. Ford Foundation (ed.) — Agriculture of East Pakistan, Selected Tables. Islamabad 1970

77. Galtung, J. — The Technology that Can Alienate. "Development Forum" - Centre for Economic and Social Information of the United Nations - Vol. 4, No. 6, Geneva 1976: 1 - 2

78. Gascar, P. — Arbeit ist nicht alles ... "Forum - Vereinte Nationen", Jg. 3, Nr. 4, Genf 1975: 2

79. Gemmill, G. and C.K. Eicher — A Framework for Research on the Economics of Farm Mechanization in Developing Countries. African Rural Employment Paper No. 6, East Lansing, Mich. 1973

80. Gemmill, G. and C.K. Eicher — The Economics of Farm Mechanization and Processing in Developing Countries. A/D/C, Research and Training Network No. 4, New York 1973

81. German Foundation for Developing Countries (DSE) — International Workshop. Development and Dissemination of Appropriate Technologies in Rural Areas. Kumasi, Ghana 1972

82. Gosalia, A. and S. — Employment Formation through Labour Intensive Technology. Deutsches Übersee Institut. Probleme der Weltwirtschaft. Diskussionsbeiträge. München 1975

83. Gotsch, C.H. — Technical Change and the Distribution of Income in Rural Areas. "American Journal of Agricultural Economics", Vol. 54, Gainesville 1972: 326 - 341

84. Gotsch, C.H. — Tractor Mechanization and Rural Development in Pakistan. "International Labour Review", Vol. 107, Geneva 1973: 133 - 166

85. Government of the People's Republic of Bangladesh, Planning Commission — The First Five Year Plan 1973 - 78. Dacca 1973

86. Grewal, S.S. and A.S. Kahlon — Factors Influencing Labour Employment on Punjab Farms. "Agricultural Situation in India", Vol. 29, New Delhi 1974: 3 - 5

87. Griffin, K. — The Green Revolution: An Economic Analysis. UNRISD, Geneva 1972

88. Groeneveld, S. und D. Mai — Lernen und Lehren in Bangladesh. Begründungen, Ansatzpunkte, Probleme. "Informationen" Universität Göttingen, Nr. 9, Göttingen 1975: 1 - 19

89. Guha, S. — Economics of Deep Tubewell Irrigation. "Economic Affairs", Vol. 18, Calcutta 1973: 291 - 298

90. Hall, C.W. — Principles of Agricultural Mechanization. In: M.L. Esmay and C.W. Hall (eds.), Agricultural Mechanization in Developing Countries. Tokyo 1973, p. 1 - 16

91. Hamid, J. — Agriculture (sic) Mechanization: A Case for Fractional Technology. "Pakistan Economic and Social Review", Vol. 10, Lahore 1972: 136 - 165

92. Hanley, M.L. — Ferrumbo bewahrt die Ernten. "UNDP in Aktion", Beilage zu "Forum", Genf März/April 1977, S. 1

93. Haq, K.A. — Decade of Tube-Well Irrigation in Comilla Kotwali Thana under Kotwali Thana Central Co-operative Association. Joydeupur/Dacca, Bangladesh 1971

94. Haque, M. — Short History and Abstract of Research Acitivities and Future Programme of Research Works on Appropriate Technology to be undertaken under the Agricultural Engineering Division - Directorate of Agriculture, Government of the People's Republic of Bangladesh. Dacca o.J.

95. Harberger, A.C. — On Measuring the Social Opportunity Costs of Labour. "International Labour Review", Vol. 103, Geneva 1971: 559 - 579

96. Hayami, Y. and V.W. Ruttan — Agricultural Development: An International Perspective. Baltimore and London 1971

97. Herlemann, H.H. und H. Stamer — Produktionsgestaltung und Betriebsgröße in der Landwirtschaft unter dem Einfluß der wirtschaftlich-technischen Entwicklung. Kiel 1958

98. Hoque, A. — Implications of Alternative Policies on Agricultural Production, Employment and Income Distribution under Integrated Rural Development Program in Bangladesh - A System Simulation Approach. Department of Agricultural Economics. East Lansing, Mich. 1975

99. Hussain, A.A.M. — Present Agricultural Situation in Bangladesh and Future Strategies. "Agricultural Mechanization in Asia", Vol. 8, No. 1, Tokyo 1977: 55 - 59

100. Hye, A.A.H.M. — Technology Adoption by the Small Farmer. The Bangladesh Case. In: FAO (ed.), Annex to Report of the Sixth Session of the FAO Regional Commission on Farm Management for Asia and the Far East, Manila April 28 - May 6, 1975. Rome 1975, p. 20 - 35

101. International Bank for Reconstruction and Development (ed.) — Land and Water Resources Sector Study - Bangladesh. Vol. 1 - 9, o.O. 1972

102. International Labour Office (ILO) (ed.) — Mechanization and Employment in Agriculture. Case Studies from Four Continents. Geneva 1973

103. ILO (ed.) — Agricultural Engineering for the Subsistence Farmer. Tanzania. Project Findings and Recommendations. Geneva 1974

104. ILO (ed.) — Employment Growth and Basic Needs: A One-World Problem. Tripartite World Conference on Employment, Income Distribution and Social Progress and the International Division of Labour. Geneva 1976

105. ILO (ed.) — Tripartite World Conference on Employment, Income Distribution and Social Progress and the International Division of Labour - Background Papers. Vol. I: Basic Needs and National Employment Strategies; Vol. II: International Strategies for Employment. Geneva 1976

106. Inukai, T. — Farm Mechanization, Output and Labour Input: A Case Study in Thailand. "International Labour Review", Vol. 101, Geneva 1970: 453 - 473

107. Johl, S.S. — Mechanization, Labour Use and Productivity in Agriculture. "Agricultural Situation in Agriculture", Vol. 28, New Delhi 1973: 3 - 15

108. Johnson, B.L.C. — Bangladesh. London 1975

109. Johnston, B.F. and J. Cownie — The Seed-Fertilizer Revolution and Labor Force Absorption. "American Economic Review", Vol. 59, Stanford, Cal. 1969: 569 - 582

110. Joy, J.L. and E. Everitt (eds.) — The Kosi Symposium. The Rural Problem in North-East Bihar: Analysis Policy and Planning in the Kosi Area. Brighton 1976

111. Kebschull, D. und W. Künne — Probleme einer neuen Wirtschaftsordnung. In: BMZ (Hrsg.), "Entwicklungspolitik - Materialien", Nr. 52, Bonn 1975

112. Khan, A. — Introduction of Tractors in a Subsistence Farm Economy. A Study of Tractor Introduction on a Co-operative Basis in Comilla Kotwali Thana, East Pakistan. PARD, Comilla 1962

113. Khan, A.A. — Tube-Well Irrigation in Comilla Thana. 3rd Edition, BARD, Comilla 1974

114. Khan, A.H. — Reflections on the Comilla Rural Development Project. Overseas Liaison Committee, American Council on Education (OLC), Paper No. 3, o.O. 1974

115. Khan, A.U. — Mechanization Technology for Tropical Agriculture. IRRI-Paper No. 74-01, Los Banos 1974

116. Kisselmann, E. — Stand und Formen der Mechanisierung der Landwirtschaft in den asiatischen Ländern. Teil 1: Südostasien. Wissenschaftliche Schriftenreihe des BMZ, Bd. 1, Stuttgart 1965

117. Kline, C.K., Green, D.A., Donahue, R.L. and B.A. Stout — Agricultural Mechanization in Equatorial Africa. Institute of International Agriculture, Research Report No. 6. East Lansing, Mich. 1969

118. Kommission für Internationale Entwicklung (Hrsg.) — Der Pearson-Bericht. Bestandsaufnahme und Vorschläge zur Entwicklungspolitik. Wien 1969

119. Koordinierungsausschuß zur Vereinheitlichung betriebswirtschaftlicher Begriffe beim Bundesministerium für Ernährung, Landwirtschaft und Forsten (Hrsg.) — Begriffs-Systematik für die landwirtschaftliche und gartenbauliche Betriebslehre. Heft 14. Bonn 1973

120. Kübel-Stiftung (Hrsg.) — Angepaßte Technologie. Ein Diskussionsbeitrag. Bensheim-Auerbach 1974

121. Kübel-Stiftung (Hrsg.) — Technologietransfer oder Technologie der Entwicklungsländer. Ein Seminarbericht. Bensheim-Auerbach 1974

122. Kuhnen, F. — Mechanisierung der Landwirtschaft in Asien. Buchbesprechung. "Zeitschrift für Ausländische Landwirtschaft". Vol. 6, Frankfurt 1967: 382 - 383

123. Kuhnen, F. — Landwirtschaft und anfängliche Industrialisierung: West Pakistan. Sozialökonomische Untersuchungen in fünf pakistanischen Dörfern. Opladen 1968

124. Kuhnen, F. — The Comilla Approach to Rural Development (Case Study). DSE, International Seminar on Extension and other Services Supporting the Small Farmers in Asia. Berlin 31.10. - 21.11.1972

125. Lele, U. — The Design of Rural Development. Lessons from Africa. Baltimore 1975

126. Luykx, N.G. — Terminal Report on "Introduction of Mechanized Farming in Comilla on a Co-operative Basis", 1961 - 1966. PARD, Comilla 1967

127. Mai, D. — Düngemittelsubventionen im Entwicklungsprozeß. Sozial-ökonomische und entwicklungspolitische Beurteilung einer Förderungsstrategie in Entwicklungsländern. Saarbrücken 1977

128. Majumder, M. — Village Mohajanpur. In: A. Huq (ed.), Exploitation and the Rural Poor. - A Working Paper on the Rural Power Structure in Bangladesh. BARD, Comilla 1976, p. 161 - 214

129. Mandal, G.C. — Observations on Agricultural Technology in a Developing Economy. "Economic and Political Weekly", Vol. 7, No. 26, Bombay 1972: A79 - A82

130. Mandal, G.C. and N.K. Roy — A Cost-benefit Analysis of Deep and Shallow Tube-Wells in West Bengal. "Economic Affairs", Vol. 19, Calcutta 1974: 105 - 113

131. Martius, H. — Agricultural Mechanization and Rural Development in Bangladesh - An Emperical Study at Farm Level (Comilla Kotwali Thana). A Working Paper. BARD, Comilla 1975

132. Martius, H. — Mechanization of Agriculture in Bangladesh and the Prerequisits for Increased HYV. Paper presented at the "International Seminar on Socio-economic Implications of Introducing HYVs in Bangladesh". Comilla 1975

133. Martius-v.Harder, G. — Die Frau im ländlichen Bangladesh. Saarbrücken 1977

134. Massey-Ferguson Ltd., Canada — The Pace and Form of Farm Mechanization in the Developing Countries. Toronto 1974

135. Matzke, O. — Die Beschäftigung als Kernproblem einer sozialen und wirtschaftlich koordinierten Entwicklung. In: H. Priebe (Hrsg.), Das Eigenpotential im Entwicklungsprozeß. Berlin 1972, S. 41 - 65.

136. Mayntz, R., Holm, K. und P. Hübner — Einführung in die Methoden der empirischen Soziologie. 3. Aufl., Opladen 1972

137. McColly, H.F. — Special Report on Introducing Farm Mechanization in the Comilla Cooperative Project. PARD, Comilla 1962

138. McInerney, J.P. and G.F. Donaldson — The Consequences of Farm Tractors in Pakistan. An Evaluation of IDA Credits for Financing the Mechanization of Farms in Pakistan. IBRD-Bank Staff Working Paper No. 210. Washington, D.C. 1975

139. McNamara, R.S. — Agriculture - Sector Working Paper. Washington, D.C. 1972

140. McNamara, R.S. — One Hundred Countries, Two Billion People. The Dimensions of Development. London 1973

141. McPherson, W.W. and B.F. Johnston — Destinctive Features of Agricultural Development in the Tropics. In: H.M. Southworth and B.F. Johnston (eds.), Agricultural Development and Economic Growth. 4th Edition. Ithaca 1973

142. Meier, G.M. — Leading Issues in Economic Development. Studies in International Poverty. 2nd Edition, New York 1970

143. Mellor, J.W. — The Economics of Agricultural Development. Ithaca, N.Y. 1966

144. Mennonite Central Committee (MCC) — Agricultural Program - Progress Report No. 2. Dacca 1975

145. Mettrick, H. — Socio-economic Aspects of Agricultural Mechanisation in Bangladesh. Report on a Visit to Bangladesh, Nov. 13 - Dec. 12, 1975. Reading 1976

146. Miah, N.H. — The Green Revolution, the Rainfed Agriculture and the Small Farmer: A Bangladesh Experience. In: FAO (ed.), Annex to the Report of the Sixth Session of the FAO Regional Commission on Farm Management for Asia and the Far East, Manila, April 28 - May 6, 1975. Rome 1975, p. 36 - 50

147. Mian, M.S. — Costs and Returns. A Study of Transplanted Amon Paddy between HYV and LV, 1975. BARD, Comilla 1976

148. Ministry of Agriculture (ed.) — Bangladesh Agriculture in Statistics. Dacca 1974

149. Moens, A. — Development of the Agricultural Machinery Industry. "Agricultural Mechanization in Asia", Vol. 7, Tokyo 1976: 25 - 31

150. Mohsen, A.K.M. — Evaluation of the Thana Irrigation Programme in Bangladesh (1968 - 69). BARD, Comilla 1969

151. Mohsen, A.K.M. — Evaluation of the Thana Irrigation Programme in Bangladesh (1969 - 70). BARD, Comilla 1972

152. Molla, M.R.I. — Rice Drying Problem during Rainy Season in Bangladesh. "Indian Journal of Agricultural Economics", Vol. 27, No. 2, Bombay 1972: 69 - 71

153. Moorti, T.V. and J.W. Mellor — A Comparative Study of Costs and Benefits of Irrigation from State and Private Tube-Wells in Uttar Pradesh. "Indian Journal of Agricultural Economics", Vol. 28, No. 4, Bombay 1973: 181 - 189

154. Motilal, G. — Economics of Tractor Utilization. "Indian Journal of Agricultural Economics", Vol. 28, No. 1, Bombay 1973: 96 - 105

155. Mukhopadhyay, A. — Benefit-cost Analysis of Alternative Tube-Well Irrigation Projects in Nadia District of West Bengal. "Indian Journal of Agricultural Economics", Vol. 28, No. 4, Bombay 1973: 189 - 196

156. Muthiah, C. — Problems and Progress in Farm Mechanization in South India, Paper presented at the "Seminar on Farm Mechanization in Southeast Asia". Penang and Alor Star, Malaysia, Nov. 27 - Dec. 2, 1972

157. National Institute of Nutrition (Hrsg.) — Nutrition Value of Indian Foods. Hyderabad o.J.

158. Nguyen, D.T. and M. Alamgir — A Social Cost-Benefit Analysis of Irrigation in Bangladesh. "Oxford Bulletin of Economics and Statistics", Vol. 38, Oxford 1976: 99 - 110

159. Nie, N., Hull, H.C., Jenkins, G. et al. — Statistical Package for the Social Sciences. 2nd Edition, New York 1975

160. Nohlen, D. und F. Nuscheler (Hrsg.) — Handbuch der Dritten Welt. Theorien und Indikatoren der Unterentwicklung und Entwicklung. Bd. 1. Hamburg 1974

161. Obaidullah, A.K.M. — A New Rural Co-operative System for Comilla Thana. Eleventh Annual Report, 1970-71. BARD Comilla 1973

162. ohne Verfasser — The Economics of Farm Mechanization. "Pakistan Economics", Vol. 3, Karachi 1974: 14 - 20

163. Onyemelukwe, C.C. — Economic Underdevelopment. An Inside View. London 1974

164. Oram, B. — Co-operatives and Intermediate Technology. "Review of International Co-operation", Vol. 67, No. 2, London 1974: 47 - 53

165. Paglin, M. — 'Surplus' Agricultural Labour and Development: Facts and Theories. "American Economic Review", Vol. 55, Stanford, Cal. 1965: 815 - 834

166. Pandey, H.K. — Technological Change und Rural Unemployment. Allahabad 1972

167. Pickett, J., Forsyth, D.J.C. and N.S. McBain — The Choice of Technology, Economic Efficiency and Employment in Developing Countries. "World Development", Vol. 2, No. 3, London 1974: 47 - 54

168. Price, M. — Groundwater Abstraction and Irrigation Practice in Kotwali Thana, Comilla District, Bangladesh - An Appraisal Based on a Visit in November 1973. Institute of Geological Sciences, Hydrological Department, Report No. WD/74/2. London 1974

169. Rahim, S.A. — Voluntary Group Adoption of Power Pump Irrigation in Five East Pakistan Villages. Technical Publication No. 12. PARD, Comilla 1961

170. Rahman, M. — Cost and Return. A Study of Irrigation Crops in Comilla Villages. Technical Publication No. 19, PARD, Comilla 1965

171. Rahman, M. — Irrigation in Two Comilla Villages. Technical Publication No. 17. PARD, Comilla 1964

172. Rahman, M. — Cost and Returns. Economics of Winter Irrigated Crops in Comilla, 1965 - 66. PARD, Comilla 1967

173. Raj, K.N. — Mechanization of Agriculture in India and Sri Lanka (Ceylon). "International Labour Review", Vol. 106, Geneva 1972: 315 - 334

174. Rao, H.C.H. — Farm Mechanization in a Labour-Abundant Economy. "Economic and Political Weekly", Vol. 7, Bombay 1972: 393 - 400

175. Rao, V.K.R.V. — Growth with Justice in Asian Agriculture. An Exercise in Policy Formulation. UNRISD, Geneva 1974

176. Raper, A.F. — Rural Development in Action. The Comprehensive Experiment at Comilla, East Pakistan. Ithaca, N.Y. and London 1970

177. Rauch, Th. — Die Entscheidung über eine Mechanisierung der Landwirtschaft in Entwicklungsländern in Abhängigkeit von entwicklungspolitischen Zielvorstellungen. Diplomarbeit an der Staatwirtschaftlichen Fakultät, München 1971

178. Revelle, R. and V. Lakshminarayana — The Ganges Water Machine. "Science", Vol. 188, Washington 1975: 611 - 617

179. Robinson, E.A.G. — Economic Prospects of Bangladesh. Overseas Development Institute. London 1973

180. Ruthenberg, H. — Landwirtschaftliche Entwicklungspolitik. Ein Überblick über die Instrumente zur Steigerung der landwirtschaftlichen Produktion in Entwicklungsländern. Frankfurt/Main 1972

181. Ruttan, V.W. and Y. Hayami — Strategies for Agricultural Development. "Food Research Institute Studies in Agricultural Economics, Trade and Development", Vol. 11, Stanford, Cal. 1972: 129 - 148

182. Schaefer-Kehnert, W. — Der Einsatz technischer Hilfsmittel. In: P.v.Blanckenburg und H.D. Cremer (Hrsg.), Handbuch der Landwirtschaft und Ernährung in den Entwicklungsländern. Bd. 1, Stuttgart 1967, S. 209 - 229

183. Schams, M.R. — Technologietransfer als Instrument der Entwicklungspolitik. In: J. Baranson, V. Hönes, K.W. Menck, M.R. Schams und A. Wieberdinck, Technologietransfer. Ausgewählte Beiträge. HWWA-Report Nr. 20, Hamburg 1973, S. 1 - 40

184. Schertz, L. — The Role of Farm Mechanization in the Developing Countries. "Foreign Agriculture", Vol. 6, No. 48, Washington 1968: 2 - 4

185. Schlie, T.W. — Appropriate Technology: Some Concepts, some Ideas and some Recent Experiences in Africa. "Eastern Africa Journal of Rural Development", Vol. 7, Kampala 1974: 77 - 108

186. Schneider, W.H. — Moderne Landtechnik für die 3. Welt? "Agrartechnik international", Vol. 53, Nr. 7, Würzburg 1974: 16 - 17

187. Schultz, Th.W. — Economic Growth and Agriculture. Bombay 1968

188. Schultze, K.O. — Bundeseinheitliche Programmplanungsmethode. Hess. Ldw. Beratungsseminar. 2. Aufl., Rauischholzhausen o.J.

189. Schumacher, E.F. — Der Einfluß von Umweltfaktoren auf die Wahl von Produkten und Produktionsprozessen in Entwicklungsländern, Bensheim 1969

190. Schumacher, E.F. — The Work of the Intermediate Technology Development Group in Africa. "International Labour Review", Vol. 106, Geneva 1972: 3 - 20

191. Schumacher, E.F. — Es geht auch anders. Jenseits des Wachstums. Technik und Wirtschaft nach Menschenmaß. München 1974

192. Sen, A. — Employment, Technology and Development. A Study Prepared for the ILO within the Framework of the World Employment Programme. London 1975

193. Sethuraman, S.V. — Mechanization, Real Wage and Technological Change in Indian Agriculture. "International Journal of Agrarian Affairs", Supplement 1974-75, London 1975: 183 - 211

194. Sharan, G., Mathur, D.P. and M. Viswanath — Characterization of the Process of Mechanization and Farm Power Equipment. Centre for Management in Agriculture, No. 45. Ahmedabad 1974

195. Sharma, A.C. — A Study of Farm Mechanization in Ludhiana I.A.D. District. "Indian Journal of Economics", Vol 53, No. 209, Allahabad 1972: 161 - 176

196. Sharma, R.K. — Economics of Tractor Versus Bullock Cultivation. A Pilot Study in Haryana. Agricultural Economics Research Institute, Delhi 1972

197. Sharma, R.K. — The Impact of Tractor on Farm Employment. "Indian Journal of Industrial Relations", Vol. 8, New Delhi 1973: 621 - 630

198. Shaw, R.d'A. — Jobs and Agricultural Development. Overseas Development Council Monograph No. 3. Washington D.C. 1970

199. Shields, J.T. — A Study on Fertilizer Subsidies in Bangladesh. In: FAO/FIAC, Ad Hoc Working Party on the Economics of Fertilizer Use (eds.), A Study on Fertilizer Subsidies in Selected Countries. Rome 1975, p. 32 - 49

200. Singh, G. and W.J. Chancellor — Changes in Energy Use Patterns from 1971 to 1974 on the Selected Farms in a Farming District in Northern India. "Agricultural Mechanization in Asia", Vol. 7, No. 1, Tokyo 1976: 21 - 24

201. Singh, M.L. — Economics of Water Irrigation. "Eastern Economics" Vol. 60, New Delhi 1973: 293 - 296

202. Singh, N., Bal, H.S. and H.K. Bal — Discriminant Analysis of Factors Affecting Investment in Farm Machinery in Punjab. "Indian Journal of Economics", Vol. 55, No. 217, Allahabad 1974: 209 - 214

203. Solaiman, M. — Fourteenth Annual Report, 1972-73. BARD, Comilla 1974

204. Solaiman, M. — Landholding and Co-operatives in Five Comilla Villages. BARD, Comilla 1974

205. Soltani, G.R. — The Effects of Farm Mechanization on Labour Utilization and its Social Implications. "Indian Journal of Agricultural Economics", Vol. 29, No. 1, Bombay 1974: 39 - 50

206. Southworth, H. (ed.) — Farm Mechanization in East Asia. A/D/C, New York 1972

207.	SOCOM Research Bureau	Statistical Abstract of Bangladesh. 2nd Edition, Calcutta 1975
208.	Stanzick, K.-H., Schenkel, P. und A. Pfaller	Technologiepolitik und Entwicklungsstrategie in Lateinamerika. Forschungsbericht der Friedrich-Ebert-Stiftung, Bonn-Bad Godesberg 1973
209.	State Bank of India (ed.)	Tractor Industry: Position and Prospects. "State Bank of India Monthly Review", Vol. 12, Bombay 1973: 166 - 179
210.	Statistisches Bundesamt (Hrsg.)	Allgemeine Statistik des Auslandes, Länderkurzbericht. Bangladesh. Stuttgart 1975
211.	Staub, W.J.	Agricultural Development and Farm Employment in India. Foreign Agricultural Economics Report No. 84. Washington D.C. 1973
212.	Stepanek, J.F.	Comilla Cooperative Production Loans. - A Note on the Cost of Capital. USAID, Dacca 1972
213.	Stepanek, J.F.	The Impact of Improved Agricultural Technology on Rural Employment in Bangladesh. Paper presented at "The National Workshop on Appropriate Agricultural Technology", February 6 - 8, Dacca 1975
214.	Stewart, F.	Technology and Employment in LDCs. "World Development", Vol. 2, No. 3, London 1974: 17 - 46
215.	Stitzlein, J.N.	The Economics of Agricultural Mechanization in Southern Brazil. Ph. D. Thesis. - Ohio State University, Columbus, Ohio 1974
216.	Stout, B.A.	Equipment for Rice Production. FAO-Agricultural Development Paper No. 84. Rome 1966
217.	Stout, B.A. and C.M. Downing	Selective Employment of Labour and Machines for Agricultural Production. Institute of International Agriculture, Monograph No. 3, East Lansing, Mich. 1974
218.	Stout, B.A. and C.M. Downing	Agricultural Mechanization Policy. Expert Meeting of the Effects of Farm Mechanization on Production and Employment. FAO-Agri. Series Development. February 2 - 7, Rome 1975

219. Stout, B.A. and C.M. Downing — Counterpull. "Ceres-FAO Review on Development". Vol. 8, Rome 1975: 43 - 46

220. The Indian Society of Agricultural Economics (ed.) — Problems of Farm Mechanization. Seminar Series No. 9, Bombay 1972

221. Timmermann, W. — Strukturelle Unterbeschäftigung als Entwicklungsproblem der Dritten Welt. Ein Beitrag zur Unterbeschäftigungsdebatte in der ökonomischen Entwicklungsliteratur. Meisenheim am Glan 1974

222. Torres, R.D. — Pricing Irrigation Water. "Journal of Agricultural Economics and Development", Vol. 3, No. 2, Laguna 1973: 95 - 106

223. Tschiersch, J.E. — Angepaßte Formen der Mechanisierung bäuerlicher Betriebe in Entwicklungsländern. Heidelberg 1975

224. Tschiersch, J.E. — Agrartechnologie für Kleinbauern. "Entwicklung und Zusammenarbeit", Jg. 18, Nr. 2, Bonn 1977: 21 - 22

225. Ule, W. — The Present State and Forms of the Mechanization of Agriculture in the Asiatic Countries. "German Economic Review", Vol. 6, Stuttgart 1968: 143 - 146

226. United Nations — Advisory Committee on the Application of Science and Technology to Development. Ninth Report. Economic and Social Council, Official Records, 53rd Session, Supplement No. 8. New York 1972

227. United Nations Research Institute for Social Development (UNRISD) — The Social and Economic Implications of Large-scale Introduction of New Varieties of Foodgrain: Summary of Conclusions of a Global Research Project. Geneva 1974

228. Voss, C. — Agricultural Mechanization, Production and Employment. "Monthly Bulletin of Agricultural Economics and Statistics", Vol. 23, Rome 1974: 1 - 7

229. Weil, W.S. — Mechanization of Agriculture in Relation to Development in Developing Countries. "Agricultural Mechanization in Asia", Vol. 7, Tokyo 1976: 32 - 37

230. White House (ed.) — The World Food Problem. A Report on the President's Science Advisory Committee. Vol. 2. Washington D.C. 1967

231. Wirasinaha, E.C. — Introduction of Two-wheel Tractors for Rice Cultivation in Sri Lanka - Pilot Project. Seminar on Farm Mechanization in Southeast Asia, Penang and Alor Star, Malaysia, Nov. 27 - Dec. 2, 1972

232. Woermann, E. und R. Koch — Messung des Mechanisierungsgrades landwirtschaftlicher Betriebe. "Agrarwirtschaft", Vol. 9, Hannover 1960: 225 - 234

233. Wolff, H. — Berechnung des Wasserverbrauches der Pflanzen mit Hilfe klimatologischer Daten. "Kulturtechnische Merkblätter für die Arbeit in den Tropen und Subtropen", Nr. 1, Witzenhausen 1971

234. Wood, G.D. and M.A. Huq — The Socio-economic Implications of Introducing HYV in Bangladesh. Proceedings of the International Seminar held in April 1975. BARD, Comilla 1975

235. Wood, G.D. — Class Differentiation and Power in Bandakgram: The Minifundist Case. In: A. Huq (ed.), Exploitation and the Rural Poor. - A Working Paper on the Rural Power Structure in Bangladesh. BARD, Comilla 1976, p. 136 - 159

236. Woudt, B.D.van't — Irrigation Development Cost at the Farm Level. "Economic Bulletin for Asia and Far East", Vol. 19, No. 3, Bangkok 1968: 32 - 46

237. Yudelman, M., Butler, G. and R. Banerji — Technological Change in Agriculture and Employment in Developing Countries. Development Centre of the Organization for Economic Co-operative and Development. Employment Series No. 4. Paris 1971